Der Arktis-Klima-Report
Die Auswirkungen der Erwärmung

ARCTIC CLIMATE IMPACT
ACIA
ASSESSMENT

CONVENT VERLAG
in Zusammenarbeit mit dem
Alfred-Wegener-Institut für
Polar- und Meeresforschung

Originaltitel:
Impacts of a Warming Arctic
Originalverlag:
Cambridge University Press, Cambridge, UK
© Arctic Climate Impact Assessment, 2004

Deutsche Ausgabe:
© 2005 Convent Verlag GmbH, Hamburg, und
Alfred-Wegener-Institut für Polar- und Meeresforschung, Bremerhaven
Übersetzung aus dem Englischen: Michael Benthack und Maren Klostermann
Satzherstellung: KCS GmbH, Buchholz/Hamburg
Druck und Bindung: Druckerei zu Altenburg GmbH, Altenburg

ISBN 3-934613-86-1

www.convent-verlag.de

AMAP Secretariat
P.O. Box 8100 Dep.
N-0032 Oslo, Norway
Tel: +47 23 24 16 30
Fax: +47 22 67 67 06
http://www.amap.no

**CAFF International
Secretariat**
Hafnarstraeti 97
600 Akureyri, Iceland
Tel: +354 461-3352
Fax: +354 462-3390
http://www.caff.is

IASC Secretariat
Middelthuns gate 29
P.O. Box 5156 Majorstua
N-0302 Oslo, Norway
Tel: +47 2295 9900
Fax: +47 2295 9901
http://www.iasc.no

Autor

Susan Joy Hassol

Produktion und Gestaltung

Paul Grabhorn, Joshua Weybright, Clifford Grabhorn (Karten)

Fotos

Bryan und Cherry Alexander u. a.: Nachweise auf S. 139

Technische Redaktion

Carolyn Symon

Unter Mitwirkung von:

Assessment Integration Team

Robert Corell, Chair	American Meteorological Society, USA
Pål Prestrud, Vice Chair	Centre for Climate Research in Oslo, Norway
Gunter Weller	University of Alaska Fairbanks, USA
Patricia A. Anderson	University of Alaska Fairbanks, USA
Snorri Baldursson	Liaison for the Arctic Council, Iceland
Elizabeth Bush	Environment Canada, Canada
Terry V. Callaghan	Abisko Scientific Research Station, Sweden
	Sheffield Centre for Arctic Ecology, UK
Paul Grabhorn	Grabhorn Studio, Inc., USA
Susan Joy Hassol	Independent Scholar and Science Writer, USA
Gordon McBean	University of Western Ontario, Canada
Michael MacCracken	Climate Institute, USA
Lars-Otto Reiersen	Arctic Monitoring and Assessment Programme, Norway
Jan Idar Solbakken	Permanent Participants, Norway

ACIA Secretariat

Gunter Weller, Executive Director
Patricia A. Anderson, Deputy Executive Director
Barb Hameister, Sherry Lynch
International Arctic Research Center
University of Alaska Fairbanks
Fairbanks, AK 99775-7740, USA
Tel: +907 474 5818
Fax +907 474 6722
http://www.acia.uaf.edu

Federführende Autoren der vollständigen wissenschaftlichen Ausgabe des Berichts

Jim Berner	Alaska Native Tribal Health Consortium, USA	Gordon McBean	University of Western Ontario, Canada
Terry V. Callaghan	Abisko Scientific Research Station, Sweden	James J. McCarthy	Harvard University, USA
	Sheffield Centre for Arctic Ecology, UK	Mark Nuttall	University of Aberdeen, Scotland, UK
Shari Fox	University of Colorado at Boulder, USA		University of Alberta, Canada
Christopher Furgal	Laval University, Canada	Terry D. Prowse	National Water Research Institute, Canada
Alf Håkon Hoel	University of Tromsø, Norway	James D. Reist	Fisheries and Oceans Canada, Canada
Henry Huntington	Huntington Consulting, USA	Amy Stevermer	University of Colorado at Boulder, USA
Arne Instanes	Instanes Consulting Engineers, Norway	Aapo Tanskanen	Finnish Meteorological Institute, Finland
Glenn P. Juday	University of Alaska Fairbanks, USA	Michael B. Usher	University of Stirling, Scotland, UK
Erland Källén	Stockholm University, Sweden	Hjálmar Vilhjálmsson	Marine Research Institute, Iceland
Vladimir M. Kattsov	Voeikov Main Geophysical Observatory, Russia	John E. Walsh	University of Alaska Fairbanks, USA
David R. Klein	University of Alaska Fairbanks, USA	Betsy Weatherhead	University of Colorado at Boulder, USA
Harald Loeng	Institute of Marine Research, Norway	Gunter Weller	University of Alaska Fairbanks, USA
Marybeth Long Martello	Harvard University, USA	Fred J. Wrona	National Water Research Institute, Canada

Anmerkung: Eine vollständige Liste der weiteren Beitragenden ist auf Seite 129 abgedruckt.

Der vorliegende Bericht wurde auf Englisch verfasst und in mehrere Sprachen übersetzt; die englische Fassung stellt die maßgebliche offizielle Version dar.

Empfohlene Zitierweise: ACIA, *Impacts of a Warming Arctic: Arctic Climate Impact Assessment.* Cambridge University Press, 2004.

http://www.acia.uaf.edu

Vorwort

Die Arktis ist von besonderer Bedeutung für die Welt, und sie verändert sich rapide. Deswegen ist es sehr wichtig, dass Entscheidungsträger über diese Veränderungen bestmöglich informiert werden, wozu der vorliegende Bericht einen Beitrag leisten soll. Es handelt sich dabei um eine allgemeinverständliche Zusammenfassung der wichtigsten Ergebnisse der Studie Arctic Climate Impact Assessment (ACIA), die die wissenschaftlichen Befunde Politikern und der breiten Öffentlichkeit zugänglich machen möchte. An dieser umfassenden Studie über Klimaveränderungen in der Arktis und ihre Auswirkungen für die Region und die Welt haben Hunderte von Wissenschaftlern aus verschiedenen Ländern vier Jahre lang mitgewirkt. Außerdem ist in ihr das Spezialwissen der indigenen Bevölkerung berücksichtigt worden.

In Auftrag gegeben wurde die Studie vom Arktischen Rat. Mit ihrer Durchführung wurden zwei seiner Arbeitsgruppen, das Arctic Monitoring and Assessment Programme (AMAP) und die Conservation of Arctic Flora and Fauna (CAFF) sowie das International Arctic Science Committee (IASC) beauftragt. Ausgehend von der zentralen Bedeutung der Arktis und der vorliegenden Informationen für die Gesellschaft, die auf die zunehmenden Herausforderungen des Klimawandels reagieren muss, legen die beteiligten Organisationen dem Arktischen Rat und der internationalen Forschergemeinde diesen Bericht vor.

ACIA IST EINE STUDIE, DIE VOM AMAP, DER CAFF SOWIE DEM IASC DURCHGEFÜHRT WURDE.

Der Arktische Rat

Der Arktische Rat ist ein hochrangig besetztes zwischenstaatliches Gremium, das sich mit den gemeinsamen Anliegen und Herausforderungen beschäftigt, denen sich die Bevölkerung und die Regierungen der Arktis gegenübersehen. Er setzt sich zusammen aus den acht Arktis-Anrainerstaaten (Kanada, Dänemark/Grönland/Färöer Inseln, Finnland, Island, Norwegen, Russland, Schweden und USA), sechs Organisationen indigener Völker (permanente Mitglieder: Aleut International Association, Arctic Athabaskan Council, Gwich'in Council International, Inuit Circumpolar Conference, Russian Association of Indigenous Peoples of the North und Saami Council) sowie den offiziellen Beobachtern (darunter Frankreich, Deutschland, Niederlande, Polen, Großbritannien, nichtstaatliche Organisationen sowie Forschungs- und andere internationale Einrichtungen).

Das International Arctic Science Committee

Das International Arctic Science Committee ist eine nichtstaatliche Organisation, deren Ziel es ist, die Zusammenarbeit auf allen Gebieten der Arktis-Forschung zwischen Wissenschaftlern und Institutionen von Ländern mit bestehenden Arktis-Forschungsprogrammen zu unterstützen und zu fördern. Mitglieder des IASC sind nationale Forschungseinrichtungen, im Allgemeinen Wissenschaftsakademien, die bestrebt sind, die vordringlichsten Forschungsvorhaben zu definieren und deren Entwicklung und Durchführung zu gewährleisten.

Assessment Steering Committee

Das Assessement Steering Committee war verantwortlich für die wissenschaftliche Beaufsichtigung und Koordination aller Arbeiten im Zusammenhang mit der Vorbereitung der Studie. Eine Liste der Mitglieder dieses Ausschusses findet sich auf S. 138. Die Studie wurde in zwei separaten Fassungen veröffentlicht: in der hier präsentierten Synthese sowie in einer umfänglicheren und detaillierteren wissenschaftlichen Ausgabe, die auch Literaturangaben enthält. Das AMAP, die CAFF und das IASC haben von der Leitung der ACIA-Studie und allen federführenden Autoren die schriftliche Bestätigung erhalten, dass der wissenschaftliche Abschlussbericht ihre Auffassungen widerspiegelt, was gleichermaßen für die hier vorliegende Synthese gilt.

Wie dieser Report zu lesen ist

Die vorgelegten Forschungsergebnisse gehen von bestimmten Wahrscheinlichkeiten aus, mit denen spezielle Auswirkungen eintreffen, und basieren auf vielfältigen Beweisführungen, darunter Feld- und Laborexperimente, Beobachtungen von Trends, theoretische Analysen sowie Simulationen anhand von Modellen.

Die Einstufung dieses Datenmaterials wird mit Hilfe einer Bewertungsskala vorgenommen, deren fünf Begriffe dem alltäglichen Sprachgebrauch entlehnt sind (sehr unwahrscheinlich, unwahrscheinlich, möglich, wahrscheinlich und sehr wahrscheinlich). Die Verlässlichkeit der Ergebnisse ist an den jeweiligen Enden dieser Skala am höchsten. Die Schlussfolgerung, dass eine Auswirkung eintreten „wird", bleibt Ereignissen vorbehalten, für die aufgrund von Erfahrungen und vielfältigen Analysemethoden eindeutig gilt, dass sie unweigerlich aus dem prognostizierten Klimawandel erfolgen. Obgleich viele zukünftige Klima-, Umwelt- und Gesellschaftsentwicklungen ungewiss bleiben, vertrauen Fachleute manchen Befunden stärker als anderen. Die Bewertungsskala soll deshalb den derzeitigen Stand der Forschung vermitteln.

Die hier prognostizierten Auswirkungen basieren auf Datenmaterial und einem gemäßigten Szenario zukünftiger Erwärmung, nicht einem Worst-Case-Szenario. Verglichen mit der Bandbreite der Szenarien, die das Intergovernmental Panel on Climate Change (IPCC) untersucht hat, bewegt sich das ACIA-Szenario unterhalb der mittleren vom IPCC prognostizierten Temperaturerhöhung.

Die vorliegende Zusammenfassung beinhaltet – ebenso wenig wie die umfängliche Basisstudie – keine gründlichen ökonomischen Analysen der Folgen der Klimaänderung, weil die erforderlichen Informationen derzeit nicht verfügbar sind. Zwar werden hier und da mögliche Anpassungsstrategien erwähnt, doch nicht im Einzelnen analysiert. Die Studie untersucht nicht etwaige Bemühungen, die Folgen des Klimawandels durch eine Verringerung der Treibhausgasemissionen abzuschwächen.

Ein Vermerk, auf welche Kapitel der vollständigen Studie diese Synthese hauptsächlich Bezug nimmt, findet sich auf linken Seiten unten (mit Ausnahme der „Ausführlichen Zusammenfassung" sowie des Abschnitts „Ausgewählte Auswirkungen auf Teilregionen", in denen auf alle Kapitel Bezug genommen wird).

Schließlich hat sich die Studie auf jene Auswirkungen konzentriert, die noch in diesem Jahrhundert erwartet werden. Wichtige langfristige Einflüsse werden gelegentlich erwähnt, doch nicht im Einzelnen analysiert.

Inhalt

Veränderung des globalen Klimas

Eisbohrkerne und andere Belege der Klimaverhältnisse in der fernen Vergangenheit geben Aufschluss darüber, dass steigende Niveaus von Kohlendioxid in der Atmosphäre mit steigenden globalen Temperaturen in Zusammenhang stehen. Durch menschliche Aktivitäten, hauptsächlich die Verbrennung fossiler Energieträger (Kohle, Erdöl und Erdgas) sowie, in zweiter Linie, die Rodung von Land, haben sich die Konzentrationen von Kohlendioxid, Methan und anderen Treibhausgasen in der Atmosphäre erhöht. Seit dem Beginn der Industriellen Revolution hat der Kohlendioxidanteil in der Atmosphäre um rund 35 % zugenommen, und die globale Mitteltemperatur ist um rund 0,6° C angestiegen. Die internationale Forschung stimmt darin überein, dass ein Großteil der in den vergangenen 50 Jahren beobachteten Erwärmung menschlichen Aktivitäten zuzuschreiben ist.

Die fortgesetzte Freisetzung von Kohlendioxid und anderen Treibhausgasen in die Atmosphäre wird lt. Prognose zu einem bedeutsamen und andauernden Klimawandel führen, darunter einem Anstieg der globalen Durchschnittstemperatur im Laufe dieses Jahrhunderts um 1,4 bis 5,8° C (lt. IPCC). Zu den projizierten Klimaänderungen werden Verschiebungen der atmosphärischen und ozeanischen Zirkulationssysteme, ein beschleunigter Meeresspiegelanstieg sowie größere Schwankungen des Niederschlags gehören. Zusammengenommen werden diese Veränderungen weitreichende Folgen haben, darunter erhebliche Auswirkungen auf Küstenbewohner, Tier- und Pflanzenarten, Wasserressourcen sowie die Gesundheit und das Wohlergehen des Menschen.

Rund 80 % der weltweiten Energie stammt gegenwärtig aus der Verbrennung fossiler Energieträger, wobei die Kohlendioxidemissionen aus diesen Quellen rapide steigen. Weil Kohlendioxidüberschüsse über Jahrhunderte in der Atmosphäre fortbestehen, wird es zumindest einige Jahrzehnte dauern, bis die Konzentrationen ihren Höchststand erreicht haben und erst danach wieder abnehmen, selbst wenn umgehend konzertierte Anstrengungen zur Verringerung der Emissionen unternommen werden. Die Veränderung des Erwärmungstrends wird daher ein langfristiger Prozess sein, und die Welt wird sich für Jahrhunderte einem gewissen Maß an Klimawandel und seinen Auswirkungen gegenübersehen.

„Es gibt neue und überzeugende Indizien dafür, dass die in den vergangenen 50 Jahren beobachtete Erwärmung zum großen Teil auf menschliche Aktivitäten zurückzuführen ist."

Intergovernmental Panel on Climate Change (IPCC), 2001

Zurückreflektiert ins All

Ankommende Sonnenstrahlung

Gestreut

Die Erdoberfläche kühlt sich ab, indem sie Wärmeenergie nach oben abstrahlt

In der Atmosphäre gefangene Wärme

Der Treibhauseffekt der Erde

Die Wärmeenergie, die von der Erdoberfläche abgegeben wird, wird zum größten Teil von Treibhausgasen absorbiert, die die Wärme wieder nach unten abstrahlen und so die untere Atmosphäre und die Erdoberfläche erwärmen. Erhöhte Konzentration von Treibhausgasen steigert die Erwärmung der Erdoberfläche und verlangsamt den Verlust der Wärmeenergie ins All.

Die Ergebnisse der Forschung deuten darauf hin, dass zwei Handlungsstrategien auf diese Herausforderung erforderlich sind. Zum einen geht es darum, Tempo und Ausmaß der künftigen Klimaänderung durch die Minderung von Treibhausgasemissionen zu verlangsamen (Mitigation). Zum anderen gilt es, die nachteiligen Auswirkungen zu begrenzen, indem die Gesellschaft widerstandsfähiger gegen eintretende Klimaveränderungen wird, solange sie die erste Handlungsstrategie verfolgt (Adaptation). Die Studie schloss weder die Bewertung der einen noch der anderen Handlungsstrategie ein. Mit diesen beschäftigen sich gegenwärtig Gremien unter der Schirmherrschaft der Framework Convention on Climate Change der Vereinten Nationen sowie andere Einrichtungen.

Der Ozonabbau in der Stratosphäre ist ein anderes Thema

Der Abbau der Ozonschicht in der Stratosphäre aufgrund von Fluorchlorkohlenwasserstoffen und anderer vom Menschen produzierter Chemikalien ist ein anderes Thema, auch wenn wichtige Verknüpfungen zwischen Ozonabbau und Klimawandel bestehen: So wird die Klimaänderung laut Prognose die Regeneration des stratosphärischen Ozons über der Arktis verzögern. Die Studie hat, neben der grundlegenden Konzentration auf die Folgen des Klimawandels, auch die Veränderungen des stratosphärischen Ozons, die daraus folgenden Änderungen der Ultraviolettstrahlung und die damit zusammenhängenden Auswirkungen in der Arktis untersucht. Eine Zusammenfassung dieser Ergebnisse findet sich auf den Seiten 98–105.

Die Veränderung des Erwärmungstrends wird ein langfristiger Prozess sein, und die Welt wird sich für Jahrhunderte einem gewissen Maß an Klimawandel und seinen Auswirkungen gegenübersehen.

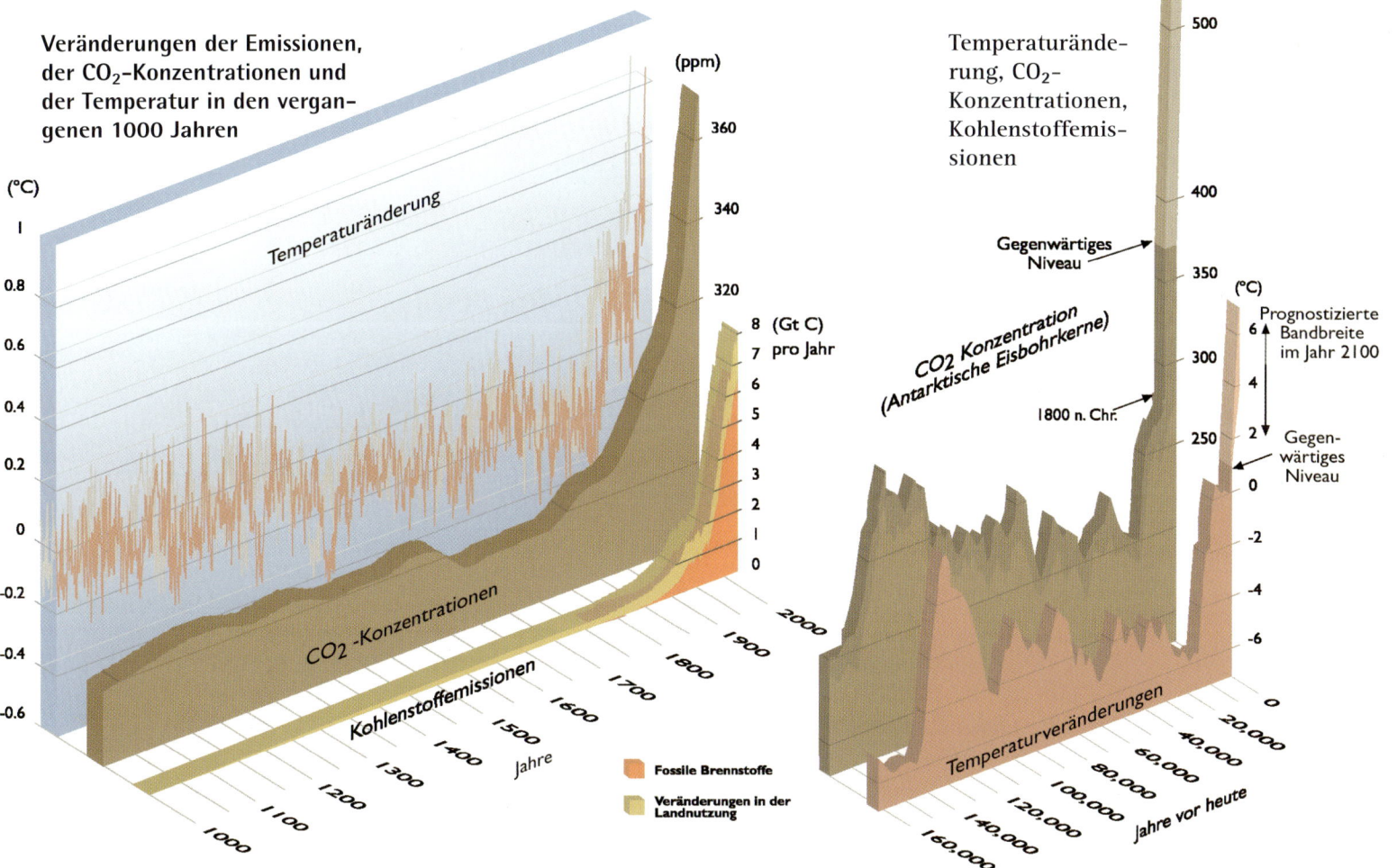

Veränderungen der Emissionen, der CO_2-Konzentrationen und der Temperatur in den vergangenen 1000 Jahren

Temperaturänderung, CO_2-Konzentrationen, Kohlenstoffemissionen

Diese Aufzeichnung über die zurückliegenden 1000 Jahre zeigt den Anstieg der Kohlenstoffemissionen aufgrund menschlicher Aktivitäten (Verbrennung fossiler Stoffe und Landrodung) und die nachfolgende Erhöhung der atmosphärischen Kohlendioxidkonzentrationen und Lufttemperaturen. Die früheren Rekonstruktionen der Temperatur auf der Nordhalbkugel basieren auf historischen Daten, Baumringen und Korallen; die späteren wurden direkt gemessen. Messungen des Kohlendioxids (CO_2) in den Luftblasen von Eisbohrkernen bilden den früheren Teil der CO_2-Aufzeichnung; direkte Messungen der CO_2-Konzentration in der Atmosphäre begannen 1957.

Die Grafik illustriert das Verhältnis von Temperatur und atmosphärischen Kohlendioxidkonzentrationen in den vergangenen 160 000 Jahren und den kommenden 100 Jahren. Die historische Daten stammen aus Eisbohrkernen, neuere Daten wurden direkt gemessen, für die nächsten 100 Jahre wurden Modellrechnungen verwendet.

3

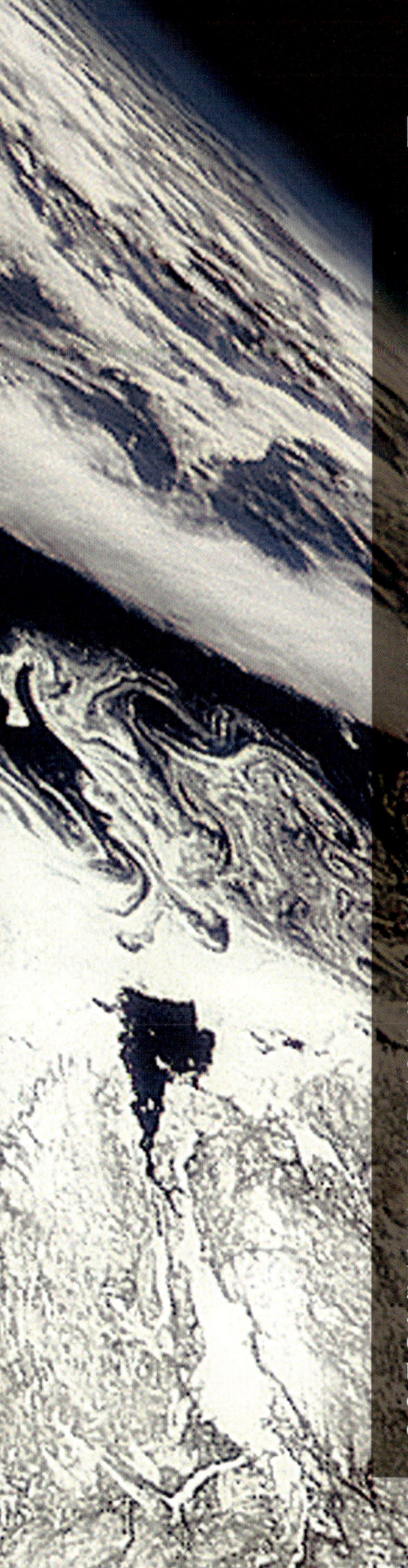

Die arktische Region

Polaris, der Polarstern, befindet sich fast exakt über dem Nordpol und ist umgeben von Sternen, die das Sternbild Ursa Major oder Großer Bär bilden. Der Begriff Arktis leitet sich her aus dem altgriechischen Wort Arktikós: das Land des Großen Bären.

Im Gegensatz zur Südpolarregion, in der Meer einen eisbedeckten Kontinent umgibt, besteht das Nordpolargebiet der Erde aus einem großen Meer, das von Land umschlossen ist. Die vielleicht auffälligsten Merkmale sind der Schnee und das Eis, die einen Großteil der arktischen Land- und Meeroberfläche bedecken, vor allem in der Hocharktis. Und wie zwei große grüne Schals liegen die borealen (d.h. nördlichen) Wälder auf den Schultern der beiden gegenüberliegenden Kontinente. Zwischen dem eisbedeckten hohen Norden und der bewaldeten Subarktis erstreckt sich die weite Tundra: baumlose Ebenen über gefrorenem Boden.

Zur Definition der Grenze dieses Gebiets dient häufig der nördliche Polarkreis, der auf dem Breitengrad verläuft, über dem die Sonne zur Wintersonnenwende nicht über den Horizont steigt und zur Sommersonnenwende nicht darunter sinkt – „das Land der Mitternachtssonne". Andere Grenzen zur Definition der Arktis sind unter anderem die Baumgrenze, Klimazonen sowie die Ausdehnung des Permafrosts auf dem Land und die Ausdehnung des Meereises auf dem Meer. Die vorliegende Studie legt diese Grenze flexibler aus und umfasst auch die subarktischen Gebiete, die für das Funktionieren des arktischen Systems wesentlich sind.

Die Land- und Meeresgebiete der Hocharktis sind die Heimat einer Vielzahl von Pflanzen, Tieren und Menschen, die unter einigen der extremsten Umweltbedingungen unseres Planeten überleben. Von den Algen, die an der Unterseite des Meereises leben, über die Polarbären, die auf dem Eis jagen, bis hin zu den Gesellschaften der einheimischen Völker, die sich in enger Verbindung mit ihrer Umwelt entwickelt haben, sind diese Gemeinschaften auf einzigartige Weise dem angepasst, was viele außerhalb der Region als extrem strenges Klima ansehen würden.

Das Leben in der Arktis ist, historisch betrachtet, sowohl anfällig als auch widerstandsfähig. Zu den Faktoren, die zur Anfälligkeit der Arktis beitragen, gehören eine relativ kurze Vegetationsperiode sowie die im Vergleich zu klimatisch gemäßigteren Regionen geringere Vielfalt an Lebewesen. Außerdem ist das arktische Klima ausgesprochen veränderlich, und ein plötzliches Sommergewitter oder ein Kälteeinbruch können eine ganze Generation von Jungvögeln, Tausende von Robbenbabys oder Hunderte von Karibukälbern auslöschen. Gleichwohl haben manche arktische Arten in der Vergangenheit eine erstaunliche Widerstandsfähigkeit bewiesen, wie die Erholung von Populationen belegt, die durch Klimaschwankungen dezimiert wurden.

Die zunehmend hohe Rate der jüngsten Klimaänderung stellt die Widerstandsfähigkeit des arktischen Lebens vor neue Herausforderungen. Neben den Auswirkungen des Klimawandels beeinflussen gleichzeitig viele andere vom Menschen verursachte Belastungen das Leben in der Arktis, darunter die Verunreinigung von Luft und Wasser, Überfischung, erhöhte Ultraviolettstrahlung infolge von Ozonabbau, die Veränderung und Verschmutzung von Lebensräumen aufgrund der Gewinnung von Ressourcen sowie die zunehmenden Belastungen für die Umwelt, die mit dem Bevölkerungsanstieg in der Region zusammenhängen. Die Summe dieser Faktoren droht das Anpassungsvermögen einiger arktischer Populationen und Ökosysteme zu überfordern.

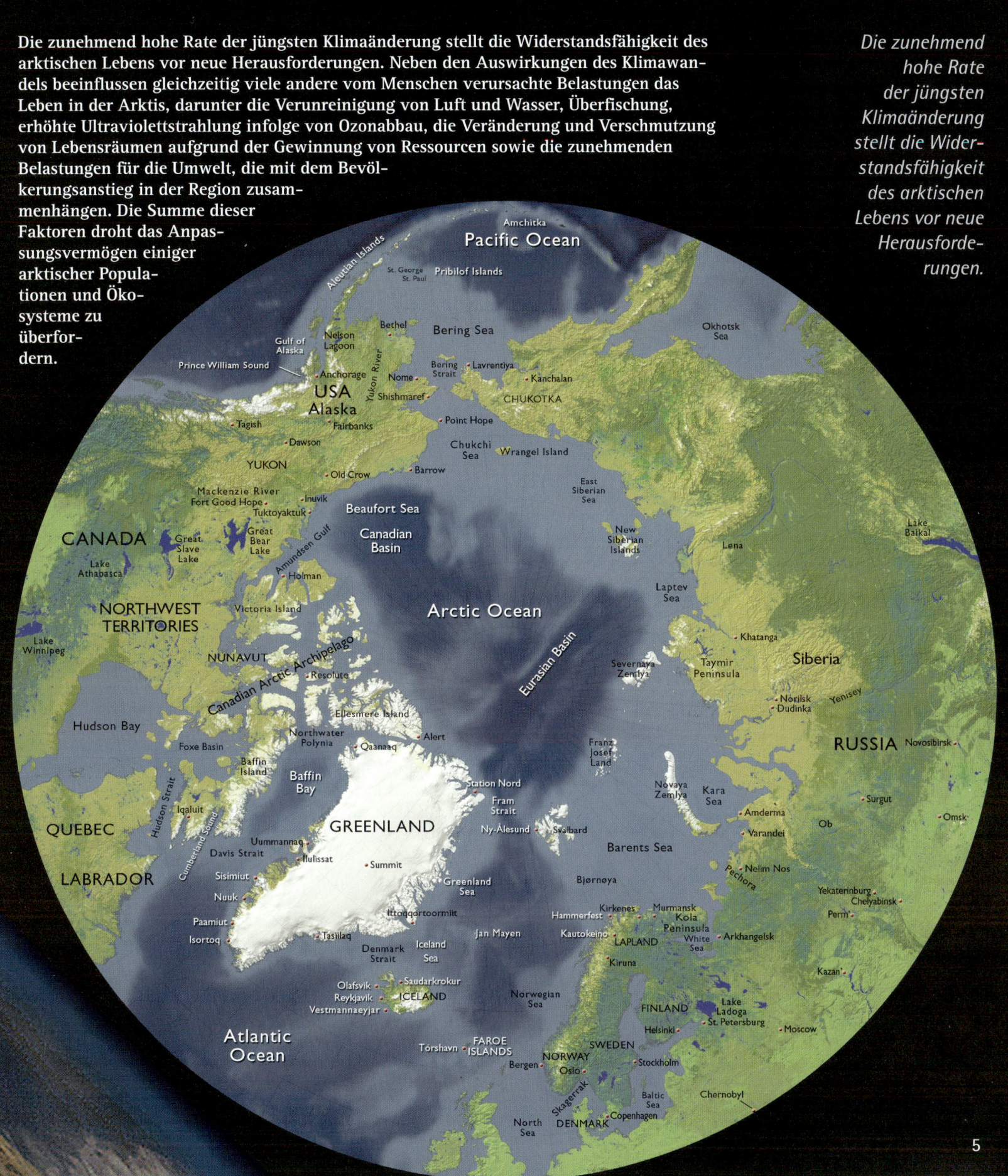

Die zunehmend hohe Rate der jüngsten Klimaänderung stellt die Widerstandsfähigkeit des arktischen Lebens vor neue Herausforderungen.

Die Menschen in der Arktis

Fast vier Millionen Menschen leben heute in der Arktis, wobei die genaue Zahl davon abhängt, wo man die Grenze zieht. Zu ihnen gehören Einheimische und Neuankömmlinge, auf dem Land lebende Jäger und Hirten sowie die Bewohner von Städten. Viele unterschiedliche Bevölkerungsgruppen finden sich ausschließlich in der Arktis, wo sie ihre traditionelle Lebensweise fortsetzen und sich gleichzeitig an die moderne Welt anpassen. Menschen sind schon lange Teil des arktischen Systems, sie haben die lokale und regionale Umwelt geprägt und sind von ihr geprägt worden. In den vergangenen Jahrhunderten hat der Zustrom von Neuankömmlingen die Belastung der arktischen Umwelt durch zunehmenden Fischfang, vermehrte Jagd auf Wildtiere und industrielle Entwicklung erhöht.

Die Arktis umfasst Teile bzw. das gesamte Territorium von acht Ländern: Norwegen, Schweden, Finnland, Dänemark, Island, Kanada, Russland und die Vereinigten Staaten, außerdem die Heimatgebiete Dutzender indigener Bevölkerungsgruppen, die unterschiedliche Untergruppen und Gemeinschaften umfassen. Die Einheimischen machen derzeit ungefähr 10 % der Gesamtbevölkerung der Arktis aus; in Kanada stellen sie allerdings rund die Hälfte der arktischen Landesbevölkerung, und in Grönland bilden sie die Mehrheit. Zu den nicht indigenen Einwohnern gehören die verschiedensten Menschen mit unterschiedlichen Identitäten und Lebensweisen.

Menschen leben mindestens seit dem Höhepunkt der letzten Eiszeit vor rund 20 000 Jahren in der Arktis; neueste Studien deuten darauf hin, dass Menschen schon vor 30 000 Jahren dort lebten. Man geht davon aus, dass sich in Nordamerika Menschen in mehreren Wellen über die Arktis ausgebreitet und Grönland bereits vor 4 500 Jahren erreicht haben, ehe sie die Insel für mindestens ein Jahrtausend wieder verließen. Erfindungen wie die Harpune ermöglichten es den Menschen, große Meeressäuger zu jagen, wodurch sie abgelegene Küstenregionen bewohnen konnten, in denen das Land kaum Nahrungsmittel bot. Die Entwicklung der Rentierhaltung in Eurasien ließ die Bevölkerungszahlen aufgrund dieser verlässlichen Nahrungsquelle dramatisch ansteigen. In Eurasien und über den Nordatlantik wanderten über die zurückliegenden tausend Jahre hinweg neue Bevölkerungsgruppen in die Arktis ein. Sie besiedelten neue Gebiete, wie die Faröer Inseln und Island, und trafen dabei auf die Urbevölkerung, die bereits in Westgrönland und im Norden Norwegens, Schwedens, Finnlands und Russlands lebte.

Im 20. Jahrhundert hat die Zuwanderung in die Arktis so dramatisch zugenommen, dass gegenwärtig in den meisten Regionen die nichtindigene Bevölkerung zahlenmäßig überwiegt. Viele Einwanderer wurden von der Aussicht auf die Gewinnung von Natur- und Bodenschätzen angelockt. Die Konflikte, die sich um dem Besitz von und den Zugang zu Land und Ressourcen drehen, haben sich durch die Bevölkerungszunahme und die Unvereinbarkeit mancher traditioneller und moderner Lebensweisen verstärkt. In Nordamerika hat der Kampf der Ureinwohner, ihre Rechte am Land und seinen Ressourcen zurückzuerlangen, in gewissem Umfang zu Vereinbarungen über Gebietsansprüche und zur Schaffung von weitgehend autonomen Regionen innerhalb der Nationalstaaten sowie weiterer politischer und wirtschaftlicher Maßnahmen geführt. In einigen Regionen halten die Konflikte an, vor allem, was das Recht zur Nutzung der lebenden und mineralischen Ressourcen betrifft. In Eurasien hat man sich dagegen erst in den vergangenen Jahren den Forderungen und Rechten der Ureinwohner als einem Thema der nationalen Politik zugewandt.

Mit dem Bevölkerungswandel gehen die Regionen des Nordens auch zunehmend engere wirtschaftliche, politische und soziale Verbindungen mit den nationalen Mehrheitsgesellschaften ein. Die Lebenserwartung hat sich in den vergangenen Jahrzehnten in nahezu allen Teilen der Arktis stark erhöht. Der Gebrauch der Sprachen der Ureinwohner ist in den meisten Gebieten jedoch zurückgegangen, so dass mehrere Sprachen in den kommenden Jahrzehnten vom Aussterben bedroht sind. In manchen Bereichen nimmt die Ungleichheit zwischen den nördlichen und südlichen Gemeinschaften der Arktis in Bezug auf Lebensstandard, Einkommen und Bildung ab, obgleich die Unterschiede in den meisten Fällen groß bleiben.

Die Wirtschaft der Region beruht in erster Linie auf Natur- und Bodenschätzen, von Erdöl, Erdgas und Metallerzen bis hin zu Fischen, Rentieren, Karibus, Walen, Robben und Vögeln. In den zurückliegenden Jahrzehnten ist durch den Tourismus ein wachsender ökonomischer Sektor hinzugekommen. Auch staatliche Dienste, darunter das Militär, sind in fast allen Gebieten der Arktis ein bedeutender Teil der Volkswirtschaft, wobei sie in einigen Fällen mehr als die Hälfte der verfügbaren Arbeitsplätze stellen. Zusätzlich zur Geldwirtschaft leisten die traditionellen Subsistenz- und Tauschwirtschaften einen bedeutenden Beitrag zum Gesamtwohlergehen von Teilen der Region, indem sie erhebliche Werte erzeugen, die in offiziellen Statistiken nicht auftauchen.

Anzahl der Gesamt- und der indigenen Bevölkerung der Arktis

- USA, Alaska 481,054
- Kanada 92,985
- Russland 1,999,711
- Grönland 55,419
- Norwegen 379,641
- Finnland 200,677
- Island 266,783
- Schweden 263,735
- Färöer Inseln 43,700

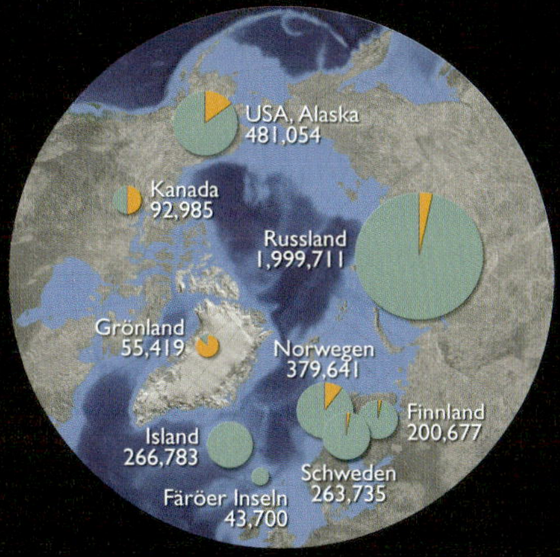

Orange markiert den Anteil der Ureinwohner innerhalb der Bevölkerungen der arktischen Gebiete der jeweiligen Staaten. Bei den Zahlen handelt es sich um die arktische Gesamtbevölkerung jedes Landes zu Beginn der 1990er Jahre. Die Ureinwohner machen ungefähr 10 % der derzeitigen Bevölkerung der Arktis aus; in der kanadischen Arktis stellen sie allerdings rund die Hälfte der Bevölkerung, und in Grönland bilden sie die Mehrheit.

Pacific Ocean

Aleuts
Aleuts
Aleuts
Koryaks
Yup'ik
Yupik (Eskimo)
Alutiq
Chuvans
Chukchi
Evens
Tlingit
USA Alaska
Yukaghirs
Evens
Evenks
Athabaskans
Iñupiat
Yakuts
Gwich'in
Wrangel Island
Evens
YUKON
Evenks
Evens
New Siberian Islands
Evenki
Yakuts
CANADA
Dene/Métis
Evenks
Inuvialuit
Dolgans
Evenks
NORTHWEST TERRITORIES
Victoria Island
Nganasans
Severnaya Zemlya
Siberia
NUNAVUT
Inuit
Taymir Peninsula
Canadian Arctic Archipelago
Arctic Ocean
Enets
Enets
Kets
Cree
Ellesmere Island
Selkups
RUSSIA
Inuit
Nenets
Selkups
Inuit
Franz Josef Land
Baffin Island
Khant
QUEBEC
Inuit
GREENLAND
Svalbard
Khanty
Cree
Novaya Zemlya
Mansi
Inuit
Nenets
LABRADOR
Inuit
Kola Peninsula
Komi
Innu
Jan Mayen
Saami
Saami
Inuit
LAPLAND
Atlantic Ocean
ICELAND
FINLAND
FAROE ISLANDS
SWEDEN
NORWAY
DENMARK

- Saami Council (SC)
- Russian Association of Indigenous Peoples of the North (RAIPON)
- Aleut International Association (AIA)
- Inuit Circumpolar Conference (ICC)
- Gwich'in Council International (GCI)
- Arctic Athabaskan Council (AAC)

Ausführliche Zusammenfassung

Veränderung des arktischen Klimas und ihre Auswirkungen

„Die Veränderungen des Klimas, die bereits stattgefunden haben, zeigen sich im Rückgang von Ausdehnung und Dicke des arktischen Meereises, im Tauen des Permafrosts, in der Erosion von Küsten, in den Veränderungen der Eisschilde und Eisschelfe sowie einer veränderten Verteilung und Anzahl der Arten."
IPPC, 2001

Das Klima der Erde ändert sich: Die globale Temperatur steigt derzeit in einem Tempo, das in der modernen Gesellschaft ohne Beispiel ist. Während einige Klimaänderungen in der Geschichte die Folge natürlicher Ursachen und Schwankungen waren, deuten die Stärke der Trends und die Muster der Veränderung, die sich in den letzten Jahrzehnten abgezeichnet haben, darauf hin, dass menschliche Einflüsse, die hauptsächlich aus erhöhten Emissionen von Kohlendioxid und anderen Treibhausgasen resultieren, mittlerweile die entscheidende Größe sind.

In der Arktis ist dieser Klimawandel besonders stark zu spüren. Die durchschnittliche Temperatur der Arktis ist in den vergangenen Jahrzehnten fast doppelt so stark angestiegen wie in der übrigen Welt. Das großflächige Abschmelzen der Gletscher und des Meereises und die ansteigenden Temperaturen der Permafrostböden sind zusätzliche Belege für eine starke Erwärmung der Arktis. Diese Veränderungen liefern erste Hinweise auf die Bedeutung der globalen Klimaerwärmung für Umwelt und Gesellschaft.

Voraussichtlich werden sich im Lauf dieses Jahrhunderts aufgrund der zunehmenden Konzentrationen von Treibhausgasen in der Erdatmosphäre diese Klimatrends beschleunigen. Zwar haben die Treibhausgasemissionen ihren Ursprung nicht hauptsächlich in der Arktis, doch werden sie den Berechnungen zufolge zu weitreichenden Veränderungen und Auswirkungen in der arktischen Region führen. Dieser Wandel wird sich wiederum auf unseren gesamten Planeten auswirken. Aus diesem Grund sind Menschen außerhalb der Arktis von dem, was dort geschieht, stark betroffen. So wirken sich Klimavorgänge, die nur in der Arktis stattfinden, in erheblichem Maße auf das globale und regionale Klima aus. Zudem beliefert die Arktis den Rest der Welt mit wichtigen Ressourcen (z. B. Erdöl, Erdgas und Fisch), die vom Klimawandel betroffen sein werden. Und schließlich trägt das Abschmelzen der arktischen Gletscher zum Anstieg des Meeresspiegels weltweit bei.

Auch innerhalb der Arktis wird die prognostizierte Klimaänderung massive Folgen haben, von denen einige bereits eingetreten sind. Ob man eine Folge als negativ oder positiv betrachtet, hängt allerdings oft von den individuellen Interessen ab. Der Rückgang des Meereises wird zum Beispiel sehr wahrscheinlich katastrophale Folgen für Eisbären, auf dem Eis lebende Robben und die lokale Bevölkerung haben, der diese Tiere als Hauptnahrungsquelle dienen. Andererseits wird die Abnahme der Meereises wahrscheinlich den Zugang auf dem Seeweg zu den Ressourcen der Region erleichtern und Möglichkeiten für einen erweiterten Schiffsverkehr und vielleicht auch für eine küstennahe Erdölgewinnung eröffnen (auch wenn der Betrieb in manchen Gegenden zunächst durch zunehmende Eisbewegungen behindert werden könnte). Und was die Thematik noch komplizierter macht: Die mögliche Zunahme der Umweltverschmutzung, die mit dem Schiffsverkehr und der Gewinnung von Ressourcen oft einhergeht, könnte den marinen Lebensraum schädigen und negative Folgen für die Gesundheit und die traditionelle Lebensweise der Ureinwohner haben.

Noch ein Beispiel: Der zunehmende Baumbewuchs in der Arktis könnte erstens mehr Kohlendioxid aufnehmen und zweitens mehr Holzprodukte und die damit verbundenen Arbeitsplätze liefern, wodurch lokal und global wirtschaftlicher Nutzen entstünde.

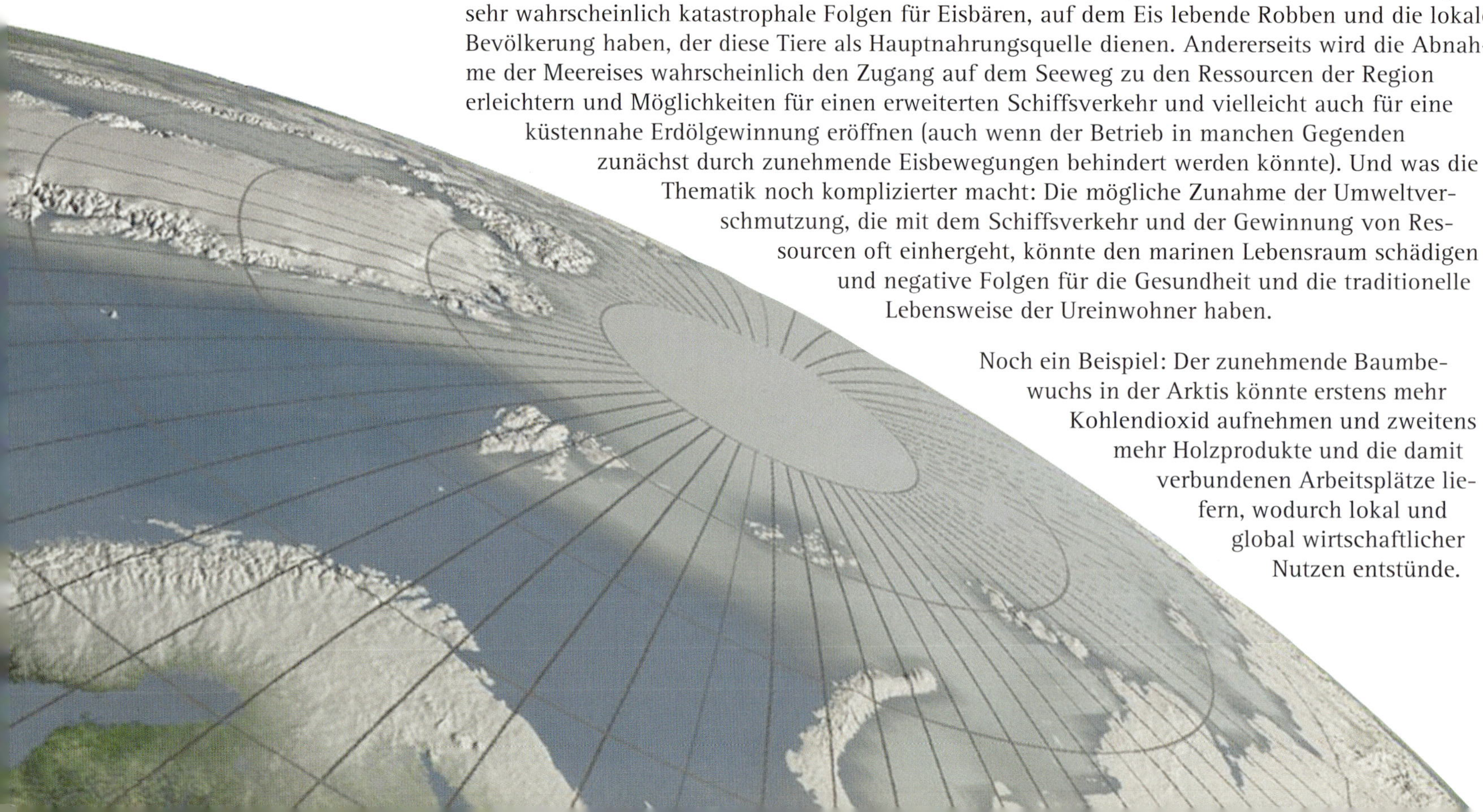

Andererseits würde ein zunehmendes Baumwachstum die regionale Erwärmung verstärken und den Lebensraum vieler Vögel, Rentiere/Karibus und anderer nützlicher Arten beschneiden, was sich für die örtliche Bevölkerung nachteilig auswirken würde. Außerdem könnte die prognostizierte Zunahme von Waldbränden und Schädlingsbefall den erwarteten Nutzen verringern.

Der Klimawandel findet im Kontext vieler anderer laufender Veränderungen in der Arktis statt; hierzu gehören die beobachtete Zunahme der chemischen Schadstoffe, die aus anderen Regionen in die Arktis vordringen, Überfischung, Wandel in der Landnutzung, der zur Zerstörung und Zerstückelung von Lebensräumen führt, ein rapides Wachstum der Bevölkerung sowie ein Wandel von Gesellschaft, Staat und Wirtschaft. Die Auswirkungen auf Umwelt und Gesellschaft resultieren dabei nicht allein aus dem Klimawandel, sondern aus dem Zusammenwirken aller dieser Veränderungen. Die ACIA-Studie hat einen ersten Versuch unternommen, einiges von dieser Komplexität sichtbar zu machen, aber die begrenzten gegenwärtigen Kenntnisse lassen keine vollständige Analyse aller Wechselwirkungen und ihrer Folgen zu.

Eine der zusätzlichen Belastungen der Arktis, mit denen sich die Studie befasst, resultiert aus der steigenden UV-Strahlung, die die Erdoberfläche aufgrund des Ozonabbaus in der Stratosphäre erreicht. Wie bei vielen anderen erwähnten Belastungsfaktoren bestehen auch zwischen Klimawandel und Ozonabbau wichtige Wechselwirkungen. Die Auswirkungen der Klimaänderung auf die obere Atmosphäre lassen den fortgesetzten Ozonabbau über der Arktis für mindestens einige weitere Jahrzehnte wahrscheinlich erscheinen. Dadurch wird es in der Arktis wahrscheinlich noch einige Jahrzehnte lang erhöhte UV-Strahlung geben, und zwar am ausgeprägtesten im Frühjahr, wenn die Ökosysteme besonders sensibel auf die schädigende UV-Strahlung reagieren. Die Kombination von Klimaänderung, übermäßiger UV-Strahlung und anderen Belastungen schafft eine ganze Reihe potenzieller Probleme sowohl für die Menschen als auch für andere arktische Arten und Ökosysteme.

Die hier behandelten Auswirkungen der Klimaänderung in der Arktis haben ihre Ursache größtenteils außerhalb der Region und werden in vielfältiger Weise auf die globale Gemeinschaft zurückstrahlen. Die hier vorgestellten Forschungsergebnisse können Entscheidungen über Maßnahmen zur Minderung der Risiken des Klimawandels beeinflussen. Da Tempo und Ausmaß des Klimawandels und seiner Auswirkungen zunehmen, wird es immer wichtiger, dass sich Menschen überall der Veränderungen in der Arktis bewusst werden und diese bei der Abwägung von Gegenmaßnahmen in Betracht ziehen.

Sind diese Auswirkungen unvermeidlich?

Die Kohlendioxidkonzentrationen in der Atmosphäre, die aufgrund menschlicher Tätigkeiten rapide angestiegen sind, werden für Jahrhunderte die natürlichen Niveaus übersteigen, selbst wenn die Emissionen sofort gestoppt würden. Eine gewisse Erwärmung ist daher weiterhin unvermeidlich. Tempo und Ausmaß der Erwärmung können jedoch verringert werden, wenn man die künftigen Emissionen so weit begrenzt, dass sich die Konzentrationen der Treibhausgase stabilisieren. Die vom IPCC entwickelten Szenarien gehen von verschiedenen gesellschaftlichen Entwicklungen aus und führen zu unterschiedlichen plausiblen Niveaus der künftigen Emissionen. Keines dieser Szenarien unterstellt ausdrückliche politische Maßnahmen zur Reduzierung der Treibhausgasemissionen. Daher flachen die atmosphärischen Konzentrationen in diesen Szenarien nicht ab, sondern steigen vielmehr weiterhin an, was zu deutlichen Erhöhungen der Temperatur und des Meeresspiegels und zu großflächigen Veränderungen des Niederschlags führt. Die Kosten und Probleme der Anpassung an solche Erhöhungen werden im Laufe der Zeit sehr wahrscheinlich erheblich zunehmen.

Wenn sich die Gesellschaft andererseits entschlösse, die Emissionen beträchtlich zu reduzieren, würde der bewirkte Klimawandel geringer ausfallen und sich langsamer vollziehen. Das würde zwar nicht alle Auswirkungen beseitigen, vor allem nicht einige der unumkehrbaren Folgen für spezielle Arten. Es würde jedoch den Ökosystemen und menschlichen Gesellschaften insgesamt jedoch erlauben, sich bereitwilliger anzupassen und die Auswirkungen und Kosten zu verringern. Die Auswirkungen, mit denen sich diese Studie befasst, gehen von einer fortgesetzten Zunahme der Treibhausgasemissionen aus. Auch wenn es sehr schwierig sein wird, die kurzfristigen Konsequenzen zu begrenzen, die sich aus den vergangenen Emissionen ergeben, könnten viele der langfristigen Folgen durch eine drastische Verringerung der Emissionen im Laufe dieses Jahrhunderts erheblich abgemildert werden. Derartige Strategien zu entwickeln war nicht Aufgabe dieser Studie, sondern sind das Thema der Bemühungen anderer Einrichtungen.

Wenn wir unsere Richtung nicht ändern, werden wir wahrscheinlich dort enden, worauf wir zusteuern.

Schlüsselergebnisse

Die Arktis ist für den beobachteten und prognostizierten Klimawandel und seine Auswirkungen äußerst anfällig. In ihr vollziehen sich zurzeit einige der raschesten und gravierendsten Klimaänderungen auf der Erde. Im Laufe der kommenden 100 Jahre wird sich der Klimawandel beschleunigen und zu bedeutenden physikalischen, ökologischen, sozialen und wirtschaftlichen Veränderungen beitragen, von denen viele schon begonnen haben. Der Wandel im arktischen Klima wird die übrige Welt zudem durch eine erhöhte globale Erwärmung und einen steigenden Meeresspiegel beeinflussen.

1. Die Arktis erwärmt sich rapide, und größere Veränderungen werden erwartet.

- Die Jahresmitteltemperatur der Arktis hat sich in den vergangenen Jahrzehnten fast doppelt so schnell erhöht wie die der übrigen Welt – mit einigen regionalen Variationen.
- Zusätzliche Belege für die arktische Erwärmung liefern das großflächige Abschmelzen der Gletscher und des Meereises sowie die Verkürzung der Schneesaison.

- Zunehmende globale Konzentrationen von Kohlendioxid und anderen Treibhausgasen aufgrund menschlicher Aktivitäten, hauptsächlich der Verbrennung fossiler Energieträger, werden laut Prognose die Arktis in den kommenden 100 Jahren zusätzlich um etwa 4 bis 7° C erwärmen.
- Steigende Niederschläge, kürzere und wärmere Winter und deutlicher Rückgang der Schnee- und Eisdecke gehören zu den Veränderungen, die sehr wahrscheinlich Jahrhunderte andauern werden.
- Unerwartete und noch größere klimatische Verschiebungen und Schwankungen sind ebenfalls möglich.

2. Die arktische Erwärmung hat weltweite Konsequenzen.

- Das Abschmelzen des stark reflektierenden Eises und Schnees der Arktis enthüllt dunklere Land- und Meeresoberflächen, wodurch die Absorption der Sonnenwärme zunimmt und sich unser Planet weiter erwärmt.
- Durch die Zunahme des Gletscherschmelzens und der Flusseinträge gelangt mehr Süßwasser ins Nordpolarmeer, was den globalen Meeresspiegel erhöht und mög-

licherweise die ozeanische Zirkulation verlangsamt, die tropische Wärme zu den Polen transportiert, was sich auf das globale und regionale Klima auswirkt.
- Mit der Erwärmung wird sich sehr wahrscheinlich auch die Freisetzung und Aufnahme von Treibhausgasen aus Böden, Vegetation und Küstenmeeren ändern.
- Die Auswirkungen der arktischen Klimaänderung werden die Artenvielfalt auf der ganzen Welt betreffen, weil wandernde Tierarten auf die sommerlichen Aufzucht- und Futterplätze in der Arktis angewiesen sind.

3. Die arktischen Vegetationszonen werden sich sehr wahrscheinlich verschieben.

- Die Baumgrenze wird sich voraussichtlich nach Norden und in größere Höhen verschieben, wobei Wälder einen erheblichen Teil der bestehenden Tundra ersetzen werden und Tundravegetation in polare Wüsten vordringen wird.
- Eine produktivere Vegetation wird wahrscheinlich die CO_2-Aufnahme erhöhen, obgleich das verringerte Reflexionsvermögen der Landoberfläche dies wahr-

scheinlich wettmachen wird, was eine weitere Erwärmung verursacht.
- Störungen wie Schädlingsbefall und Waldbrände werden sehr wahrscheinlich an Häufigkeit, Schweregrad und Dauer zunehmen und das Eindringen nichtheimischer Arten erleichtern.
- Wo geeignete Böden vorhanden sind, wird sich die Landwirtschaft aufgrund einer längeren und wärmeren Vegetationsperiode und höherer Niederschläge nach Norden ausdehnen können.

4. Vielfalt und Verbreitungsgebiete von Tierarten werden sich verändern.

- Der Rückgang des Meereises wird den marinen Lebensraum für Eisbären, Robben und einige Seevögel drastisch schrumpfen lassen und einige Arten an den Rand des Aussterbens treiben.
- Karibus/Rentiere und andere Landtiere werden wahrscheinlich zunehmendem Stress ausgesetzt sein, da sich mit der Klimaänderung ihr Zugang zu Nahrungsquellen, Aufzuchtplätzen und ursprünglichen Wanderungswegen ändert.
- Die Verbreitungsgebiete der Arten werden sich lt. Pro-

gnose sowohl an Land als auch auf dem Meer nach Norden verschieben. Dadurch werden neue Arten in die Arktis einwandern, während einige derzeit dort lebende Arten zahlenmäßig stark zurückgehen.
- Mit der Einwanderung neuer Arten werden auf Menschen übertragbare Tierkrankheiten, wie z. B. das West-Nil-Virus, wahrscheinlich ein zunehmendes Gesundheitsrisiko darstellen.
- Einige arktische Meeresfischgründe, die sowohl von globaler als auch regionaler Bedeutung sind, werden wahrscheinlich ergiebiger. Die nördliche Süßwasser-Fischerei, die die Ernährungsgrundlage der örtlichen Bevölkerung bildet, wird wahrscheinlich Schaden nehmen.

5. Orte und Anlagen an der Küste werden erhöhter Sturmgefahr ausgesetzt.

- Die starke Erosion der Küsten wird zunehmende Probleme schaffen, da durch den Anstieg des Meeresspiegels und den Rückgang des Meereises höhere Wellen und Sturmfluten die Küste erreichen können.
- An einigen arktischen Küsten schwächt der tauende Permafrost die Küstenregionen und steigert ihre Anfälligkeit.

- Das Risiko der Überflutung von Küstenfeuchtgebieten wird voraussichtlich steigen, was sich auf die Gesellschaft und die natürlichen Ökosysteme auswirkt.
- Einige Gemeinschaften und Industrieanlagen in Küstenregionen sind bereits bedroht oder zur Umsiedelung gezwungen, während andere sich zunehmenden Risiken und Kosten gegenübersehen.

6. Rückgang des Meereises wird Schifffahrt und Zugang zu Ressourcen erleichtern.

- Der fortgesetzte Rückgang des Meereises wird sehr wahrscheinlich die Schifffahrtssaison verlängern und den Meereszugang zu den Ressourcen der Arktis erleichtern.
- Die jahreszeitliche Öffnung des Nördlichen Seeweges wird wahrscheinlich binnen einiger Jahrzehnte die transarktische Schifffahrt im Sommer ermöglichen. Zunehmende Eisbewegungen in einigen Fahrrinnen der Nord-

westpassage könnten die Schifffahrt anfänglich erschweren.
- Der Rückgang des Meereises wird wahrscheinlich eine verstärkte Offshoregewinnung von Erdöl und Erdgas zulassen, wenngleich zunehmende Eisbewegungen einige Betriebsabläufe behindern könnten.
- Mit der Erleichterung des Meereszugangs werden wahrscheinlich sowohl Hoheits-, Sicherheits- und Schutzfragen als auch gesellschaftliche, kulturelle und Umweltprobleme entstehen.

7. Tauender Boden wird Verkehrswege, Gebäude und die Infrastruktur schädigen.

- Transport und Industrie an Land, darunter die Öl- und Erdgasgewinnung, werden zunehmend durch die Verkürzung der Frostphasen, in denen die Eisstraßen und die Tundra befahrbar sind, beeinträchtigt.
- Mit dem Tauen des Dauerfrostbodens werden wahrscheinlich auch viele bestehende Gebäude, Straßen, Pipelines, Flughäfen und Industrieanlagen destabilisiert, was Neuauf-

bau, Instandhaltung und Investitionen in erheblichem Maße erfordert.
- Die künftige Entwicklung wird neuartige Konstruktionselemente erforderlich machen, wodurch sich Bau- und Instandhaltungskosten erhöhen.
- Durch den Kollaps der Bodenoberfläche, die Entwässerung von Seen, die Erschließung von Feuchtgebieten und das Fällen von Bäumen in gefährdeten Gebieten wird sich die Permafrostdegradation auch auf die natürlichen Ökosysteme auswirken.

8. Die indigenen Gemeinschaften stehen vor bedeutenden Veränderungen.

- Viele Ureinwohner leben von der Jagd auf Eisbären, Walrosse, Robben und Karibus, der Rentierhaltung, dem Fischfang und dem Sammeln, und zwar nicht nur zur Nahrungsbeschaffung und Stützung der lokalen Wirtschaft, sondern auch als Basis der kulturellen und sozialen Identität.
- Veränderungen der Verbreitungsgebiete, der Verfügbarkeit und des Zugangs zu diesen Arten sowie die merkliche Verringerung der Wettervorhersagbarkeit und Reisesicherheit

unter veränderten Eis- und Wetterverhältnissen stellen bedeutende Herausforderungen für die Gesundheit und Ernährungsgrundlagen der Bevölkerung und möglicherweise sogar für das Überleben einiger Kulturen dar.
- Die Kenntnisse und Beobachtungen der Ureinwohner liefern eine wichtige Informationsquelle zum Klimawandel. Dieses Wissen, das mit den komplementären Informationen aus wissenschaftlichen Forschungen übereinstimmt, deutet darauf hin, dass bereits bedeutende Veränderungen stattgefunden haben.

9. Die erhöhte UV-Strahlung hat negative Folgen für alle Lebewesen.

- Für die stratosphärische Ozonschicht über der Arktis wird zumindest für einige Jahrzehnte keine signifikante Verbesserung erwartet, was hauptsächlich auf die Treibhausgase und ihre Auswirkung auf die Stratosphärentemperaturen zurückzuführen ist. Die Ultraviolettstrahlung (UV) in der Arktis wird deshalb in den kommenden Jahrzehnten erhöht bleiben.
- Die derzeitige junge arktische Bevölkerung wird demnach im Laufe ihres Lebens einer UV-Dosis ausgesetzt sein, die rund 30 % höher ist als die aller früheren Generationen. Erhöhte

UV-Strahlung ruft beim Menschen bekanntermaßen Hautkrebs, grauen Star und Erkrankungen des Immunsystems hervor.
- Verstärkte UV-Strahlung kann die Photosynthese in Pflanzen beeinträchtigen und sich nachteilig auf die frühen Lebensphasen von Fischen und Amphibien auswirken.
- Risiken für einige arktische Ökosysteme sind wahrscheinlich, da die höchste UV-Strahlung im Frühjahr auftritt, wenn die sensiblen Arten besonders anfällig sind und der erwärmungsbedingte Rückgang der Schnee- und Eisdecke jene Lebewesen, denen diese Decke normalerweise Schutz bietet, einer erhöhten Strahlung aussetzt.

10. Die Einflüsse wirken wechselseitig auf Menschen und Ökosysteme.

- Die Klimaveränderungen finden im Kontext vieler anderer Belastungen statt, darunter Verschmutzung durch Chemikalien, Überfischung, Wandel in der Landnutzung, Zerstückelung von Lebensräumen, Bevölkerungszunahme und kulturelle und wirtschaftliche Veränderungen.
- Diese mannigfachen Belastungen können in ihrer Verbin-

dung die nachteiligen Folgen für die menschliche Gesundheit und für Ökosysteme verstärken. In vielen Fällen ist die Gesamtwirkung größer als die Summe ihrer Teile, wie im Fall der kombinierten Auswirkungen von chemischen Schadstoffen, UV-Strahlung und Klimaerwärmung.
- Die speziellen Verhältnisse in den arktischen Teilregionen bestimmen die wichtigsten Stressfaktoren sowie die Art und Weise ihres Zusammenwirkens.

Klimatrends in der Arktis

Die Erwärmung in der Arktis verursacht Veränderungen in fast jedem Teil des physikalischen Klimasystems. Einige dieser Veränderungen sind unten hervorgehoben und werden im weiteren Verlauf dieses Berichts genauer untersucht.

Steigende Temperaturen

In den letzten Jahrzehnten haben sich die Temperaturen in einem Großteil der Region drastisch erhöht, insbesondere im Winter. Alaska und Westkanada verzeichneten im letzten halben Jahrhundert einen Anstieg von rund 3–4° C. Größere Erhöhungen werden für dieses Jahrhundert prognostiziert.

Zunehmender Niederschlag

Der Niederschlag in der Arktis hat sich im 20. Jahrhundert im Durchschnitt um rund 8 % erhöht. Ein Großteil der zusätzlichen Niederschlagsmenge ist als Regen gefallen, wobei die stärkste Zunahme im Herbst und im Winter verzeichnet wird. Größere Anstiege werden für die kommenden 100 Jahre prognostiziert.

Steigende Abflussmengen der Flüsse

In den letzten Jahrzehnten haben die Einträge der Flüsse ins Meer in weiten Teilen der Arktis zugenommen, wobei die Spitzenwerte im Frühjahr eher auftreten. Laut Prognose werden sich die Veränderungen beschleunigen.

Tauender Permafrost

Der Permafrostboden hat sich in den vergangenen Jahrzehnten um bis zu 2° C erwärmt, wobei die Schicht, die jedes Jahr taut, in vielen Gebieten ständig zunimmt. Die Südgrenze des Permafrosts verschiebt sich voraussichtlich in diesem Jahrhundert um mehrere hundert Kilometer nach Norden.

Abnehmende Schneedecke

Die mit Schnee bedeckte Fläche hat in den vergangenen 30 Jahren um rund 10 % abgenommen. Bis zu den 2070er Jahren wird ein zusätzlicher Rückgang von 10–20 % prognostiziert, wobei es zur größten Verringerung im Frühling kommt.

Schwindendes See- und Flusseis

Durch das spätere Zufrieren und das frühere Aufbrechen von Fluss- und See-eis hat sich die Eissaison in einigen Gebieten um eine bis drei Wochen verkürzt. Die markantesten Trends zeigen sich in Nordamerika und in West-Eurasien.

Schmelzende Gletscher

Die Gletscher schmelzen in allen Teilen der Arktis. Der besonders rasche Rückgang der alaskischen Gletscher stellt rund die Hälfte des geschätzten Verlusts von Gletschermasse weltweit und den größten bisher gemessenen Beitrag der Gletscherschmelze zum Meeresspiegelanstieg dar.

Schmelzende grönländische Eiskappe

Das Gebiet, in dem die grönländische Eiskappe abschmilzt, hat sich von 1979 bis 2002 um rund 16 % vergrößert. Die Schmelze im Jahr 2002 hat alle bisherigen Rekorde gebrochen.

Rückzug des Sommer-Meereises

Die durchschnittliche Meereisfläche im Sommer hat in den letzten 30 Jahren um 15–20 % abgenommen. Dieser Rückgang wird sich voraussichtlich beschleunigen. Der nahezu vollständige Verlust des Sommer-Meereises wird für Ende dieses Jahrhunderts prognostiziert.

Ansteigender Meeresspiegel

Der globale und der arktische Meeresspiegel sind in den vergangenen 100 Jahren um 10-20 cm gestiegen. Laut Prognose kommt es in diesem Jahrhundert zu einem zusätzlichen Meeresspiegelanstieg von etwa 50 cm (in einer Bandbreite von 10 bis 90 cm). Der Anstieg wird in der Arktis höher ausfallen als im globalen Durchschnitt. Der lokale Meeresspiegelanstieg ist auch davon abhängig, ob sich die Küste hebt oder senkt und wie stark das Gelände ansteigt oder abfällt.

Veränderung des Salzgehalts des Ozeans

Durch die Eisschmelze und die zunehmenden Flusseinträge gelangt vermehrt Süßwasser in den Nordatlantik, wie Beobachtungen eines geringeren Salzgehalts und einer geringeren Dichte zeigen. Wenn dieser Trend anhält, könnte er zu Veränderungen der ozeanischen Zirkulationsmuster führen, die das regionale Klima stark beeinflussen.

Auswirkungen auf die Natursysteme

Die bereits erwähnten Klimatrends beeinflussen die Ökosysteme.
Einige dieser Auswirkungen werden unten hervorgehoben und
im Laufe dieses Berichts genauer untersucht.

Wandel von Feuchtgebieten

Das Tauen des Permafrosts wird das Austrocknen von Seen und Feuchtgebieten bewirken
und an anderen Orten zu neuen Feuchtgebieten führen. Ob diese Veränderungen sich die
Waage halten werden, ist zwar nicht bekannt,
doch wenn sich die Süßwasser-Lebensräume
auf diese Weise wandeln, sind größere Verschiebungen der Arten wahrscheinlich.

Verschiebungen der Vegetation

Die Vegetationszonen werden sich lt. Prognose
nach Norden verschieben. Dabei werden die
Wälder in die Tundragebiete und die Tundra
wird in die Polarwüsten vordringen. Beschränkungen hinsichtlich Quantität und Qualität
der Böden werden diesen Übergangsprozess in
einigen Gebieten wahrscheinlich verlangsamen.

Zunehmende Brände und Insektenplagen

Es wird prognostiziert, dass Waldbrände,
Schädlingsbefall und andere Umweltstörungen
an Häufigkeit und Intensität zunehmen. Solche
Ereignisse können dazu führen, dass die
Lebensräume von nichtheimischen Arten
erobert werden.

Verschiebungen von Arten

Die Verbreitungsgebiete vieler Pflanzen-
und Tierarten werden sich laut Prognose
nordwärts verschieben, wodurch die
Anzahl der Arten in der Arktis steigt.
Einige gegenwärtig weit verbreitete
arktische Arten werden wahrscheinlich
stark zurückgehen.

Marine Arten sind gefährdet

Die vom Meereis abhängigen marinen
Arten, darunter Eisbären, auf dem Eis
lebende Robben, Walrosse und einige
Seevögel, werden sehr wahrscheinlich
dezimiert, wobei einige Arten vom Aussterben bedroht sind.

Landarten sind gefährdet

Arten, die ganz speziell an das arktische
Klima angepasst sind, darunter viele
Moose und Flechten, Lemminge, Wühlmäuse, Polarfüchse und Schneeeulen,
sind besonders gefährdet.

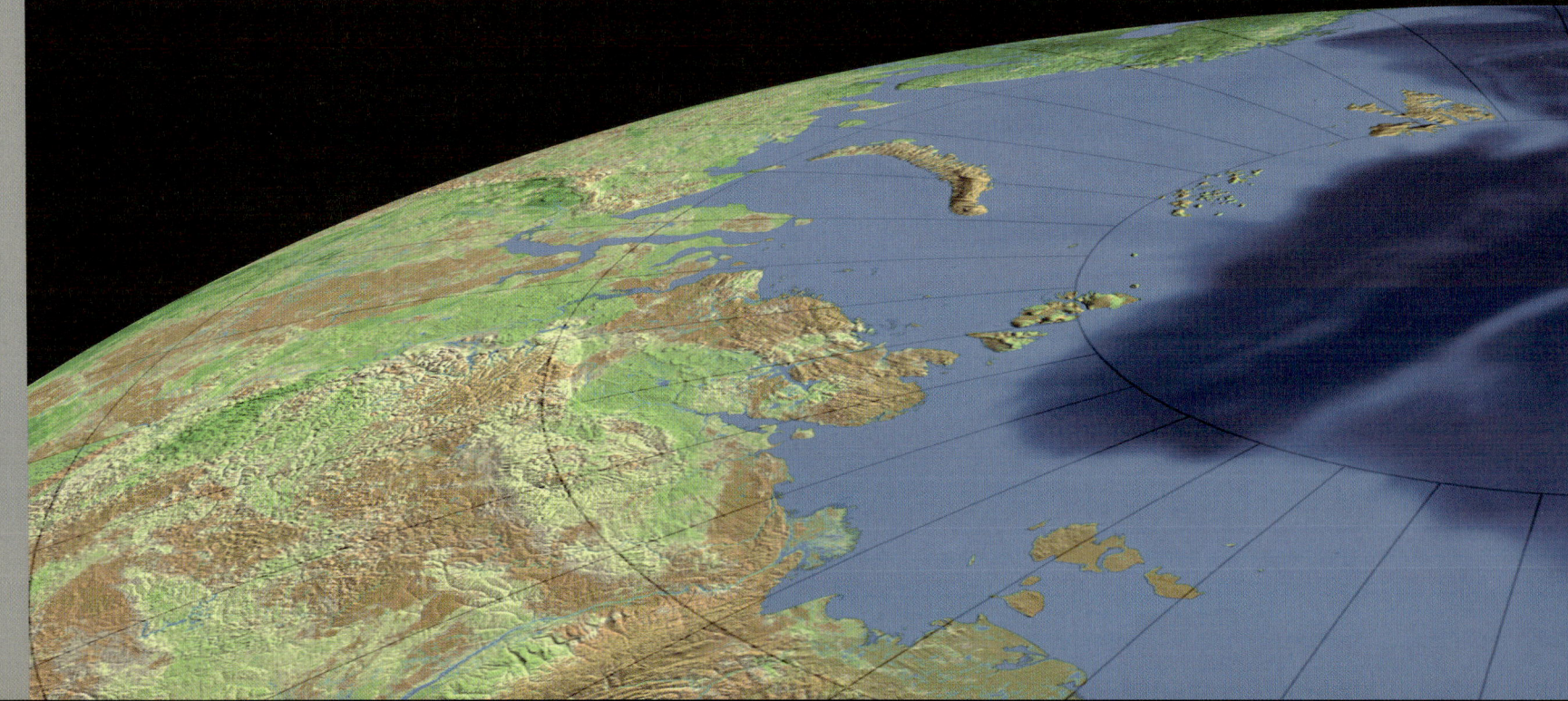

Auswirkungen der UV-Strahlung

Die erhöhte UV-Strahlung, die die Erdoberfläche infolge des Ozonabbaus in der Stratosphäre und der Verringerung der Schnee- und Eisdecke im Frühjahr erreicht, wird sich auf die Ökosysteme an Land und im Wasser auswirken.

Verlust von Wäldern mit altem Baumbestand

Alte Wälder sind reich an Flechten, Moosen, Pilzen, Insekten und Vögeln, die in Baumspalten nisten. Durch die Erwärmung werden Waldbrände und ein von Insekten verursachtes Baumsterben zunehmen, wodurch dieser wertvolle Lebensraum, der aufgrund von menschlichen Aktivitäten bereits abnimmt, weiter reduziert wird.

Veränderungen im Kohlenstoffkreislauf

Im Laufe der Zeit wird das Ersetzen des arktischen Pflanzenbewuchses durch eine produktivere Vegetation aus dem Süden die Aufnahme von Kohlendioxid wahrscheinlich erhöhen. Andererseits werden die Emissionen von Methan, hauptsächlich aus sich erwärmenden Feuchtgebieten und tauenden Permafrostböden, wahrscheinlich zunehmen.

„Der Klimawandel in den Polarregionen wird voraussichtlich einer der größten und schnellsten weltweit sein und große physikalische, ökologische, gesellschaftliche und wirtschaftliche Auswirkungen haben, insbesondere in der Arktis ..."

IPCC 2001

Prognostizierte Permafrostgrenze

Prognostizierte Baumgrenze

Prognostizierte Ausdehnung des Sommer-Meereises

Derzeitige Baumgrenze

Derzeitige Permafrostgrenze

Derzeitige Ausdehnung des Sommer-Meereises

Laut Prognose werden sich die Ausdehnung des Sommer-Meereises und die Baumgrenze bis zum Ende des Jahrhunderts verändern. Die Veränderung der Permafrostgrenze setzt voraus, dass die heutigen Gebiete mit diskontinuierlichem Permafrost in Zukunft permafrostfrei sein werden; diese Entwicklung wird wahrscheinlich über das 21. Jahrhundert hinausgehen.

Auswirkungen auf die Gesellschaft

Die bereits beleuchteten Veränderungen des Klima- und des Natursystems werden voraussichtlich zahlreiche Folgen für die Gesellschaft in der gesamten Arktis haben.

Verlust der Jägerkultur

Die Kultur der Inuit, in deren Mittelpunkt die Jagd und das Teilen der Nahrung steht, wird durch die Klimaerwärmung wahrscheinlich stark beeinträchtigt oder sogar zerstört, weil durch die Verringerung des Meereises die Tiere, von denen die Inuit abhängig sind, an Zahl abnehmen, schwerer zugänglich sind und möglicherweise aussterben.

Sich ausweitende Seeschifffahrt

Der Schiffsverkehr auf zentralen Seewegen, darunter die Nordmeerroute und die Nordwestpassage, wird sich wahrscheinlich erhöhen. Voraussichtlich verlängert sich die Sommerschifffahrtssaison im Verlauf dieses Jahrhunderts aufgrund des Rückgangs des Meereises erheblich. Wahrscheinliche Folgen sind die Ausweitung des Tourismus und des Transports von Gütern auf dem Seeweg.

Abnehmende Nahrungssicherheit

Der Zugang zu den traditionellen Nahrungsgrundlagen, darunter Robben, Eisbären, Karibus sowie einige Fisch- und Vogelarten, wird durch die Klimaerwärmung wahrscheinlich gravierend beeinträchtigt. Die verminderte Qualität der Nahrungsquellen, z. B. erkrankte Fische und vertrocknete Beeren, lässt sich an einigen Orten bereits beobachten. Die Umstellung auf eine eher westlich orientierte Ernährung birgt das Risiko einer Zunahme von Diabetes, Fettleibigkeit und Herz-Kreislauf-Erkrankungen.

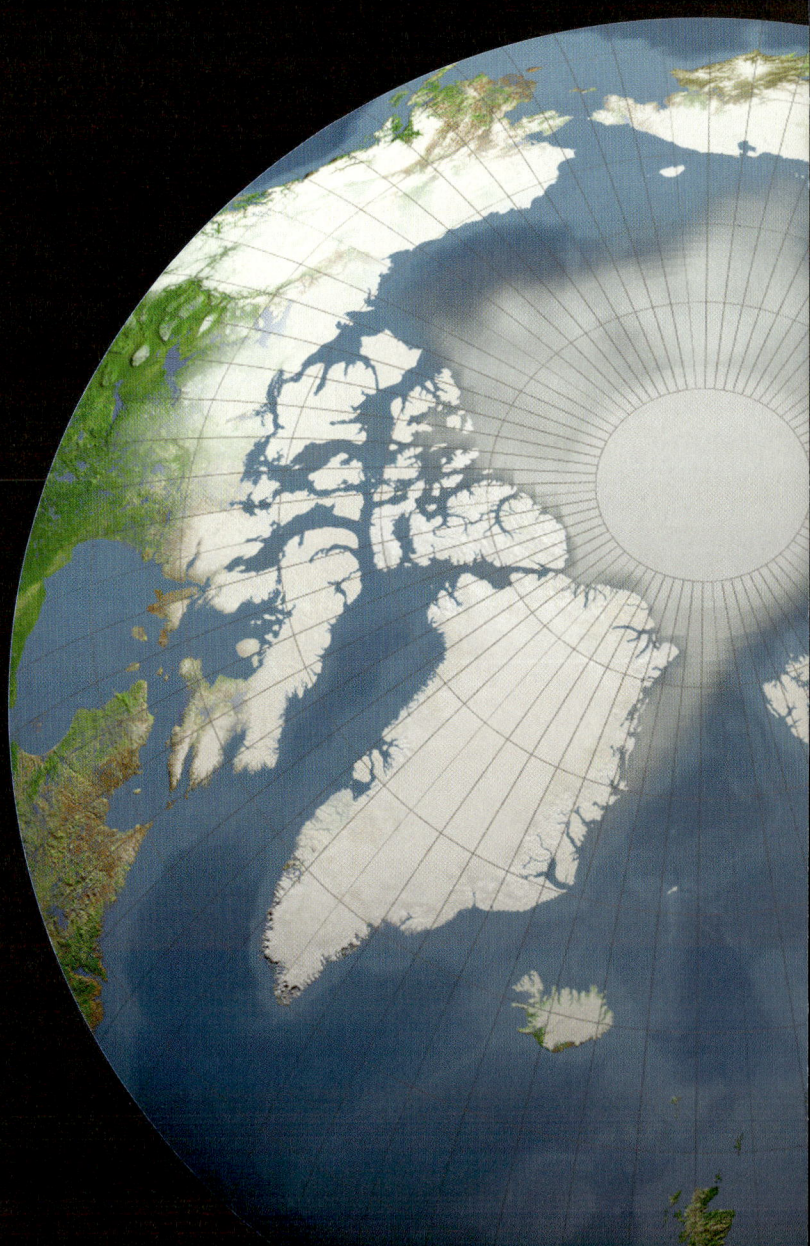

Sorge um die Gesundheit des Menschen

Anlass zur Besorgnis geben auch erhöhte Unfallzahlen aufgrund von Umweltveränderungen, z. B. dünnere Eisdecken, sowie Gesundheitsprobleme, die durch nachteilige Auswirkungen auf die sanitäre Infrastruktur infolge tauender Permafrostböden entstehen.

Auswirkungen auf Wildtierherden

Im Zuge des Wandels der Schnee- und Flusseisbedingungen werden die Karibu- und Rentierherden mit einer Vielzahl klimabedingter Veränderungen ihrer Wanderungswege, Kalbungs- und Futterplätze konfrontiert sein, was negative Folgen für die Menschen hat, die von der Jagd und der Herdenhaltung dieser Tiere leben.

Leichterer Zugang zu Ressourcen

Der Zugang auf dem Seeweg zu einigen arktischen Natur- und Bodenschätzen, darunter küstennahes Erdöl und Erdgas sowie einige Mineralien, wird durch die Abnahme des Meereises wahrscheinlich erleichtert, was aber auch Probleme für die Umwelt mit sich bringt. Vermehrte Eisbewegungen könnten den Betrieb einiger Industrieanlagen anfänglich erschweren.

Verstärkte Meeresfischerei

Einige bedeutende arktische Fischgründe, darunter die für Hering und Kabeljau, werden im Zuge der Klimaerwärmung wahrscheinlich ertragreicher. Verbreitungsgebiete und Wanderungswege vieler Fischarten werden sich sehr wahrscheinlich verändern.

„Heutzutage schmilzt der Schnee im Frühling eher, Seen, Flüsse und Sümpfe frieren im Herbst viel später zu. Das Hüten der Rentiere wird schwieriger, weil das Eis brüchig ist und nachgeben könnte ... Heutzutage sind die Winter viel wärmer, als sie es früher waren. Manchmal regnet es im Winter. Damit haben wir nie gerechnet; wir konnten uns auch nicht darauf einstellen. Es ist schon merkwürdig ... Der Kreislauf der Jahreszeiten ist enorm durcheinander geraten, und das hat mit Sicherheit negative Folgen für das Hüten der Rentiere."

Larisa Avdeyeva
Lovozero, Russland

Beeinträchtiger Transport auf dem Land

Verkehrswege und Pipelines an Land sind in manchen Regionen bereits durch den tauenden Boden geschädigt. Und dieses Problem wird sich wahrscheinlich noch vergrößern. Erdöl- und Erdgasgewinnung und Forstwirtschaft werden unter zunehmenden Beeinträchtigungen leiden, weil sich die Zeitspanne verkürzt, in der die Eisstraßen und die Tundra genügend stark gefroren sind, um den Betrieb und Transport zuzulassen. Auch die nördlichen Gemeinden, die auf gefrorene Fahrbahnen angewiesen sind, um ihre Versorgungsgüter mit Lkws herbeizuschaffen, sind betroffen.

Rückgang der nördlichen Süßwasserfischbestände

Eine abnehmende Vielfalt sowie das lokale und globale Aussterben der an die Arktis angepassten Fischarten werden für dieses Jahrhundert prognostiziert. Zu den durch die Erwärmung bedrohten Arten gehören unter anderem Wandersaibling, Große Maräne und Kleine Maräne, die einen großen Teil zur Ernährung der lokalen Bevölkerung beisteuern.

Verstärkte Land- und Forstwirtschaft

Die Möglichkeiten der Land- und Forstwirtschaft werden sich wahrscheinlich verbessern, wenn sich die potenziell geeigneten Gebiete für eine Nahrungsmittel- und Holzproduktion aufgrund einer längeren und wärmeren Wachstumsperiode und zunehmender Niederschläge nach Norden ausweiten.

Folgen für die Teilregionen

In einer so großen und vielfältigen Region wie der Arktis variiert das Klima in den Teilregionen in erheblichem Maße. Die jüngste Erwärmung ist in einigen Gebieten dramatischer als in anderen ausgefallen. In einigen wenigen Gebieten, z. B. in Teilen Kanadas und Grönlands rings um die Labradorsee, hat es sich im Gegensatz zur übrigen Region nicht erwärmt, sondern sogar abgekühlt. Zudem werden regionale Schwankungen im künftigen Klima prognostiziert. Wie sich der Klimawandel im Einzelnen auswirkt und welche Folgen sich in den verschiedenen Teilregionen als besonders bedeutsam erweisen, wird auch von örtlichen Merkmalen der Umwelt und der Gesellschaften beeinflusst.

Für die ACIA-Studie wurden vier Teilregionen definiert, und in diesem Bericht werden für jede dieser vier Teilregionen ausgewählte Auswirkungen näher beleuchtet. Dabei handelt es sich weder um eine umfassende Bewertung der Folgen des Klimawandels in diesen Gebieten, noch um eine Einschätzung der Frage, welche Auswirkungen am bedeutendsten sind. Vielmehr geht es um wenige wichtige Beispiele, die sich im Rahmen dieser Studie herauskristallisiert haben. Weitere Details finden sich auf den Seiten 114–121. Einige Auswirkungen sind in allen Teilregionen wichtig, doch werden sie nicht, um Wiederholungen zu vermeiden, für jede Region erörtert. Andere Studien, von denen einige bereits durchgeführt werden, werden die Folgen einiger spezieller Unternehmungen, wie z. B. Erdölförderung, für diese arktischen Teilregionen untersuchen.

Bei der Einschätzung künftiger Auswirkungen in den Teilregionen wurden die prognostizierten Klimaveränderungen hauptsächlich aus globalen Klimamodellen abgeleitet. Wenn die regionalen Klimamodelle aussagekräftiger und leichter zugänglich werden, könnten zukünftige Studien die lokalen und regionalen Veränderungsmuster im Einzelnen genauer aufzeigen. Im Rahmen dieser Studie sollte man die Klimaänderungsmuster und ihre Folgen in einem recht großen regionalen Maßstab betrachten, da sie sich für kleinere Gebiete nicht so sicher und nicht so spezifisch vorhersagen lassen.

TEILREGION I
Ostgrönland, Island, Norwegen, Schweden, Finnland, Nordwest-Russland und angrenzende Meere.

Die Umwelt Verschiebungen der Verbreitungsgebiete von Tier- und Pflanzenarten nach Norden sind sehr wahrscheinlich, wobei einige Tundragebiete vom Festland verschwinden werden. Mit dem Anstieg des Meeresspiegels und dem Rückgang des Meereises werden tief liegende Küstengebiete wahrscheinlich zunehmend von Sturmfluten überschwemmt.

Die Wirtschaft Durch das Zurückweichen des Meereises wird der Meereszugang zu Erdöl, Erdgas und mineralischen Ressourcen wahrscheinlich erleichtert. Eine allgemeine Zunahme der Fischereierträge im Atlantik und in der Arktis ist wahrscheinlich. Grundlage sind traditionelle Arten ebenso wie der Zustrom von südlicheren Arten.

Das Leben der Menschen Die Herdenhaltung von Rentieren wird durch eine abnehmende Schneedecke und sich verändernde Schneeverhältnisse wahrscheinlich nachteilig beeinflusst. Das traditionelle Zusammentreiben der Tiere wird wahrscheinlich riskanter und weniger vorhersehbar. Es werden wahrscheinlich auf den Menschen übertragbare Tierkrankheiten auftreten.

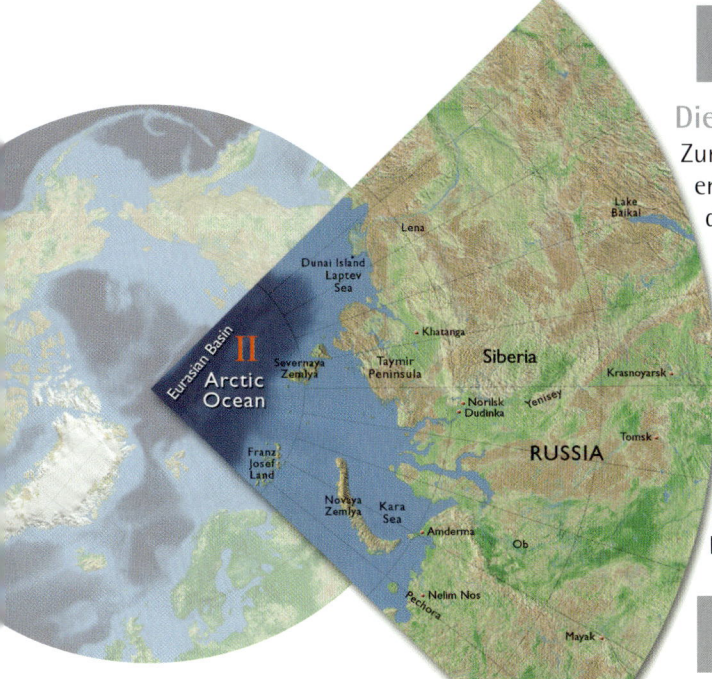

TEILREGION II — Sibirien und angrenzende Meere

Die Umwelt Mit der Erwärmung des Klimas, dem Tauen der Permafrostböden und der Zunahme von Bränden und Schädlingsbefall werden sich wahrscheinlich auch die Wälder erheblich verändern. In vielen Gebieten werden Wälder und Strauchlandschaften die Tundra ersetzen. Pflanzen- und Tierarten werden nach Norden wandern. Die Abflussmengen der Flüsse werden sich erhöhen.

Die Wirtschaft Der Rückgang des Meereises wird die Schifffahrtssaison auf der Nordmeerroute verlängern, was wirtschaftliche Chancen, aber auch Umweltrisiken birgt. Der Zugang zu küstennahem Erdöl und Erdgas wird wahrscheinlich erleichtert, aber einige Aktivitäten könnten durch erhöhten Wellengang auch behindert werden.

Das Leben der Menschen Das Tauen der Permafrostböden verursacht schwere Schäden an Gebäuden und Industrieanlagen. Eine verkürzte Flusseissaison und der tauende Permafrost werden die Wanderungswege der Rentiere wahrscheinlich einschränken und die traditionelle Existenzgrundlage der indigenen Bevölkerung gefährden.

TEILREGION III — Chukotka, Alaska, westkanadische Arktis und angrenzende Meere

Die Umwelt Die Vielfalt der biologischen Arten ist in dieser Teilregion durch die Klimaänderung extrem gefährdet, weil hier gegenwärtig die größte Anzahl bedrohter arktischer Pflanzen- und Tierarten beheimatet ist. Mit zunehmenden Waldschäden durch Brände und Schädlingsbefall ist zu rechnen. Tief liegende Küstengebiete werden häufiger überflutet werden.

Die Wirtschaft Tauender Permafrost und Küstenerosion werden zu Schäden in der Infrastruktur führen. Die Meereisreduktion wird den Zugang auf dem Seeweg zu den nördlichen Küsten erleichtern. Aufgeweichte Böden werden den Transport über Land im Winter behindern. Traditionelle lokale Volkswirtschaften, die sich auf Ressourcen gründen, die für Klimaänderungen anfällig sind (wie Eisbären und Ringelrobben), werden sehr wahrscheinlich durch die Erwärmung geschädigt.

Das Leben der Menschen Die Erosion der Küsten aufgrund von Meereisrückgang, Meeresspiegelanstieg und tauendem Permafrost wird sehr wahrscheinlich die Umsiedelung einiger Dörfer erforderlich machen und zunehmende Belastungen für andere schaffen. Der Rückgang der Arten, die vom Eis abhängig sind, sowie die steigenden Risiken für Jäger bedrohen die Nahrungssicherung und die überlieferten Lebensweisen der indigenen Bevölkerung.

TEILREGION IV — Zentrale und östliche kanadische Arktis, Westgrönland und angrenzende Meere

Die Umwelt Die grönländische Eiskappe wird wahrscheinlich weiter mit Rekordgeschwindigkeit abschmelzen, wodurch sich die lokale Umwelt verändert und der Meeresspiegel weltweit ansteigt. Tief liegende Küstengebiete werden aufgrund des steigenden Meeresspiegels und der Sturmfluten häufiger überschwemmt werden.

Die Wirtschaft Durch den Rückgang des Meereises wird der Schiffsverkehr in der Nordwestpassage wahrscheinlich zunehmen, wodurch sich zwar wirtschaftliche Möglichkeiten bieten, zugleich aber auch das Risiko von Umweltverschmutzungen aufgrund von Ölverseuchungen und anderen Unfällen steigt. Südlichere Meeresfischarten, wie Schellfisch, Hering und Roter Tunfisch, könnten in die Region einwandern. Seeforellen und andere Süßwasserfische werden an Zahl zurückgehen, was Auswirkungen auf die lokale Nahrungsmittelversorgung wie auch auf die Sportfischerei und den Tourismus hat.

Das Leben der Menschen Einige indigene Völker, vor allem die Inuit, stehen vor ernsthaften Bedrohungen ihrer Nahrungsquellen und Jagdkultur, da die Verringerung des Meereises und andere erwärmungsbedingte Veränderungen Verfügbarkeit und Zugang zu traditionellen Nahrungsquellen behindern. Erhöhung des Meeresspiegels und häufigere Sturmfluten könnten die Umsiedelung einiger tief liegender Küstengemeinden erforderlich machen und erhebliche soziale Folgen haben.

Warum erwärmt sich das Klima in der Arktis schneller als in niedrigeren Breiten?

Erstens: Wenn die arktischen Schnee- und Eismassen schmelzen, absorbieren die dunkleren Land- und Meeresoberflächen, die zum Vorschein kommen, einen größeren Teil der Sonnenenergie und verstärken dadurch die arktische Erwärmung. Zweitens: In der Arktis führt ein größerer Anteil der zusätzlichen Energie, die aufgrund der steigenden Konzentrationen von Treibhausgasen an der Erdoberfläche entsteht, direkt zur Erwärmung der Erdatmosphäre, wohingegen in den Tropen ein größerer Anteil in die Verdunstung von Wasser geht. Drittens: Die Schicht der Atmosphäre, die sich erwärmen muss, damit es zu einer Erwärmung der Luft in Erdbodennähe kommt, ist in der Arktis viel dünner als in den Tropen, was zu einem größeren Temperaturanstieg in der Arktis führt. Viertens: Durch die erwärmungsbedingte Verringerung der Meereisfläche wird die Sonnenwärme, die im Sommer von den Weltmeeren absorbiert wird, im Winter leichter in die Atmosphäre transportiert, wodurch sich die Luft stärker erwärmt, als es sonst der Fall wäre. Und schließlich: Weil die Atmosphäre und die Meere Wärme in die Arktis befördern, können Veränderungen in ihren Zirkulationsmustern auch die arktische Erwärmung erhöhen.

1. Wenn Schnee und Eis schmelzen, absorbieren die dunklen Land- und Meeresoberflächen mehr Sonnenenergie.

2. Ein größerer Teil der zusätzlich gefangenen Energie geht direkt in die Erwärmung statt in die Verdunstung.

3. Die Schicht der Atmosphäre, die sich erwärmen muss, damit sich die Erdoberfläche erwärmt, ist in der Arktis dünner.

4. Wenn sich das Meereis zurückzieht, wird die von den Weltmeeren absorbierte Sonnenwärme leichter in die Atmosphäre befördert.

5. Mit den Veränderungen der atmosphärischen und ozeanischen Zirkulation kann auch die Erwärmung zunehmen.

Belege für die Schlüsselergebnisse

Dieses Satellitenbild eines Gletschers auf Ellesmere Island, der im Greely Fjord das Meer erreicht, zeigt sowohl wachsende Schmelzwassertümpel auf der Gletscheroberfläche als auch Eisberge, die vom Gletscher gekalbt sind und im Fjord treiben.

SCHLÜSSELERGEBNIS #1

1 Die Arktis erwärmt sich rapide, und größere Veränderungen werden erwartet.

Beobachtete Veränderungen des Klimas

Aufzeichnungen über zunehmende Temperaturen, abschmelzende Gletscher, Verringerungen von Fläche und Dicke des Meereises, tauende Permafrostböden und ansteigender Meeresspiegel liefern überzeugende Indizien für die jüngste Erwärmung der Arktis. Es gibt zwar regionale Unterschiede aufgrund von atmosphärischen Winden und ozeanischen Strömungen, wobei einige Gebiete eine höhere Erwärmung als andere und wenige sogar eine leichte Abkühlung verzeichnen, doch für die Arktis insgesamt besteht ein eindeutiger Erwärmungstrend. Zudem zeigen sich Muster innerhalb dieses Gesamttrends. So steigt in den meisten Regionen die Temperatur im Winter rascher als im Sommer. In Alaska und in Westkanada hat sich die Wintertemperatur in den vergangenen 50 Jahren um bis zu 3 bis 4° C erhöht.

Die arktischen Luft-temperaturen steigen, wobei die stärksten Trends im Winter und in den letzten Jahrzehnten zu verzeichnen sind.

Beobachtungen deuten darauf hin, dass während der zurückliegenden 100 Jahre der Niederschlag in der Arktis insgesamt um 8 % zugenommen hat. Allerdings beschränken Unsicherheiten bei der Messung von Niederschlägen in der kalten Arktis und das spärliche Datenmaterial für Teile der Region die Verlässlichkeit der Ergebnisse. Es bestehen regionale Unterschiede im Niederschlag in der gesamten Arktis, und es wird auch regionale Unterschiede im Wandel des Niederschlags geben.

Zusätzlich zum Gesamtanstieg wurden auch Veränderungen hinsichtlich der Charakteristika des Niederschlags beobachtet. Ein großer Teil der erhöhten Niederschlagsmenge scheint – meist im Winter, und zu einem geringeren Teil im Herbst und im Frühling – als Regen zu fallen. Die zunehmenden winterlichen Regenfälle auf die vorhandene Schneedecke bewirken eine schnellere Schmelze und können, wenn sie stark ausfallen, in einigen Gebieten zu blitzartigen Überschwemmungen führen. Regen-auf-Schnee-Ereignisse haben in weiten Teilen der Arktis erheblich zugenommen, in West-Russland in den vergangenen 50 Jahren beispielsweise um 50 %.

Um einzuschätzen, ob die jüngsten Veränderungen des arktischen Klimas ungewöhnlich sind, d. h. außerhalb der natürlichen Schwankungsbreite liegen, ist es

100 000 Jahre Temperaturschwankungen in Grönland

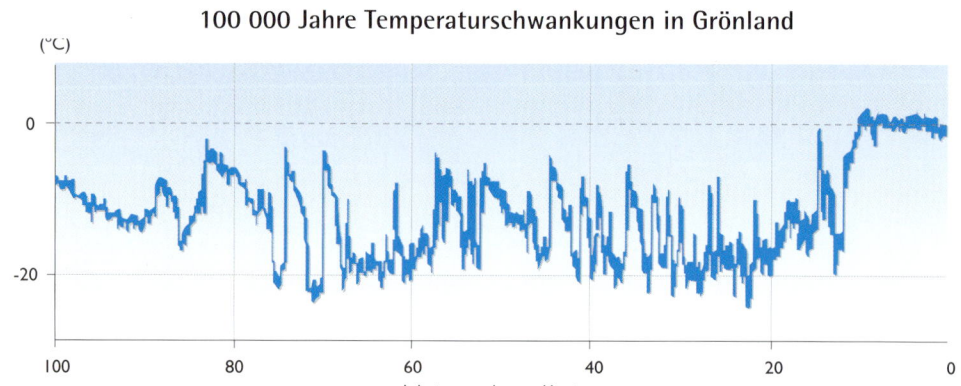

Diese Zeitserie der Temperaturänderungen (Abweichungen von den heutigen Verhältnissen) wurde mit Hilfe eines grönländischen Eisbohrkerns rekonstruiert. Die Darstellung zeigt die hohe Schwankungsbreite des Klimas in den vergangenen 100 000 Jahren. Außerdem deutet sie darauf hin, dass das Klima der vergangenen 10 000 Jahre, also der Zeit, in der sich die menschliche Zivilisation entwickelte, ungewöhnlich stabil gewesen ist. Es besteht die Besorgnis, dass die rasche Erwärmung, die von den steigenden Konzentrationen der Treibhausgase aufgrund menschlicher Aktivitäten verursacht wird, diesen Zustand destabilisieren könnte.

hilfreich, die jüngsten Beobachtungen mit Aufzeichnungen über vergangene Klimaverhältnisse zu vergleichen. Das Datenmaterial über das vergangene Klima stammt aus Eisbohrkernen und anderen Quellen, die recht verlässliche Darstellungen des Klimas der fernen Vergangenheit liefern. Bei der Untersuchung von Aufzeichnungen vergangener Klimaverhältnisse zeigt sich, dass Umfang, Tempo und Muster der Erwärmung in den letzten Jahrzehnten in der Tat ungewöhnlich sind und charakteristisch für die vom Menschen bewirkte Zunahme der Treibhausgase.

Sowohl natürliche als auch vom Menschen verursachte Faktoren können das Klima beeinflussen. Zu den natürlichen Faktoren, die erhebliche Auswirkungen über Jahre und Jahrzehnte haben können, zählen Schwankungen der solaren Energie, große Vulkanausbrüche und natürliche, mitunter zyklische, Wechselwirkungen zwischen der Atmosphäre und dem Ozean. Es wurden mehrere wichtige natürliche Formen der Variabilität, die vor allem die Arktis betreffen, identifiziert, darunter die Arktische Oszillation, die Pazifische Dekadische Oszillation und die Nordatlantische Oszillation. Jede von diesen kann die regionalen Muster solcher Merkmale wie Stärke und Zugbahnen von Sturmsystemen, Richtung der vorherrschenden Winde, Schneemenge und Meereisausdehnung beeinflussen. Neben der Veränderung der langfristigen mittleren Klimaverhältnisse kann der von Menschen bewirkte Klimawandel außerdem die Intensität, die Muster und die Merkmale dieser natürlichen Schwankungen beeinflussen.

Gemessene arktische Temperatur, 1900 bis zur Gegenwart

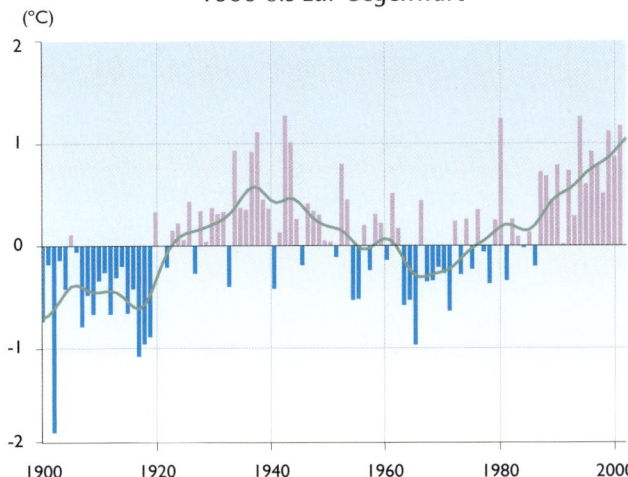

Mittlere jährliche Änderung der Lufttemperatur in Erdbodennähe. Die Messungen stammen aus Stationen an Land, bezogen auf den Mittelwert für 1961-1990, für die Region von 60 bis 90° N.

Gemessene Änderungen der Lufttemperatur in Erdbodennähe: 1954 – 2003 (jährlich, ° C)

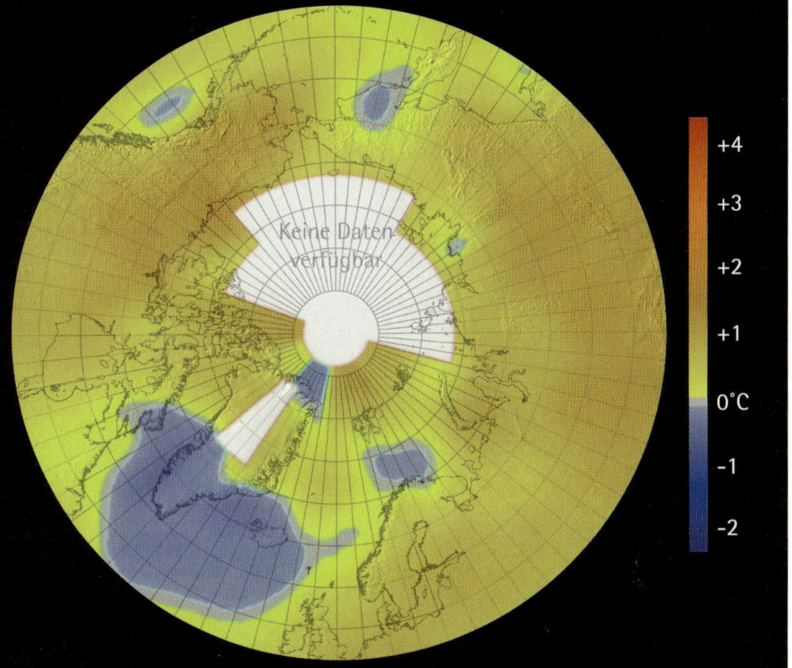

Die Farben geben den Temperaturwandel für den Zeitraum von 1954 bis 2003 an. Die Karte zeigt die Änderung der Jahresmitteltemperatur, die von einer Erwärmung von 2–3° C in Alaska und Sibirien bis zu einer Abkühlung von bis zu 1° C in Südgrönland reicht.

Gemessene Änderungen der Lufttemperatur in Erdbodennähe: 1954 - 2003 (Winter: Dez.-Feb. in ° C)

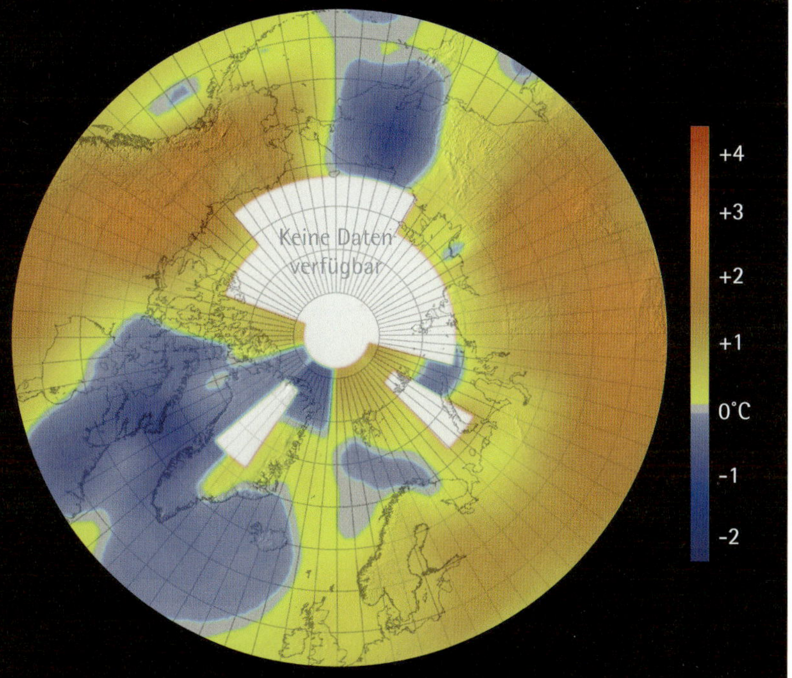

Die Karte zeigt die Temperaturänderung in den Wintermonaten, sie reicht von einer Erwärmung von bis zu 4° C in Sibirien und Nordwestkanada bis zu einer Abkühlung von 1° C über Südgrönland.

1 Die Arktis erwärmt sich rapide, und größere Veränderungen werden erwartet.

Veränderungen des Meereises: Ein Schlüsselindikator für den Klimawandel

„Klima" umschreibt viel mehr als nur Temperatur und Niederschlag. Neben den langfristigen mittleren Wetterverhältnissen umfasst der Begriff außerdem Extremereignisse und Aspekte des Systems, wie z. B. Schnee, Eis und die Zirkulationsmuster der Atmosphäre und der Ozeane. In der Arktis ist das Meereis eine der wichtigsten Klimavariablen. Es ist ein Schlüsselindikator und eine treibende Kraft des Klimawandels, denn es beeinflusst das Reflexionsvermögen der Oberfläche, die Bewölkung, die Luftfeuchtigkeit, den Austausch von Wärme und Feuchtigkeit an der Meeresoberfläche sowie die Meeresströme. Und wie noch später ausgeführt wird, hat eine Veränderung des Meereises enorme Folgen für Umwelt, Wirtschaft und Gesellschaft.

So wie Bergarbeiter einst Kanarienvögel besaßen, die sie vor den steigenden Konzentrationen giftiger Gase warnten, nutzen Klimaforscher heute das arktische Meereis als eine Art Frühwarnsystem. Das Meereis reagiert höchst sensibel auf Temperaturveränderungen in der Luft darüber und im Wasser darunter. In den zurückliegenden Jahrzehnten haben Arktisbeobachter ein langsames Schrumpfen des Packeises festgestellt, was auf die ersten Einflüsse der globalen Erwärmung schließen lässt. Seit einigen Jahren beschleunigt sich dieser Rückgang, was darauf hindeutet, dass der „Kanarienvogel" in Schwierigkeiten ist.

„Das Eis erhält das Leben. Es bringt die Meerestiere aus dem Norden in unser Gebiet, und im Herbst vergrößert es unser Land. Wenn es entlang der Küste gefriert, gehen wir hinaus aufs Eis, um zu fischen, Meeressäuger zu jagen und zu reisen ... Wenn es anfängt, schneller aufzubrechen und zu verschwinden, dann hat das dramatische Folgen für unser Leben."
Caleb Pungowiyi
Nome, Alaska

KLEINES EIS-LEXIKON

Meereis bildet sich beim Gefrieren von Meerwasser. Weil Meereis weniger dicht als Meerwasser ist, treibt es auf dem Ozean. Bei seiner Bildung gibt es sein Salz zum überwiegenden Teil in den Ozean ab, wodurch es noch leichter wird. Da sich Meereis aus dem bestehenden Meerwasser bildet, steigt der Meeresspiegel nicht, wenn es schmilzt.

Festeis ist Meereis, das von der Küste ins Meer wächst und mit der Küste verbunden bleibt oder einem flachen Meeresboden aufliegt. Es ist als Rast-, Jagd- und Wanderungsplattform für Arten wie zum Beispiel Eisbären oder Walrosse von Bedeutung.

Packeis bezeichnet ein größeres Gebiet zusammenhängender Schollen treibenden Meereises.

Eiskappen und **Gletscher** sind Landeismassen, wobei die Eiskappen Hügel und Berge mit einer „Kappe" versehen und sich der Begriff „Gletscher" in der Regel auf das Eis bezieht, das Täler füllt, obgleich mit ihm oft auch Eiskappen bezeichnet werden.

Ein **Eisschild** ist eine Ansammlung von Eiskappen und Gletschern, wie man sie derzeit auf Grönland und in der Antarktis vorfindet. Wenn Eiskappen, Gletscher und Eisschilde schmelzen, führt dies zum Anstieg des Meeresspiegels, da sich die Wassermenge in den Weltmeeren vergrößert.

Ein **Eisberg** ist ein Stück Eis, das von einem Gletscher oder einem Eisschild gekalbt ist und auf der Meeresoberfläche treibt.

24

Kapitel der Studie	Klima damals & heute	Kryosphäre & Hydrologie	Marine Systeme
	2	6	9

In den vergangenen 30 Jahren ist die jährliche mittlere Ausdehnung des Meereises um rund 8 % oder fast 1 Million Quadratkilometer zurückgegangen, eine Fläche, die größer ist als Norwegen, Schweden und Dänemark zusammen. Zudem beschleunigt sich dieser Abschmelzungstrend. Die Meereisfläche hat im Sommer dramatischer abgenommen als im Jahresdurchschnitt, wobei der Rückgang im Spätsommer zwischen 15 bis 20 % betrug. Überdies bestehen erhebliche Schwankungen von Jahr zu Jahr. Im September 2002 wurde die geringste Ausdehnung der arktischen Meereisdecke überhaupt aufgezeichnet, im September 2003 war sie fast ebenso gering.

Das Meereis ist in den vergangenen Jahrzehnten zudem dünner geworden. Die Verringerung der arktisweiten mittleren Meereisdicke wird auf 10-15 % geschätzt, wobei bestimmte Gebiete zwischen den 1960er und späten 1990er Jahren eine Reduktion von bis zu 40 % aufweisen. Auf die Folgen des Rückgangs des Meereises, darunter die Erhöhung der Lufttemperatur, die Abnahme des Salzgehalts der Oberflächenschicht des Ozeans und die Zunahme der Küstenerosion, geht dieser Bericht immer wieder ein.

So wie Bergarbeiter einst Kanarienvögel besaßen, die sie vor den steigenden Konzentrationen giftiger Gase warnten, nutzen Klimaforscher heute das arktische Meereis als eine Art Frühwarnsystem.

Beobachtete jahreszeitliche Ausdehnung des arktischen Meereises (1900–2003)

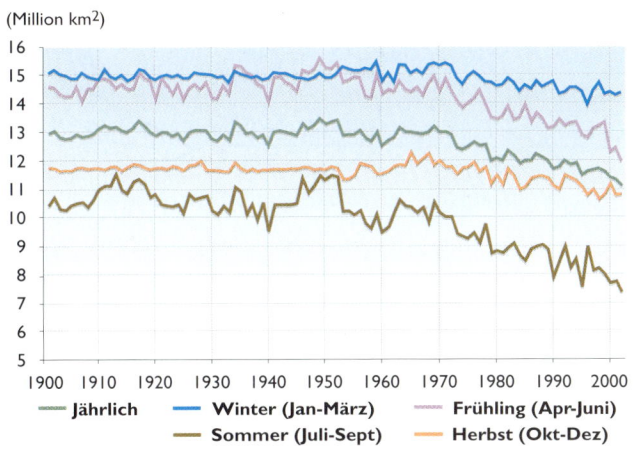

(Million km²)

Jährlich — Winter (Jan-März) — Frühling (Apr-Juni) — Sommer (Juli-Sept) — Herbst (Okt-Dez)

Mittlere jährliche Ausdehnung des arktischen Meereises für den Zeitraum von 1900 bis 2003. Die Meereisfläche nimmt seit etwa 50 Jahren ab. In den letzten Jahrzehnten hat sich dieser Rückgang verschärft, was dem Trend der Erwärmung der Arktis entspricht. Der Rückzug der Meereisgrenzen im Sommer ist der markanteste dieser Trends.

Beobachtetes Meereis im September 1979

Beobachtetes Meereis im September 2003

Diese beiden aus Satellitendaten erstellten Abbildungen vergleichen die Konzentrationen des arktischen Meereises im September 1979 und 2003. Im September befindet sich die Meereisausdehnung auf ihrem Jahrestiefstand; 1979 standen erstmals Daten dieser Art in aussagekräftiger Form zur Verfügung. Die geringste Konzentration, die je verzeichnet wurde, hatte das Meereis im September 2002.

1 Die Arktis erwärmt sich rapide, und größere Veränderungen werden erwartet.

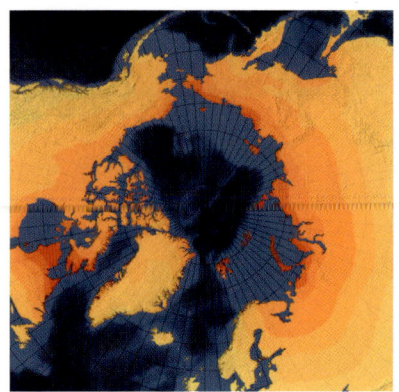

Selbst die Anwendung des Szenarios mit den niedrigsten Emissionen und des Modells, das die geringste Erwärmung als Reaktion auf den Wandel in der Zusammensetzung der Atmosphäre erzeugt, führt zu der Prognose, dass sich die Erde in diesem Jahrhundert mehr als doppelt so stark erwärmen wird wie im vergangenen Jahrhundert.

Das künftige Klima prognostizieren

Die ACIA-Studie bezieht ihre Informationen aus einer Vielzahl von Methoden zur Dokumentation vergangener und gegenwärtiger Klimaverhältnisse und zur Prognose künftiger klimatischer Bedingungen; dazu gehören Beobachtungsdaten (z. B. durch Thermometer ermittelte Daten, Aufzeichnungen vergangener Klimaverhältnisse anhand von Baumringen, Eisbohrkernen und Sedimenten), Feldexperimente, computergestützte Klimamodelle und das Wissen der Ureinwohner. Wenn Informationen aus mehreren Methoden konvergieren, so gelten die Ergebnisse als recht verlässlich. Trotzdem wird es bei der Prognose zukünftiger Klimaveränderungen stets auch Unsicherheiten und Überraschungen geben.

Die Projektion eines künftigen Klimawandels und seiner möglichen Auswirkungen geschieht auf systematische Weise. Zwei wichtige Faktoren bestimmen, wie menschliche Aktivitäten zu einer künftigen Klimaänderung führen werden:
- Das Niveau der künftigen globalen Emissionen von Treibhausgasen sowie
- die Reaktion des Klimasystems auf diese Emissionen.

Die Forschung hat in den vergangenen Jahrzehnten bezüglich jeder dieser Faktoren zahlreiche Informationen gesammelt.

Die Prognose künftiger Emissionen stützt sich auf die Entwicklung plausibler Szenarien für Veränderungen hinsichtlich Bevölkerung, Wirtschaftswachstum, technologischem und politischem Wandel sowie weiterer Aspekte künftiger Gesellschaften, die sich nur schwer vollständig voraussagen lassen. Das IPCC hat einen „Special Report on Emissions Scenarios" (SRES) verfasst, der sich mit diesen Fragen befasst. Die Szenarien umfassen ein Spektrum möglicher Zukunftsmodelle, die darauf basieren, wie sich Gesellschaften, Volkswirtschaften und Energietechnologien wahrscheinlich entwickeln werden, und dienen der Einschätzung der wahrscheinlichen Bandbreite künftiger klimarelevanter Emissionen.

Was die Reaktion des Klimasystems betrifft, so stellen die von Forschungszentren auf der ganzen Welt entwickelten Computermodelle bestimmte Aspekte des Klimasystems (z. B., wie sich Bewölkung und Eisdecke verändern werden und wie dies letztlich das Klima und den Meeresspiegel beeinflusst) etwas unterschiedlich dar. Dies führt zu Abweichungen bei den prognostizierten Erwärmungsgraden.

Berechnungen der Veränderung des globalen Klimas (dargestellt als Abweichungen von der Temperatur 1990) von 1990 bis 2100 gemäß sieben beispielhaften Emissionsszenarien. Die braune Linie zeigt die Prognose des B2-Emissionsszenarios; es ist das in der ACIA-Studie verwendete Hauptszenario sowie dasjenige, auf dem die Diagramme in diesem Bericht, die eine prognostizierte Klimaänderung zeigen, basieren. Die pinkfarbene Linie steht für das A2-Emissionsszenario, das die Studie in geringerem Umfang verwendet. Das dunkelgraue Band zeigt das Spektrum der Resultate sämtlicher SRES-Emissionsszenarien unter Anwendung eines Durchschnittsmodells, während das hellgraue Band das ganze Spektrum der Szenarien verschiedener Klimamodelle zeigt.

Prognostizierter Anstieg der Globaltemperatur

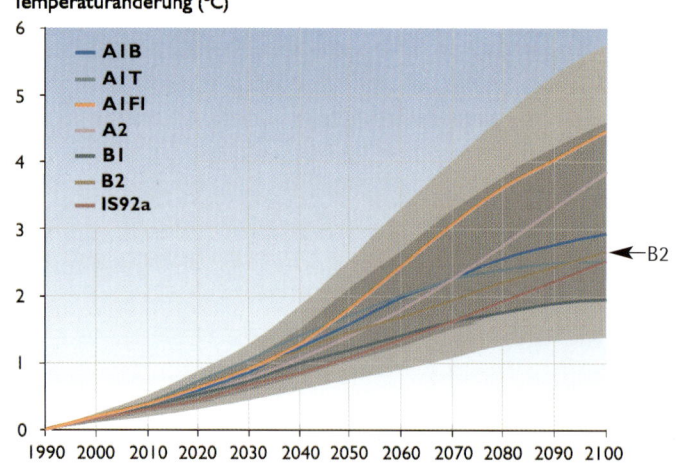

Prognostizierter Anstieg der Arktistemperatur

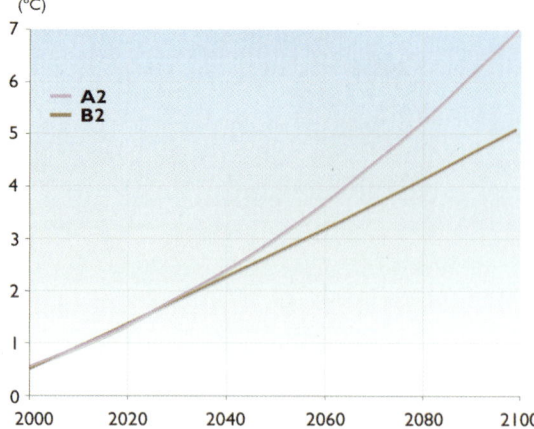

Erhöhungen der Arktistemperatur (für 60°– 90° N), berechnet nach einem Mittelwert der ACIA-Modelle für die A2- und B2-Emissionsszenarien, bezogen auf 1991-2000.

Kapitel der Studie | Klima damals & heute **2** | Künftiges Klima **4**

Ungeachtet des gewählten Emissionsszenarios bzw. Computermodells projiziert jede Modellsimulation für die kommenden 100 Jahre eine erhebliche globale Erwärmung. Selbst die Anwendung des Szenarios mit den niedrigsten Emissionen und des Modells, das die geringste Erwärmung als Reaktion auf die veränderte Zusammensetzung der Atmosphäre ansetzt, führt zu der Prognose, dass sich die Erde in diesem Jahrhundert mehr als doppelt so stark erwärmen wird wie im vergangenen Jahrhundert. Die Modellsimulationen deuten zudem darauf hin, dass die Erwärmung in der Arktis bedeutend höher sein wird als im globalen Durchschnitt (in einigen Regionen mehr als doppelt so hoch). Obwohl die Modelle hinsichtlich ihrer Berechnungen einiger Merkmale der Klimaänderung voneinander abweichen, stimmen alle darin überein, dass sich die Welt infolge menschlicher Aktivitäten deutlich erwärmen wird und dass die Arktis wahrscheinlich besonders früh und intensiv betroffen sein wird.

Die vom IPCC überprüften Klimamodelle und Emissionsszenarios entwickeln ein Spektrum möglicher Bedingungen für die Zukunft. Die ACIA-Studie hat sich bei ihrer Einschätzung der Folgen künftiger Klimabedingungen hauptsächlich auf die Ergebnisse von fünf Klimamodellen führender Klimaforschungszentren sowie ein gemäßigtes Emissionsszenario (das sogenannte B2, siehe Anhang 1) gestützt und beschreibt, welche Auswirkungen am wahrscheinlichsten sind. Die abgebildeten Diagramme der projizierten Klimaverhältnisse beruhen auf diesem B2-Emissionsszenario. Um eine andere mögliche Zukunft näher zu erkunden, wurde bei einigen Analysen ein zweites Emissionsszenario (A2) hinzugezogen. Die Konzentration auf diese beiden Szenarien spiegelt eine Anzahl praktischer Beschränkungen bei der Durchführung dieser Studie wider und bedeutet nicht, dass diese Resultate am wahrscheinlichsten sind.

Wichtig ist bei der Betrachtung der Modellrechnungen in diesem Bericht, dass es sich nicht um Szenarien des „schlimmsten" oder „besten Falls" handelt, sondern um solche, die sich leicht unterhalb der Mitte des von den globalen Klimamodellen prognostizierten Temperaturanstiegs bewegen. Zudem gilt es zu bedenken, dass bei vielen der erwähnten Folgen auch Informationen aus zusätzlichen Quellen, darunter beobachtete Klimaveränderungen, beobachtete Auswirkungen, Extrapolation gegenwärtiger Trends sowie Labor- und Feldexperimente, herangezogen wurden, die in der Forschungsliteratur veröffentlicht wurden.

Wichtig ist bei der Betrachtung der Modellrechnungen in dieser Studie, dass es sich nicht um Szenarien des „schlimmsten" oder „besten Falls" handelt, sondern um solche, die sich leicht unterhalb der Mitte des von den globalen Klimamodellen prognostizierten Temperaturanstiegs bewegen.

Globale Klimamodelle

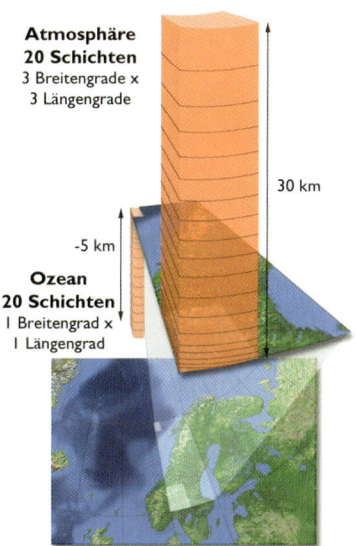

Globale Klimamodelle sind Computersimulationen und beruhen auf physikalischen Gesetzen. Diese werden in mathematischen Gleichungen dargestellt, die mit Hilfe eines dreidimensionalen Gitternetzes auf dem Globus gelöst werden. Die Modelle beziehen die wichtigsten Komponenten des Klimasystems ein, darunter die Atmosphäre, Ozeane, Landoberfläche, Schnee und Eis, Lebewesen sowie jene Vorgänge, die in und zwischen ihnen ablaufen. Wie die Abb. zeigt, ist die Auflösung (Maschenweite des Gitternetzes) der globalen Modelle recht grob, d. h. es besteht im Allgemeinen eine größere Verlässlichkeit von Projektionen in größerem Maßstab und eine größere Unsicherheit bei zunehmend kleineren Maßstäben.

Prognostizierte arktische Lufttemperaturen in Erdbodennähe 2000–2100 60° N – Pol: Änderungen gegenüber dem Mittelwert 1981–2000.

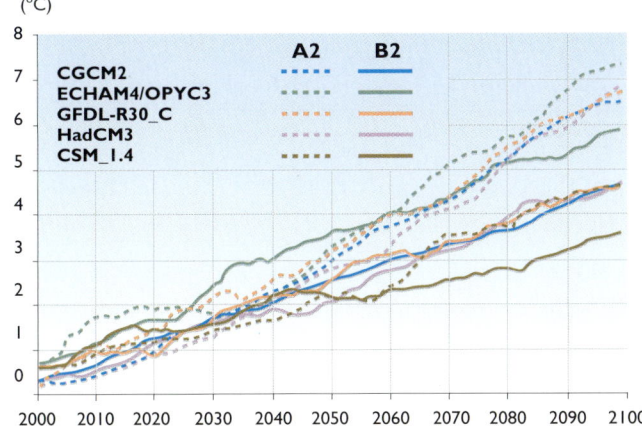

Die zehn Linien zeigen die Lufttemperaturen in der Region von 60° N bis zum Pol, wie sie jedes der fünf globalen Klimamodelle der ACIA-Studie unter Anwendung zweier unterschiedlicher Emissionsszenarien prognostiziert. Die Berechnungen bleiben bis etwa 2040 ähnlich; sie verzeichnen einen Temperaturanstieg von rund 2° C, weichen danach aber voneinander ab und zeigen bis 2100 Erhöhungen zwischen etwa 4° C bis über 7° C. Die vom IPCC überprüften Modelle und Szenarien decken ein größeres Spektrum möglicher künftiger Entwicklungen ab. Die in dieser Studie verwendeten bewegen sich etwa in der Mitte dieser Bandbreite und stellen daher weder Best-Case- noch Worst-Case-Szenarien dar.

Anmerkung: Die vollständigen Bezeichnungen dieser Modelle sowie eine Beschreibung des A2- und des B2-Emissionsszenarios finden sich im Anhang 1 auf S. 126–127.

1 Die Arktis erwärmt sich rapide, und größere Veränderungen werden erwartet.

Prognostizierte Änderungen der Temperatur in der Arktis

Die Abbildungen auf dieser Seite stellen den projizierten Wandel der arktischen Temperatur im Jahresdurchschnitt und für die Wintermonate (Dezember, Januar und Februar) dar. Sie zeigen die Temperaturänderung von 1990 bis 2090 auf Grundlage der durchschnittlichen Veränderung, die die fünf ACIA-Klimamodelle unter Anwendung des B2-Emissionsszenarios (das zu einem Temperaturanstieg leicht unterhalb der Mitte der Bandbreite der IPCC-Szenarien führt) berechnet haben. Unter den Bedingungen dieses Szenarios werden die Jahresmitteltemperaturen in der gesamten Arktis ansteigen, mit Erhöhungen von ungefähr 3–5° C über den Landgebieten und um bis zu 7° C über den Meeren. Die Wintertemperaturen werden noch erheblich stärker ansteigen, mit Erhöhungen von 4–7° C über den Landgebieten und 7-10° C über den Meeren. Einige der höchsten Erwärmungswerte werden für Landgebiete wie zum Beispiel Nordrussland projiziert, die an Meere grenzen, in denen laut Prognose das Meereis drastisch abnehmen wird.

Prognostizierte Änderung der Lufttemperatur in Erdbodennähe
(Änderung gegenüber dem Mittelwert 1981-2000)

(°C)

Global
- CGCM2
- CSM_I.4
- ECHAM4/OPYC3
- GFDL-R30_C
- HadCM3

Arktis
- CGCM2
- CSM_I.4
- ECHAM4/OPYC3
- GFDL-R30_C
- HadCM3

Dieses Diagramm zeigt die von den fünf ACIA-Klimamodellen prognostizierten Durchschnittstemperaturen für das B2-Emissionsszenario. Die dicken Linien am unteren Rand zeigen die projizierten Erhöhungen der globalen Temperatur, die dünneren Linien darüber den berechneten Anstieg der arktischen Temperatur. Wie die Ergebnisse zeigen, werden die Temperaturerhöhungen in der Arktis weitaus größer ausfallen als auf der Erde insgesamt. Zudem ist deutlich zu erkennen, dass die Schwankungen von Jahr zu Jahr in der Arktis größer sind.

Die Karten zeigen den prognostizierten Temperaturwandel von den 1990er bis zu den 2090er Jahren auf Basis der mittleren Veränderung, die von ACIA-Klimamodellen mit Hilfe des niedrigeren der beiden in der Studie verwendeten Emissionsszenarien (B2) berechnet wurden. Orange zeigt an, dass sich ein Gebiet von den 1990er bis zu den 2090er Jahren um rund 6° C erwärmen wird.

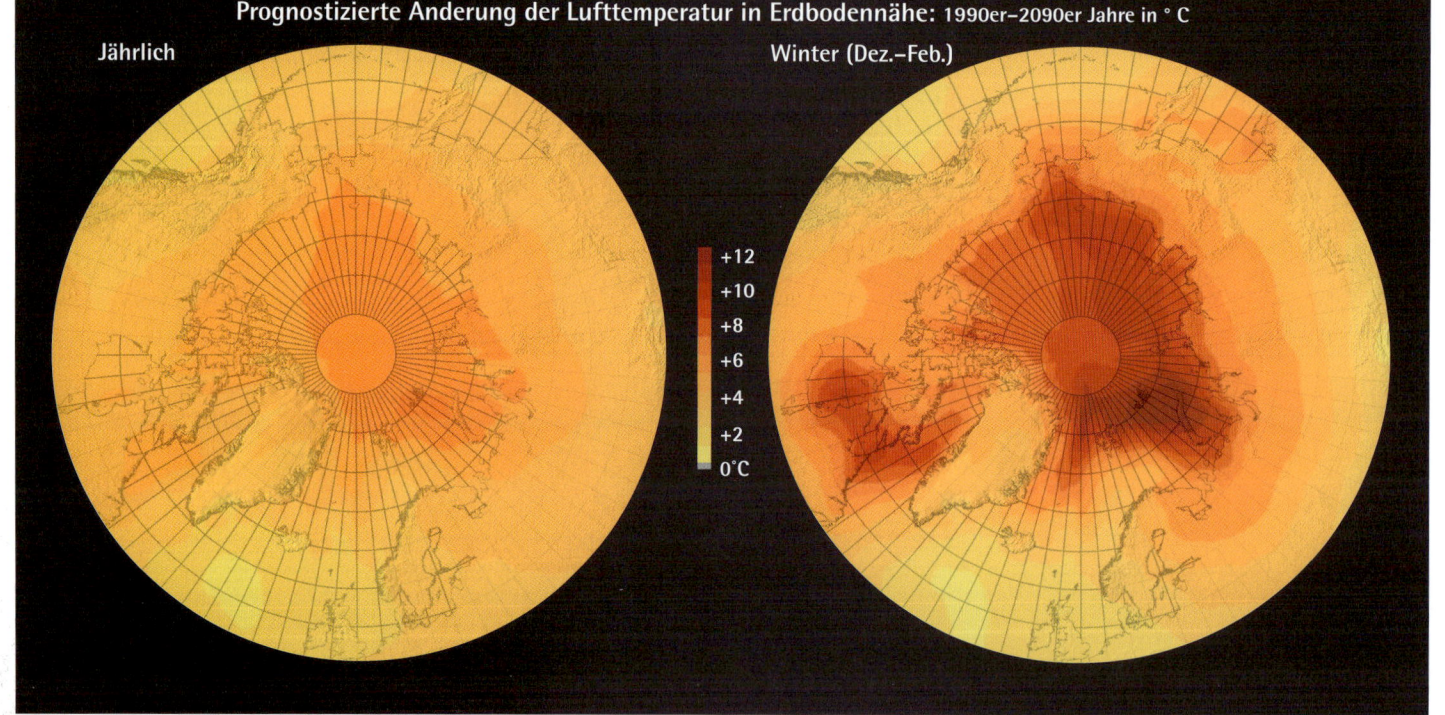

Prognostizierte Änderung der Lufttemperatur in Erdbodennähe: 1990er–2090er Jahre in ° C

Jährlich

Winter (Dez.–Feb.)

+12
+10
+8
+6
+4
+2
0°C

Kapitel der Studie

Klima damals & heute	Künftiges Klima	Kryosphäre & Hydrologie
2	4	6

Prognostizierte Änderungen des Niederschlags in der Arktis

Die globale Erwärmung wird zu einer erhöhten Verdunstung und diese wiederum zu einem erhöhten Niederschlag führen (dies findet bereits statt). Über der Arktis insgesamt wird der jährliche Gesamtniederschlag den Berechnungen zufolge bis zum Ende dieses Jahrhunderts um rund 20 % steigen, wobei dieser Zuwachs zum großen Teil in Form von Regen fällt. Im Sommer wird der Niederschlag über Nordamerika und Chukotka, Russland, steigen, in Skandinavien hingegen abnehmen. Im Winter wird der Niederschlag in praktisch allen Landgebieten (außer Südgrönland) zunehmen. Besonders geballt werden die Niederschläge in den Küstenregionen sowie im Winter und im Herbst ausfallen; in diesen Jahreszeiten wird die Zunahme laut Prognose 30 % übersteigen.

Die Grafik zeigt die prozentualen Änderungen des mittleren Niederschlags, wie sie von den ACIA-Klimamodellen für das B2-Emissionsszenario prognostiziert werden. Die dicken Linien am unteren Rand kennzeichnen die berechneten Veränderungen des mittleren globalen Niederschlags, die dünneren Linien darüber bezeichnen die projizierten Veränderungen des arktischen Niederschlags. Wie die Ergebnisse zeigen, werden die Erhöhungen des Niederschlags in der Arktis weitaus höher ausfallen als für die Erde insgesamt. Zudem ist deutlich, dass die Variabilität von Jahr zu Jahr in der Arktis viel größer ist.

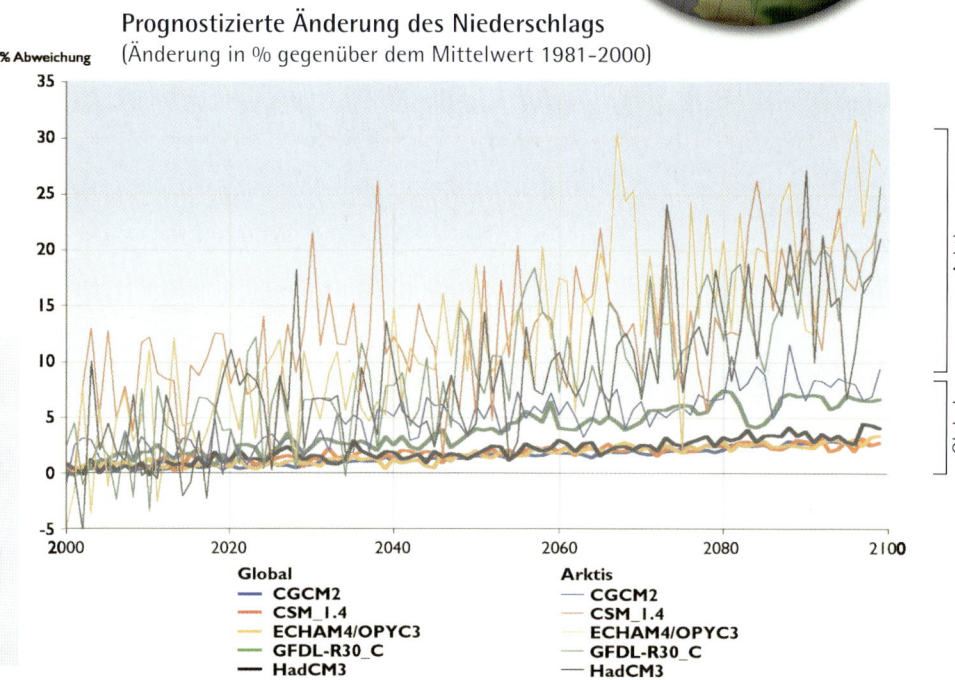

Prognostizierte Änderung des Niederschlags
(Änderung in % gegenüber dem Mittelwert 1981-2000)

(% Abweichung)

Global	Arktis
CGCM2	CGCM2
CSM_1.4	CSM_1.4
ECHAM4/OPYC3	ECHAM4/OPYC3
GFDL-R30_C	GFDL-R30_C
HadCM3	HadCM3

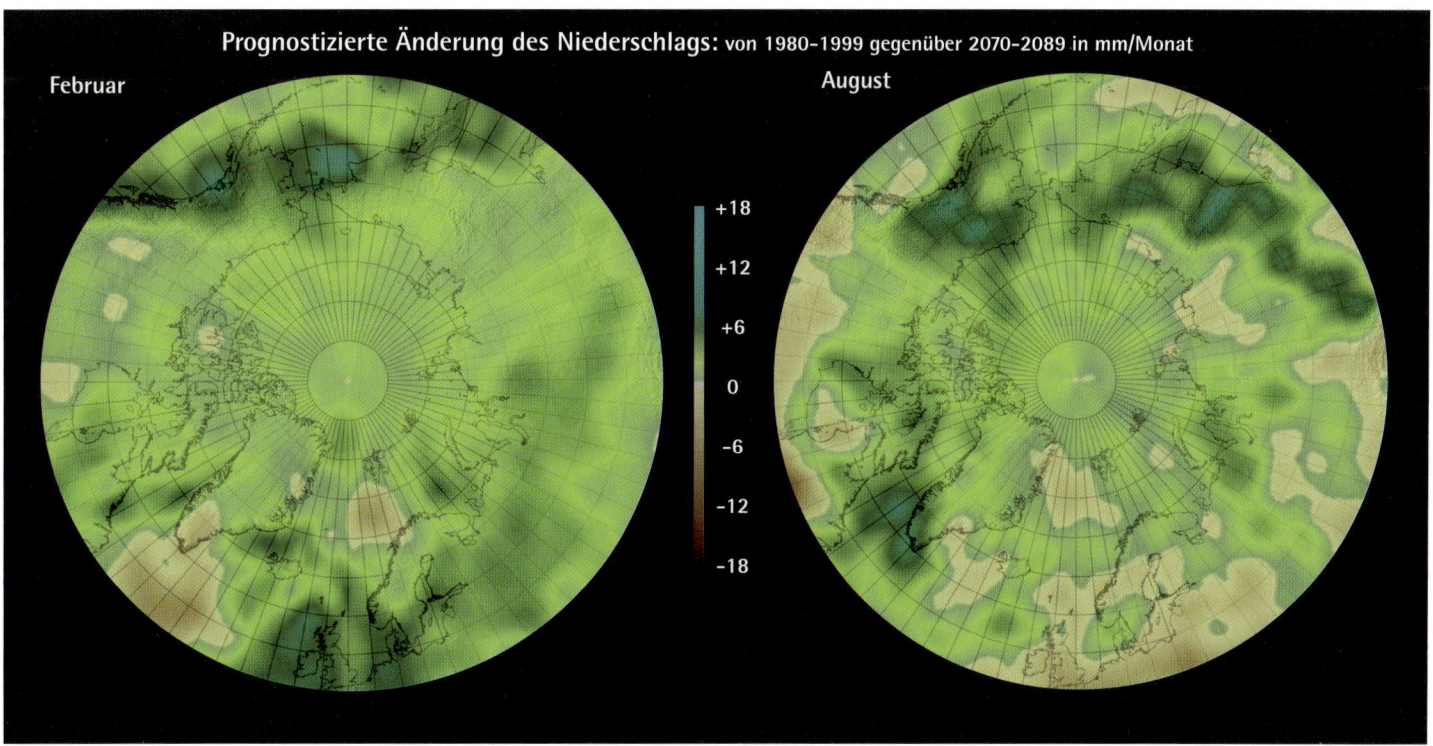

Prognostizierte Änderung des Niederschlags: von 1980-1999 gegenüber 2070-2089 in mm/Monat

Februar

August

+18
+12
+6
0
-6
-12
-18

Diese Karten zeigen die prognostizierte Änderung des Niederschlags in mm pro Monat, berechnet nach den ACIA-Klimamodellen. Dunkelgrün zeigt an, dass sich der Niederschlag von den 1990er bis zu den 2090er Jahren um rund sechs mm pro Monat erhöhen wird.

1 Die Arktis erwärmt sich rapide, und größere Veränderungen werden erwartet.

Prognostizierte Veränderungen des Meereises

Wie bereits oben erwähnt, hat die Meereisfläche im vergangenen halben Jahrhundert schon auffällig abgenommen. Bis 2100 wird ein Rückgang der jährlichen durchschnittlichen Meereisausdehnung von ungefähr 10 bis 50 % prognostiziert. Der Verlust von Meereis im Sommer wird erheblich größer ausfallen als im Jahresmittel, wobei der Durchschnitt aus fünf Modellen einen Rückgang um 50 % bis zum Ende dieses Jahrhunderts ergibt und einige Modelle ein nahezu vollständiges Verschwinden des sommerlichen Meereises anzeigen. Die prognostizierten Verringerungen des Meereises werden die regionale und die globale Erwärmung erhöhen, indem sie das Reflexionsvermögen der Meeresoberfläche reduzieren. Zusätzliche Auswirkungen des prognostizierten Rückgangs des Meereises auf die Natursysteme und die Gemeinschaften in der Arktis und auf der ganzen Welt werden im vorliegenden Bericht immer wieder erörtert.

Die prognostizierten Verringerungen des Meereises werden die regionale und die globale Erwärmung erhöhen, indem sie das Reflexionsvermögen der Meeresoberfläche reduzieren.

2010 – 2030
2040 – 2060
Prognostizierte Ausdehnung des Eises
2070 – 2090

Beobachtete Ausdehnung des Eises
September 2002

Änderung der prognostizierten Winter-Lufttemperatur in Erdbodennähe
1990er bis 2090er Jahre ° C

+10
+16
+8
+6
+4
+2
0°C

Prognostizierte Ausdehnung des Eises   (Mittelwert aus 5 Modellen für September)

2010 – 2030   **2040 – 2060**   **2070 – 2090**

Den Berechnungen zufolge wird die September-Meereisfläche, die bereits deutlich zurückgeht, in der Zukunft noch rascher abnehmen. Die drei Bilder zeigen den Durchschnitt der Prognosen aus fünf Klimamodellen für drei künftige Zeiträume. Im Laufe des Jahrhunderts bewegt sich das Meereis immer weiter von den Küsten der arktischen Landmassen zurück in das zentrale Nordpolarmeer. Einige Modelle sagen den fast vollständigen Verlust des Sommermeereises in diesem Jahrhundert voraus.

Kapitel der Studie

Künftiges Klima	Kryosphäre & Hydrologie	Marine Systeme
4	6	9

Prognostizierte Veränderungen der Schneebedeckung

Die schneebedeckte Fläche der arktischen Landgebiete ist in den vergangen 30 Jahren um rund 10 % zurückgegangen, und Modellrechnungen deuten darauf hin, dass die Schneedecke noch vor Ende dieses Jahrhunderts um zusätzliche 10-20 % abnehmen wird. Am größten wird der Rückgang der schneebedeckten Gebiete im Frühling (April und Mai) sein, was auf eine weitere Verkürzung der Schneesaison und ein früheres Einsetzen von Flusseinträgen in das Nordpolarmeer und die Küstenmeere hindeutet. Prognostiziert werden auch wichtige Veränderungen der Schneequalität wie zum Beispiel eine Zunahme von Gefrier- und Schmelz-Zyklen im Winter, die zur Bildung einer Eisschicht führen, die dann wieder den Zugang der Landtiere zu ihren Futter- und Aufzuchtplätzen einschränkt. Zu den Folgen des Wandels werden eine verringerte Schutzwirkung der Schneedecke für Pflanzen und andere Lebewesen sowie eine erschwerte Futtersuche der Tiere gehören. Der Süßwasserabfluss vom Land ins Meer und der Transfer von Feuchtigkeit und Wärme in die Atmosphäre sowie die marinen Systeme werden ebenfalls von diesen Veränderungen betroffen sein. Zusätzliche Auswirkungen der Abnahme der Schneedecke werden im vorliegenden Bericht immer wieder erörtert.

Am größten wird der Rückgang der schneebedeckten Gebiete im Frühling (April und Mai) sein, was auf eine weitere Verkürzung der Schneesaison und ein früheres Einsetzen von Flusseinträgen in das Nordpolarmeer und die Küstenmeere hindeutet.

Schneebedeckung, beobachtet und prognostiziert (Mai)

Beobachtet

Prognostiziert

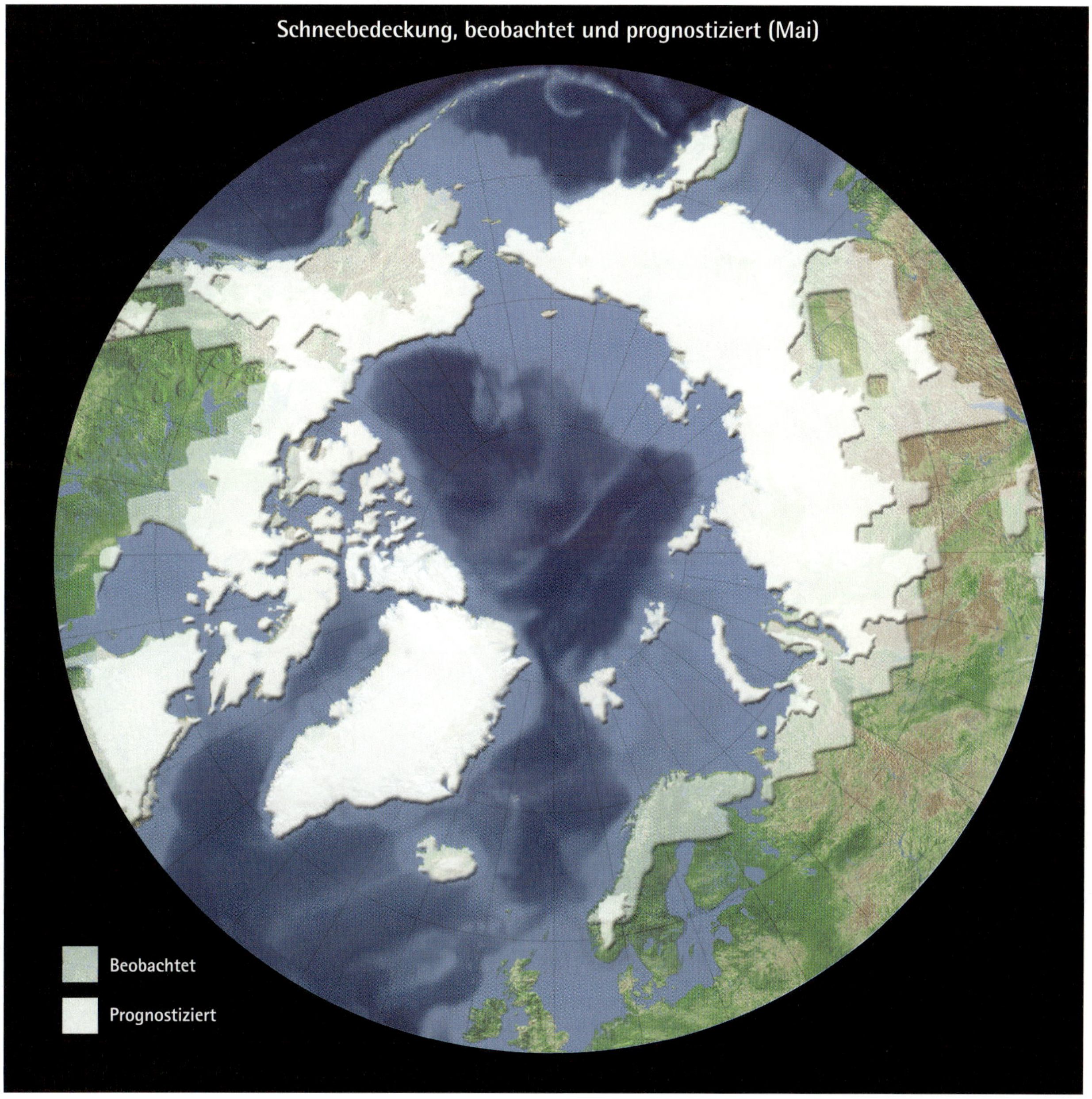

Laut Prognose wird die Schneebedeckung im Mai in der ganzen Arktis beträchtlich zurückgehen. Das graue Gebiet in der Abbildung zeigt die gegenwärtige Ausdehnung der Mai-Schneedecke. Der weiße Bereich ist die prognostizierte Fläche der Mai-Schneedecke im Zeitraum 2070 bis 2090 auf Grundlage der ACIA-Modellprojektionen. Das großflächige Muster des prognostizierten Rückzugs der Schneedecke im Frühling ist deutlich zu erkennen.

1 Die Arktis erwärmt sich rapide, und größere Veränderungen werden erwartet.

Abrupte Veränderung

20 000 Jahre Temperatur-variation in Grönland

(°C)

0

-20

20   10   0

Jahrtausende vor Heute

Verringerter Salzgehalt der Wassermassen im Nordatlantik

Salzhaltiger

1967 – 1972

Salzärmer

(als der Referenz-wert 1950–1959)

1995 – 2000

Die meisten Analysen des Klimawandels in dieser und in anderen Studien konzentrieren sich auf Szenarien einer stetigen Erwärmung, doch könnte die allmähliche Erwärmung auch eine abrupte Veränderung auslösen. Ein solch jäher Wechsel könnte aus nichtlinearen Prozessen im Klimasystem resultieren. Ein Beispiel hierfür wäre, wenn eine kritische Schwelle (z. B. der Gefrierpunkt) überschritten würde. Sowie ein Grenzwert überschritten ist, könnte sich der Zustand eines Systems abrupt verschieben. Indizien deuten darauf hin, dass alternative stabile Zustände für Komponenten des Klimasystems wie auch für Natursysteme existieren, auch wenn wenig darüber bekannt ist, was die Systemverschiebungen von einem Zustand zum anderen auslöst. Die Mechanismen eines abrupten Wandels sind deshalb in den derzeitigen Klimamodellen nicht adäquat dargestellt, was Raum für Überraschungen bietet. Für den Gedanken, dass es zu jähen Veränderungen kommen kann, spricht auch die relativ hohe natürliche Variabilität des arktischen Klimas im Vergleich zur übrigen Welt. So zeigen Aufzeichnungen über vergangene Klimaverhältnisse, dass in den arktischen Klimamustern sehr große Verschiebungen innerhalb kurzer Zeiträume stattgefunden haben.

Zum Beispiel zeigen Messungen an Eisbohrkernen, dass die Temperatur über Grönland während der Periode der Erwärmung, die der letzten Eiszeit folgte, binnen weniger Jahre erst um bis zu 5°C fiel, bevor die Temperaturen wieder abrupt anstiegen. Motor dieser erst relativ plötzlichen und dann dauerhaften Wetterveränderung war offenbar das Überschreiten einer Schwelle, die mit dem Salzgehalt des Meeres zu tun hatte, wodurch es zu einer drastischen Verminderung jener Meereszirkulation kam, die Wärme nach Europa und in die Arktis bringt. Diese ozeanische Veränderung hat höchstwahrscheinlich auch eine Verschiebung der atmosphärischen Strömungen angetrieben, die mehrere Jahrhunderte andauerte und über den Landgebieten rund um den Nordatlantik und darüber hinaus erhebliche Klimawechsel verursacht hat. Im 20. Jahrhundert traten anhaltende, wenngleich kleinere Verschiebungen in den atmosphärischen Zirkulationsmustern auf (wie sie z. B. beim Phasenwechsel von nordatlantischer und arktischer Oszillation stattfinden). Diese Verschiebungen haben offenbar einen Wandel im vorherrschenden Wetter in den Arktis-Anrainerstaaten verursacht und, beispielsweise, zu warmen Jahrzehnten, z. B. den 1930er und 1940er Jahren, und kühlen Dekaden, z. B. den 1950er und 1960er Jahren, beigetragen.

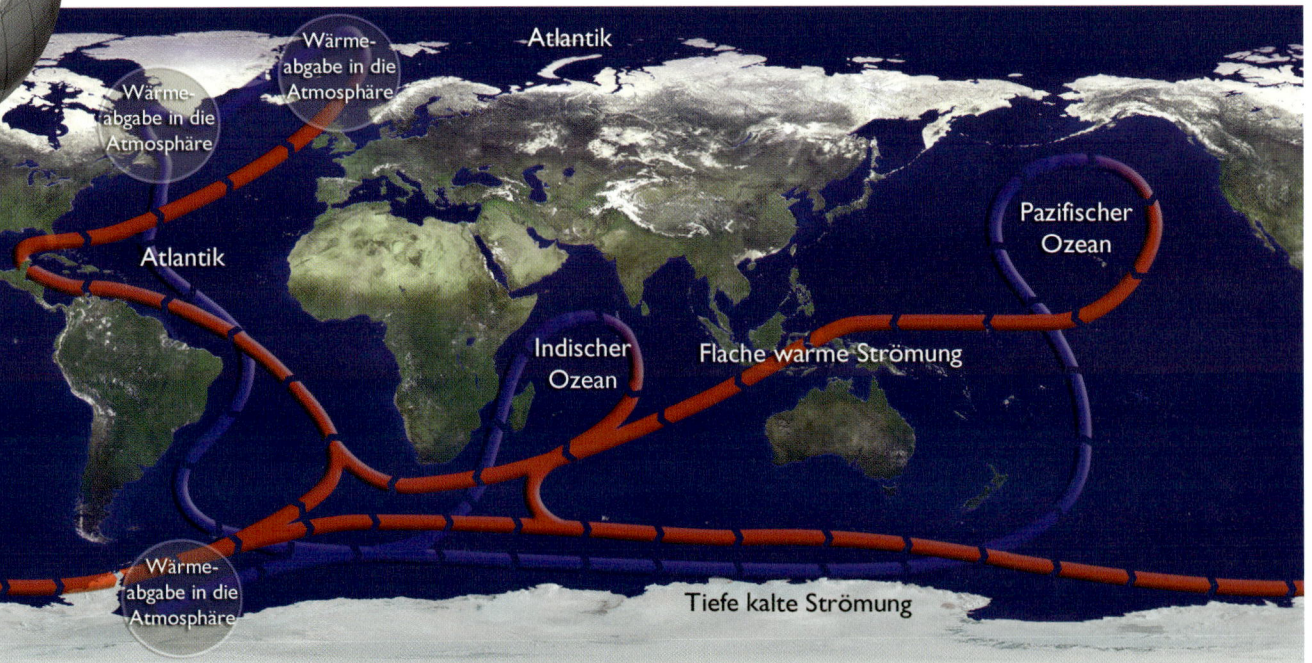

Die Veränderungen der globalen Meereszirkulation können zu einem abrupten Klimawandel führen. Ein solcher Wechsel kann durch eine Zunahme des arktischen Niederschlags und der Flusseinträge und durch das Abschmelzen von arktischem Schnee und Eis ausgelöst werden, weil dies zu einem verringerten Salzgehalt der ozeanischen Wassermassen im Nordatlantik führt; Indizien hierfür liefert die Abb. oben. Weitere Erörterungen zu diesem Thema finden sich auf den S. 36-37.

Kapitel der Studie

Klima damals & heute	Künftiges Klima	Kryosphäre & Hydrologie	Marine Systeme	Wälder & Land-wirtschaft	Zusammen-fassung & Synthese
2	4	6	9	14	18

Die Bedeutung von „Schwellen"

Es gibt in der arktischen Umwelt viele so genannte Schwellen, deren Überschreitung für die Region und die Welt erhebliche Konsequenzen haben könnte. Mit dem Fortschreiten der vom Menschen verursachten Erwärmung kann es zu Verschiebungen der verschiedenen arktischen Systeme in neue oder ungewöhnliche Zustände kommen. Ein solcher Wandel könnte dann ausgelöst werden, wenn eine Temperatur- oder Niederschlags-Schwelle überschritten wird. Aufzeichnungen über das sehr weit zurückliegende arktische Klima deuten darauf hin, dass derartige Veränderungen in einigen Fällen abrupt (während weniger Jahre) und in anderen eher allmählich (über mehrere Jahrzehnte hinweg oder länger) stattgefunden haben. Solche Verschiebungen können relativ rasch unterschiedliche Auswirkungen nach sich ziehen. So können ungewöhnlich warme und feuchte Witterungsverhältnisse unter Umständen den Ausbruch von Epidemien oder Infektionskrankheiten beschleunigen.

Der Beginn des langfristigen Abschmelzens des grönländischen Eisschilds liefert ein Beispiel für eine Schwelle, die in diesem Jahrhundert wahrscheinlich überschritten wird. Klimamodelle prognostizieren, dass die lokale Erwärmung in Grönland während dieses Jahrhunderts 3° C überschreitet wird. Modellrechnungen zu Eisschilden sagen voraus, dass eine Erwärmung von dieser Größenordnung das langfristige Abschmelzen des grönländischen Eisschilds auslösen würde. Selbst wenn sich die klimatischen Verhältnisse danach stabilisierten, würde eine Erhöhung von dieser Größe am Ende (nach Jahrhunderten) zum praktisch vollständigen Abschmelzen des grönländischen Eisschildes führen, was einen Anstieg des globalen Meeresspiegels von etwa sieben Metern zur Folge hätte. Im Nordatlantik gibt es erste Hinweise darauf, dass sich die Zirkulation im Tiefmeer zu verlangsamen beginnt; auch dies ist ein Beispiel für eine mögliche Schwellenüberschreitung. Wenn die derzeitigen Trends anhalten und zu einer bedeutsamen Verlangsamung führen, könnte der ozeanische Transport von tropischer Wärme nach Norden, der heute für gemäßigte Winter in Europa sorgt, erheblich abnehmen.

Auch in der Sphäre der Lebewesen können Schwellen überschritten werden. So weist fast die Hälfte aller Weißfichten an der Baumgrenze in Alaska einen deutlichen Wachstumsrückgang auf, wenn die in einer nahe gelegenen Station gemessene Julimitteltemperatur 16° C übersteigt. Der beobachtete Zusammenhang zwischen dieser Temperaturschwelle und verringertem Wachstum deutet darauf hin, dass das Wachstum unter der für dieses Jahrhundert prognostizierten Erwärmung völlig zum Stillstand kommen könnte und die Bäume somit ausstürben. Ähnliche Populationszusammenbrüche bei einigen Tierarten können die Folge sein, sofern kritische Schwellen überschritten werden.

Plötzliche oder unerwartete Veränderungen sind nicht nur für wissenschaftliche Prognosen eine große Herausforderung, sondern auch für das Anpassungsvermögen von Gesellschaften und können deshalb die Anfälligkeit für bedeutsame Auswirkungen erhöhen. Obwohl immer noch sehr ungewiss ist, welche dieser Schwellen überschritten werden und wann genau dies geschieht, deuten historische Aufzeichnungen darauf hin, dass abrupte Veränderungen und neue Extremereignisse durchaus stattfinden können.

Geschwindigkeiten von Veränderungen

Das Tempo, mit dem eine Veränderung eintritt, kann ebenso wichtig oder wichtiger sein als das Ausmaß der Veränderung. Bei der Untersuchung der Auswirkungen des Klimawandels müssen Veränderungsraten in Relation zu Wirkungsfaktoren berücksichtigt werden, die für Gesellschaften von Bedeutung sind. Wenn das Tauen des Permafrosts oder die zunehmende Küstenerosion sehr langsam stattfinden würden, könnte die Bevölkerung zum Beispiel Gebäude, Straßen und dergleichen im normalen Instandsetzungsrhythmus erneuern. Doch wenn sich die Veränderung abrupt vollzieht, können sehr hohe Kosten entstehen. Die Geschwindigkeit des Wandels ist auch entscheidend für die Diskussion eines abrupten Klimawechsels. Indizien aus vergangenen Klimaverhältnissen sprechen dafür, dass abrupte Veränderungen am ehesten dann auftreten, wenn sich das Erdklima schnell verändert. Da es oft besonders schwierig ist, sich einem jähen Wechsel anzupassen, ist die Frage, wie schnell sich das Klima ändert, zweifellos von großer Bedeutung.

Klimamodelle prognostizieren, dass die lokale Erwärmung in Grönland während dieses Jahrhunderts 3° C überschreiten wird. Modellrechnungen zu Eisschilden sagen voraus, dass eine Erwärmung von dieser Größenordnung das langfristige Abschmelzen des grönländischen Eisschilds auslösen würde.

Prognostizierte Änderung der jährlichen Temperatur 2070–2090

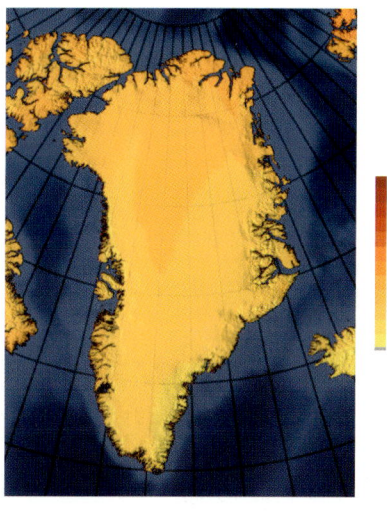

+12
+10
+8
+6
+4
+2
0°C

2 Die arktische Erwärmung hat weltweite Konsequenzen.

Bedeutung der Arktis für das Weltklima

Die Arktis hat einen speziellen Einfluss auf das globale Klima. Summiert über das Jahr, ist die Sonnenenergie, die in die Erdatmosphäre gelangt, am größten nahe dem Äquator und am geringsten nahe den Polen. Weil die Arktis zu einem großen Teil von Schnee und Eis bedeckt ist, wird hier zudem ein größerer Anteil der ankommenden Sonnenenergie ins All zurückgestrahlt als in niedrigeren Breiten, die den Großteil dieser Energie absorbieren. Beförderten die Atmosphäre und die Meere nicht Energie von den Tropen zu den Polen, würden sich die Tropen überhitzen und die Polarregionen wären viel kälter als sie sind. Auf der Nordhalbkugel ist der Atlantik der größte Transporteur des ozeanischen Anteils dieser Energiefracht. Dabei können sich die Vorgänge in der Arktis potenziell erheblich auf die Stärke der atlantischen Zirkulation auswirken.

Es gibt drei bedeutende Mechanismen oder so genannte „Rückkopplungen", durch die die Prozesse in der Arktis einen zusätzlichen Klimawandel auf unserem Planeten verursachen können. Der erste betrifft Veränderungen im Rückstrahlungsvermögen der Erdoberfläche, wenn Schnee und Eis schmelzen und sich die Vegetation verändert; der zweite bezieht sich auf Veränderungen der Meeresströmungen infolge der Schmelze arktischen Eises, was den Weltmeeren Süßwasser hinzufügt; und der dritte umfasst Veränderungen in der Menge von Treibhausgasen, die bei einer fortschreitenden Erwärmung vom Land in die Atmosphäre abgegeben werden.

Beförderten die Atmosphäre und die Meere nicht Energie von den Tropen zu den Polen, würden sich die Tropen überhitzen und die Polarregionen wären viel kälter, als sie es sind.

Rückkopplung 1: Reflexionsvermögen der Oberfläche

Die erste Rückkopplung betrifft die Schnee- und Eismassen, die einen großen Teil der Arktis bedecken. Weil Schnee und Eis strahlend weiß sind, reflektieren sie den Großteil der Sonnenenergie, die auf die Erdoberfläche trifft, zurück ins Weltall. Das ist einer der Gründe, warum es in der Arktis so kalt bleibt. Wenn die Konzentrationen der Treibhausgase zunehmen und sich dadurch die untere Atmosphäre erwärmt, bilden sich Schnee und Eis im Herbst später und schmelzen im Frühling eher. Durch das Abschmelzen der Schnee- und Eismassen kommen die darunter liegenden Land- und Wasseroberflächen zum Vorschein, die viel dunkler

Mit Schnee bedecktes Meereis reflektiert rund 85 bis 90 % des Sonnenlichts, Meerwasser dagegen nur 10 %. Wenn das Meereis schmilzt und der darunter liegende Ozean zum Vorschein kommt, verstärkt die steigende Absorption der Sonnenstrahlung die globale Erwärmung, was eine vermehrte Schmelze bewirkt, was wiederum eine vermehrte Erwärmung verursacht und so weiter …

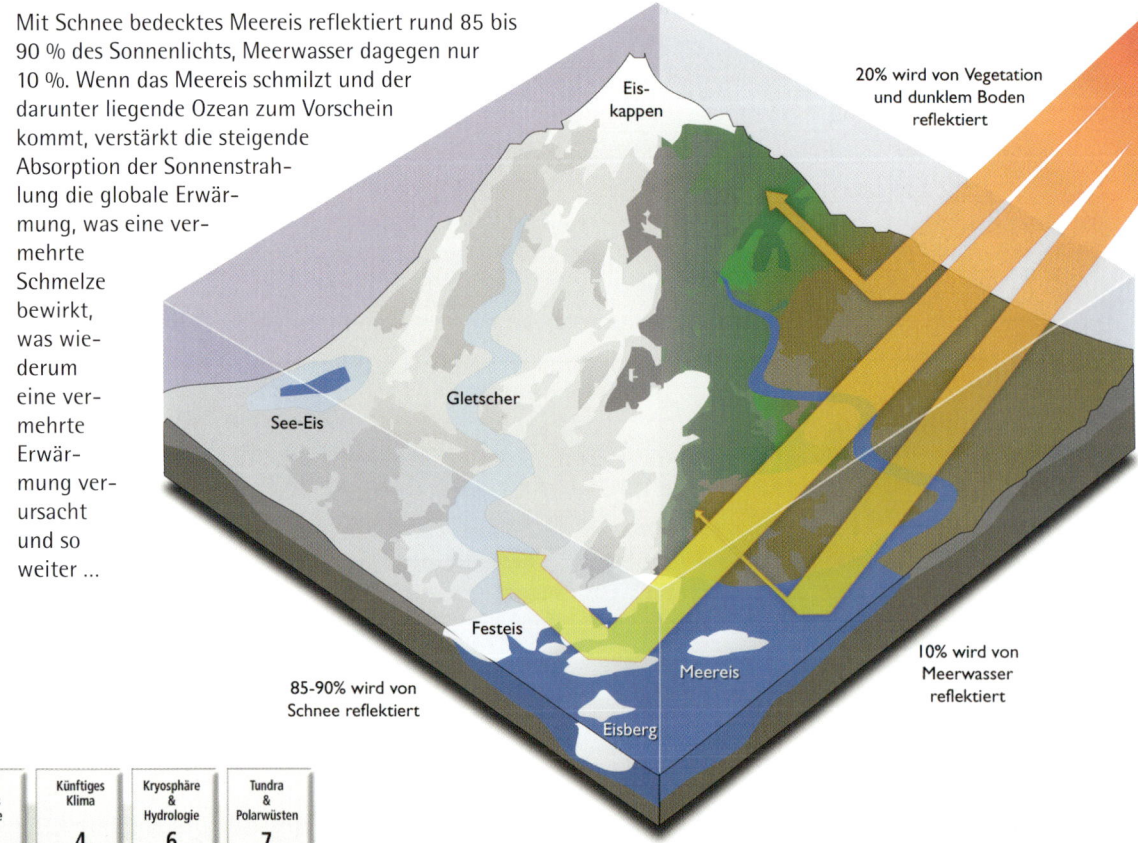

Kapitel der Studie

Klima damals & heute	Künftiges Klima	Kryosphäre & Hydrologie	Tundra & Polarwüsten
2	4	6	7

sind und deshalb einen größeren Teil der Sonnenergie absorbieren. Dies erwärmt die Oberfläche weiter und bewirkt ein schnelleres Schmelzen, was wiederum eine stärkere Erwärmung nach sich zieht und einen sich selbst verstärkenden Kreislauf erzeugt, durch den sich die globale Erwärmung selbst nährt und der Erwärmungstrend sich beschleunigt. Dieser Prozess ist in der Arktis bereits im Gange und hat zu einem großflächigen Zurückweichen der Gletscher, der Schneedecke und des Meereises geführt. Er ist einer der Gründe, warum sich die Klimaänderung in der Arktis rascher vollzieht als andernorts. Außerdem beschleunigt diese regionale Erwärmung auch die weltweite Erwärmung.

Darüber hinaus gibt es noch eine andere erwärmungsbedingte Veränderung, welche die Absorption von Sonnenergie auf der Erdoberfläche wahrscheinlich erhöhen wird, nämlich die Ausbreitung der Wälder nach Norden in Gebiete, die zurzeit Tundra sind. Die relativ glatte Tundra hat ein höheres Rückstrahlungsvermögen, zumal dann, wenn sie mit Schnee bedeckt ist, als die höheren, dunkleren und stärker strukturierten Wälder. Wenn sich das Reflexionsvermögen durch die Ausbreitung der Wälder verringert, wird die Erwärmung voraussichtlich weiter zunehmen, allerdings langsamer als durch den oben beschriebenen Wandel der Schnee- und Eismassen. Bei einem stärkeren Baumbewuchs wird mehr Kohlendioxid absorbiert als durch die derzeitige Vegetation, ein Vorgang, der potenziell die Erwärmung abschwächen könnte. Allerdings wird die Reduktion des Rückstrahlungsvermögens infolge der Ausbreitung der Wälder wahrscheinlich stärker auf das Klima wirken als der Effekt der Kohlenstoffaufnahme und deshalb die Erwärmung verstärken. Ein stärkeres Vegetationswachstum kaschiert zudem die Schneedecke auf dem Boden, wodurch sich das Reflexionsvermögen der Oberflächen weiter verringert.

Eine direkte menschliche Beeinflussung des Rückstrahlungsvermögens liegt darin, dass bei der Verbrennung fossiler Energieträger Ruß entsteht (neben dem Kohlendioxid ist dies das Hauptproblem). Der Ruß, der von den Winden transportiert wird und sich in der Arktis niederschlägt, verdunkelt die Oberfläche des ansonsten strahlend weißen Schnees und Eises etwas, wodurch sie einen geringeren Teil der Sonnenergie zurückstrahlt, womit die Erwärmung weiter zunimmt. Der Ruß in der Atmosphäre erhöht zudem die Absorption der solaren Energie, was die Region weiter erwärmt.

Das Abschmelzen von Schnee und Eis enthüllt dunklere Land- und Wasseroberflächen, wodurch ein größerer Teil der Sonnenenergie absorbiert wird und sich unser Planet weiter erwärmt.

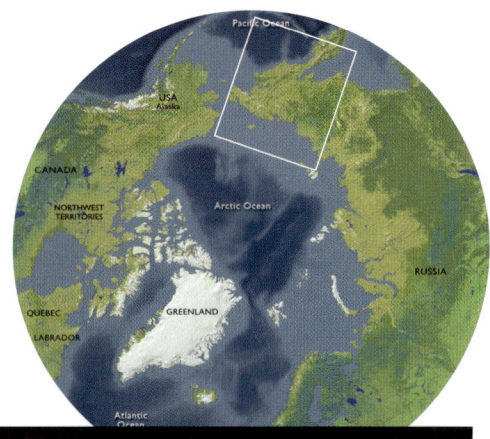

Beobachtete Änderung der Schneebedeckung, Barrow, Alaska

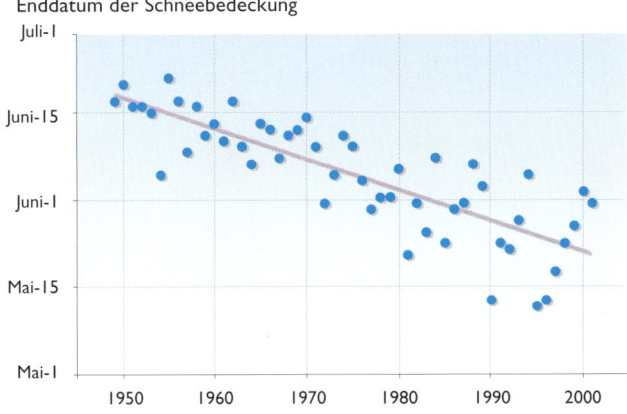

Enddatum der Schneebedeckung

Die mit Schnee bedeckte Fläche über den arktischen Landgebieten hat in den vergangenen 30 Jahren um rund 10 % abgenommen, wobei die sichtbarste Veränderung ein früheres Verschwinden des Schnees im Frühling ist. Ein lokales Beispiel zeigt die obige Grafik für Barrow, Alaska. In den vergangenen 50 Jahren hat sich das Enddatum der Schneebedeckung um rund einen Monat nach vorn verschoben.

Derzeitige arktische Vegetation

Prognostizierte Vegetation, 2090-2100

- Eis
- Polarwüste / Halbwüste
- Tundra
- Borealer Wald
- Gemäßigter Wald
- Grasland

Diese Karten illustrieren, dass die Wälder die Tundra überwachsen werden und dass die Tundra in die Polarwüsten vordringen wird. Diese Änderungen werden zu einer dunkleren Landoberfläche führen, die Erwärmung durch die Absorption eines größeren Teils der Sonnenergie verstärken und eine sich selbst verstärkende Rückkoppelungsschleife erzeugen.

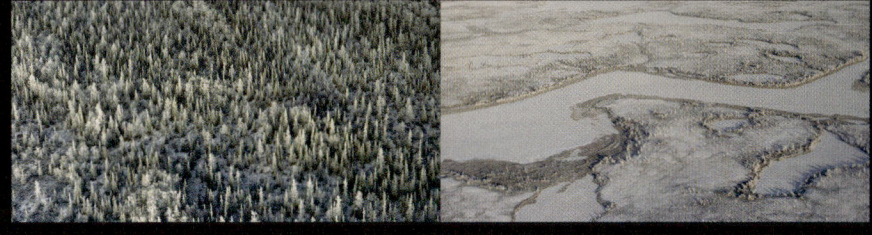

(2) Die arktische Erwärmung hat weltweite Konsequenzen.

Rückkopplung 2: Zirkulation des Ozeans

Die zweite Rückkopplung, durch die Vorgänge in der Arktis den Wandel im globalen Klima verstärken können, gründet auf Veränderungen in der Meereszirkulation. Zu den Mechanismen, die Sonnenenergie vom Äquator zu den Polen befördern, gehören beispielsweise die global miteinander verbundenen Bewegungen der Wassermassen des Ozeans (siehe S. 32). Diese werden hauptsächlich durch Unterschiede in der Temperatur und im Salzgehalt hervorgerufen und sind unter dem Begriff thermohaline Zirkulation („thermo" für Wärme und „halin" für Salz) bekannt.

Zurzeit erwärmt der nördliche Ausläufer des warmen Golfstroms im Nordatlantik die Winde und liefert einen großen Teil jener Feuchtigkeit, die über Nordwesteuropa als Niederschlag fällt. Wenn die Wassermassen nordwärts ziehen, kühlen sie sich ab und werden dichter, bis sie schwerer als die darunter liegenden Wassermassen sind und tief in den Ozean absinken. Dieses Absinken tritt vor allem im nördlichen Nordatlantik sowie in der Labradorsee auf und treibt die globale thermohaline Zirkulation (gelegentlich als „Förderband" bezeichnet) an. Überdies zieht dieses Absinken dichten Meerwassers vermehrt warme Wassermassen nach Norden und hilft, jene Wärme zu liefern, aufgrund derer es in Europa im Winter wärmer ist als in Regionen auf demselben Breitengrad in Nordamerika.

Thermohaline Zirkulation der Arktis

Mit der Bildung von Meereis wird das oberflächennahe Wasser zudem salzhaltiger und dichter, da das Eis das Salz ausscheidet. In den flachen Küstenmeeren wird dieses Wasser so salzhaltig und dicht, dass es absinkt. Danach fließt es die Kontinentalschelfe hinab in den tiefen Ozean und trägt zur Bildung von Tiefenwasser und zum weiteren Heranziehen von Wärme aus den Tropen nach Norden bei. Dieser Vorgang ist fein austariert: Werden die Wassermassen infolge eines Zustroms von Süßwasser aus Flusseinträgen und Niederschlägen salzärmer, oder weil sich aufgrund zu hoher Temperaturen kein Meereis bildet, nimmt die Geschwindigkeit, mit der sich Tiefenwasser bildet, ab, und der Ozean zieht einen geringeren Teil der tropischen Wärme, die den Winter in Europa abmildert, nach Norden.

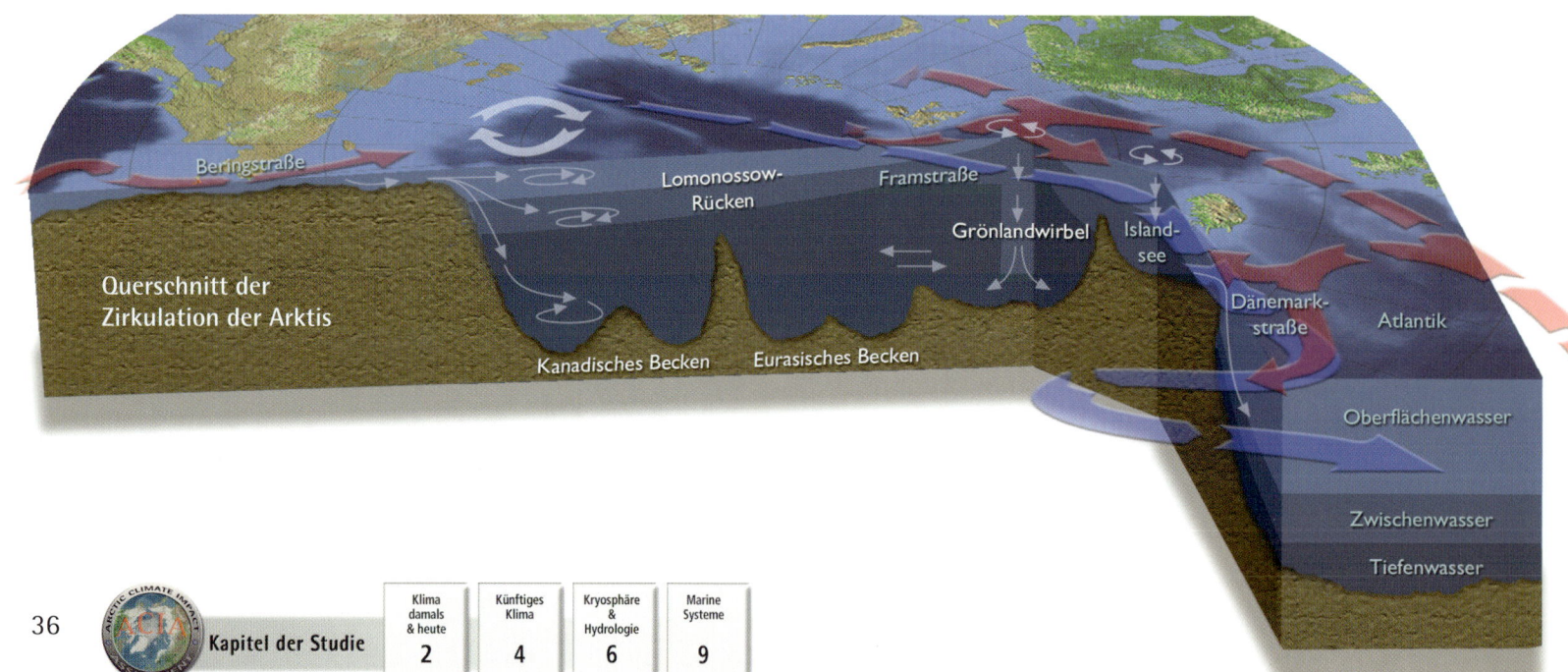

Kapitel der Studie

Klima damals & heute	Künftiges Klima	Kryosphäre & Hydrologie	Marine Systeme
2	4	6	9

Große Flüsse der Arktis

Die prognostizierte Klimaänderung wird alle diese Vorgänge beeinflussen und bewirken, dass aufgrund des Abschmelzens der Gletscher und der Zunahme des Niederschlags verstärkt Süßwasser von den Flüssen in das Nordpolarmeer verfrachtet wird. Gleichzeitig wird sich der Ozean erwärmen und die Geschwindigkeit abnehmen, mit der die Meereisbildung salzhaltigeres und dichteres Wasser erzeugt. Die so entstehenden salzärmeren Wassermassen in den höheren Breitengraden treiben auf den darunter liegenden salzhaltigeren Wassermassen und bedecken sie ähnlich wie eine Ölschicht. Dies bremst die vertikale Vermischung und verlangsamt die Bildung von Tiefenwasser sowie die thermohaline Zirkulation.

Die Verlangsamung der thermohalinen Zirkulation hätte mehrere wichtige globale Effekte. Weil der Austausch von Wassermassen im Ozean ein wichtiger Mechanismus ist, der Kohlendioxid in die Tiefsee befördert, würde die Verlangsamung dieser Zirkulation zu einem rascheren Aufbau der Kohlendioxidkonzentration in der Atmosphäre und damit zu einer stärkeren und länger anhaltenden globalen Erwärmung führen. Überdies würde sich hierdurch der Wärmetransport durch die Strömungen des Atlantiks nach Norden verlangsamen und die Erwärmung in der Region abnehmen. Und dies wiederum könnte eine Abkühlung der Region auf Jahrzehnte bewirken, selbst wenn sich der übrige Planet rascher erwärmte.

Zudem würde die Verringerung der Bodenwasserbildung in der Arktis die Menge an Wärme und Nährstoffen reduzieren, die anderswo in der Welt von der thermohalinen Zirkulation zurück an die Oberfläche transportiert werden. Dadurch würde der Meeresspiegel – infolge einer größeren thermischen Ausdehnung – schneller ansteigen. Gleichzeitig würden sich das Nährstoffangebot, das dem oberflächennahen marinen Leben zur Verfügung steht, und der Transport von Kohlenstoff in den tiefen Ozean verringern, wenn die Kohlenstoff enthaltenden Lebewesen absterben und absinken. Was sich in der Arktis abspielt, wird somit Auswirkungen auf die ganze Welt haben.

Die Landkarte illustriert die wichtigsten Flussnetzwerke der Arktis. Die blauen Linien stellen die relative Abflussmenge der Flüsse dar; die dicksten Linien zeigen die Ströme mit dem größten Volumen. Die Zahlen in der Karte entsprechen Kubikkilometer pro Jahr.

Steigende Abflussmengen der Flüsse

Das Nordpolarmeer ist der am stärksten von Flüssen beeinflusste Ozean der Erde; es nimmt 11 % der Süßwasser-Abflussmengen der Welt auf, enthält jedoch nur 1 % des globalen Volumens an Meerwasser. In den vergangenen 100 Jahren wurde eine Gesamtzunahme der Abflussmengen aus Flüssen in das Nordpolarmeer beobachtet; die größten Zunahmen haben – in Übereinstimmung mit den größten Erhöhungen der Lufttemperatur – im Winter und seit 1987 stattgefunden. In vielen Flüssen finden die Spitzenabflüsse im Frühling eher statt. Für die kommenden 100 Jahre prognostizieren Modelle Zunahmen der Abflussmengen von 10 bis 25 %, mit größeren Erhöhungen im Winter und Frühling. Wenn die sommerliche Erwärmung die Verluste aufgrund von Verdunstung steigert, ist es möglich, dass die Flussspiegel und die Fließraten ausgehend von den heutigen Werten im Sommer abnehmen.

Steigende Abflussmengen im Winter

(km³/j) / (°C)

Legende:
— Abflussmenge
— Globale Lufttemperatur in Erdbodennähe

Die violette Linie zeigt die Abweichungen vom langfristigen Mittel der Abflussmengen europäischer Flüsse im Winter (von Dezember bis März); die blaue Linie zeigt die Änderungen der mittleren globalen Lufttemperatur in Erdbodennähe.

② Die arktische Erwärmung hat weltweite Konsequenzen.

Rückkopplung 3: Emissionen von Treibhausgasen

Eine dritte Rückkopplung, mittels derer Vorgänge in der Arktis den globalen Klimawandel beeinflussen können, besteht in einem veränderten Austausch von Treibhausgasen zwischen der Atmosphäre und den von der Erwärmung von Luft und Wasser wahrscheinlich betroffenen arktischen Böden und Sedimenten.

Methan und Kohlendioxid aus dem Permafrost

Kohlenstoff ist derzeit als organische Materie im Permafrost (Dauerfrostboden) gebunden, der unter einem großen Teil der Arktis liegt. Große Kohlenstoffmengen sammeln sich vor allem in den riesigen Torfmooren Sibiriens und Teilen Nordamerikas an. Im Sommer, wenn die Oberfläche des Permafrosts taut, zerfallen die organischen Substanzen in dieser Schicht, so dass Methan und Kohlendioxid in die Atmosphäre entweichen. Die Erwärmung erhöht diese Freisetzungen und kann eine sich selbst verstärkende Rückkoppelungsschleife erzeugen, wodurch eine vermehrte Erwärmung ein zusätzliches Entweichen verursacht, was wiederum eine vermehrte Erwärmung bewirkt und so weiter. Die Höhe dieser Freisetzungen hängt von der Bodenfeuchtigkeit und zahlreichen anderen Faktoren ab. Ihre Bestimmung ist deshalb mit erheblichen Unsicherheiten behaftet.

Verteilung von Permafrost

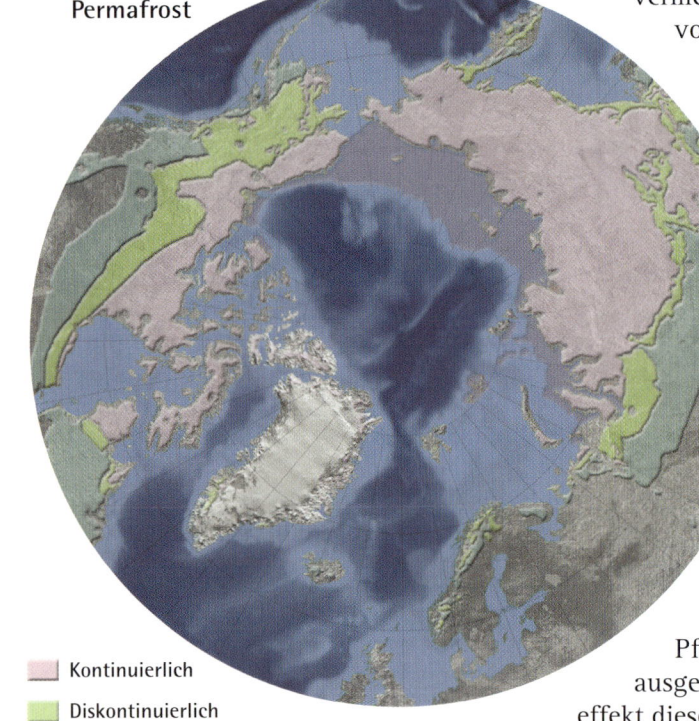

- 🟪 Kontinuierlich
- 🟩 Diskontinuierlich
- 🟦 Sporadisch
- ⬛ Unterseeisch

Unterseeischer Permafrost findet sich in der Arktis im weiten Gebiet der Kontinentalschelfe. Schmale Zonen mit Küstenpermafrost sind wahrscheinlich entlang der meisten arktischen Küsten vorhanden.

Methan und Kohlendioxid in Wäldern und Tundra

Die borealen Wälder und die arktische Tundra enthalten einige der größten Landvorräte an Kohlenstoff der Welt, und zwar hauptsächlich in Form von Pflanzenmaterial in den Wäldern und als Bodenkohlenstoff in der Tundra. Methan hat einen ungefähr 23-mal so starken Treibhauseffekt wie Kohlendioxid (nach Gewicht, über einen 100-Jahre-Zeithorizont). Es entsteht durch die Zersetzung von totem Pflanzenmaterial in feuchten Erdböden, z. B. in Sümpfen und Tundratümpeln. Die Freisetzung von Methan in die Atmosphäre wird im Allgemeinen durch steigende Temperaturen und Niederschläge beschleunigt; allerdings wird das Gas, wo es zu Austrocknungen kommt, möglicherweise von den Wald- und Tundraböden absorbiert. Kohlendioxid entweicht bei der Zersetzung in Böden in eher trockenen Gebieten und bei Waldbränden. Ansteigende Temperaturen werden anfänglich zu einer schnelleren Zersetzung führen, doch dürfte die wahrscheinliche Verdrängung der arktischen Vegetation durch produktivere Pflanzen aus dem Süden zu einer größeren Aufnahme von Kohlenstoff führen – ausgenommen in geschädigten und besonders trockenen Gebieten. Ob der Nettoeffekt dieser Veränderungen im Zuge eines fortschreitenden Klimawandels eine größere Gesamtkohlenstoffaufnahme sein wird, ist nicht bekannt. Neueren Studien zufolge wird aber eine produktivere Vegetation dazu führen, dass in der Arktis insgesamt mehr Kohlenstoff in den Ökosystemen gespeichert wird.

Methanhydrate im küstennahen Nordpolarmeer

Im Permafrost und in den Sedimenten des kalten Ozeans sind riesige Mengen Methan in fester, gefrorener Form, den so genannten Methanhydraten oder -chlathraten gebunden. Steigt die Temperatur des Permafrosts oder des Wassers am Meeresboden um einige Grade, könnte das die Zersetzung dieser Hydrate auslösen und Methan in die Atmosphäre freisetzen. Die Freigabe von Methan aus dieser Quelle ist eine weniger wahrscheinliche Folge

Unterseeische Methanhydrate

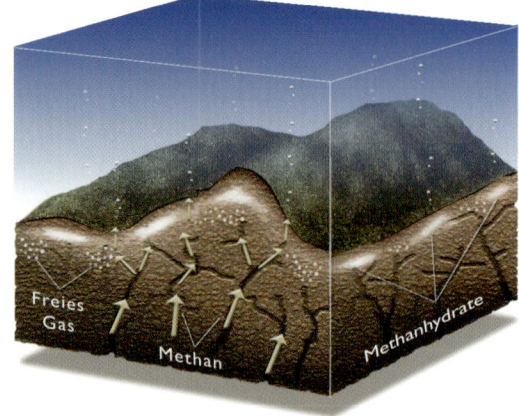

Freies Gas
Methan
Methanhydrate

38

ACIA ARCTIC CLIMATE IMPACT ASSESSMENT — Kapitel der Studie

Kryosphäre & Hydrologie	Tundra & Polarwüsten	Süßwasser-Ökosysteme	Marine Systeme	Wälder & Land-wirtschaft
6	7	8	9	14

der Klimaänderung als die anderen hier erörterten Emissionen, weil sie wahrscheinlich eine größere globale Erwärmung erfordert und es länger dauert, bis sie eintritt. Käme es jedoch tatsächlich zu solchen Freisetzungen, könnte dies großräumige Auswirkungen auf das Klima haben.

Kohlenstoffaufnahme in den Ozeanen

Bis heute hat das Nordpolarmeer keine besonders große Rolle im globalen Kohlenstoffhaushalt gespielt, weil die Absorption von Kohlendioxid aus der Luft durch die recht große Eisbedeckung begrenzt wurde und weil die CO_2-Aufnahme, die die biologische Produktivität unter dem ewigen Meereis fördert, im Vergleich mit anderen Orten in den Weltmeeren nicht sehr erheblich war. Bei wärmeren Klimaverhältnissen könnte die Kohlenstoffmenge, die der Arktische Ozean aufnimmt, allerdings erheblich zunehmen. Existiert weniger Meereis, wird wahrscheinlich vermehrt Kohlendioxid von den sehr kalten Gewässern absorbiert; und wenn im Zuge der Bildung saisonalen Meereises dichteres Wasser entsteht, könnte dadurch zusätzlich Kohlendioxid zum Boden transportiert werden. Zudem könnte die erhöhte biologische Produktivität in den offenen Gewässern dazu führen, dass mit dem Absterben und Absinken von Lebewesen mehr Kohlenstoff nach unten befördert wird, zumal dann, wenn durch einen verstärkten Eintrag die Menge der verfügbaren Nährstoffe zunimmt. Zwar werden die Veränderungen regional von Bedeutung sein, doch ist das Gesamtgebiet nicht groß genug, um die globale Kohlendioxidkonzentration in der Atmosphäre erheblich zu reduzieren.

Dieses Schaubild illustriert den Wandel im Kohlenstoffkreislauf in der Arktis bei einer Klimaerwärmung. Beispielsweise nimmt der boreale Wald, beginnend links im Bild, CO_2 aus der Atmosphäre auf, was voraussichtlich zunehmen wird. Allerdings wird in einigen Gebieten die Häufigkeit von Waldbränden und Schädlingsbefall steigen, wodurch mehr Kohlenstoff in die Atmosphäre entweicht. Zunehmende Kohlenstoffmengen werden zudem in Form von in Wasser gelöstem Kohlenstoff (gelöster organischer Kohlenstoff (DOC), gelöster anorganischer Kohlenstoff (DIC) und partikularer organischer Kohlenstoff (POC)) von der Tundra in Tümpel, Seen, Flüsse und die Kontinentalschelfe befördert.

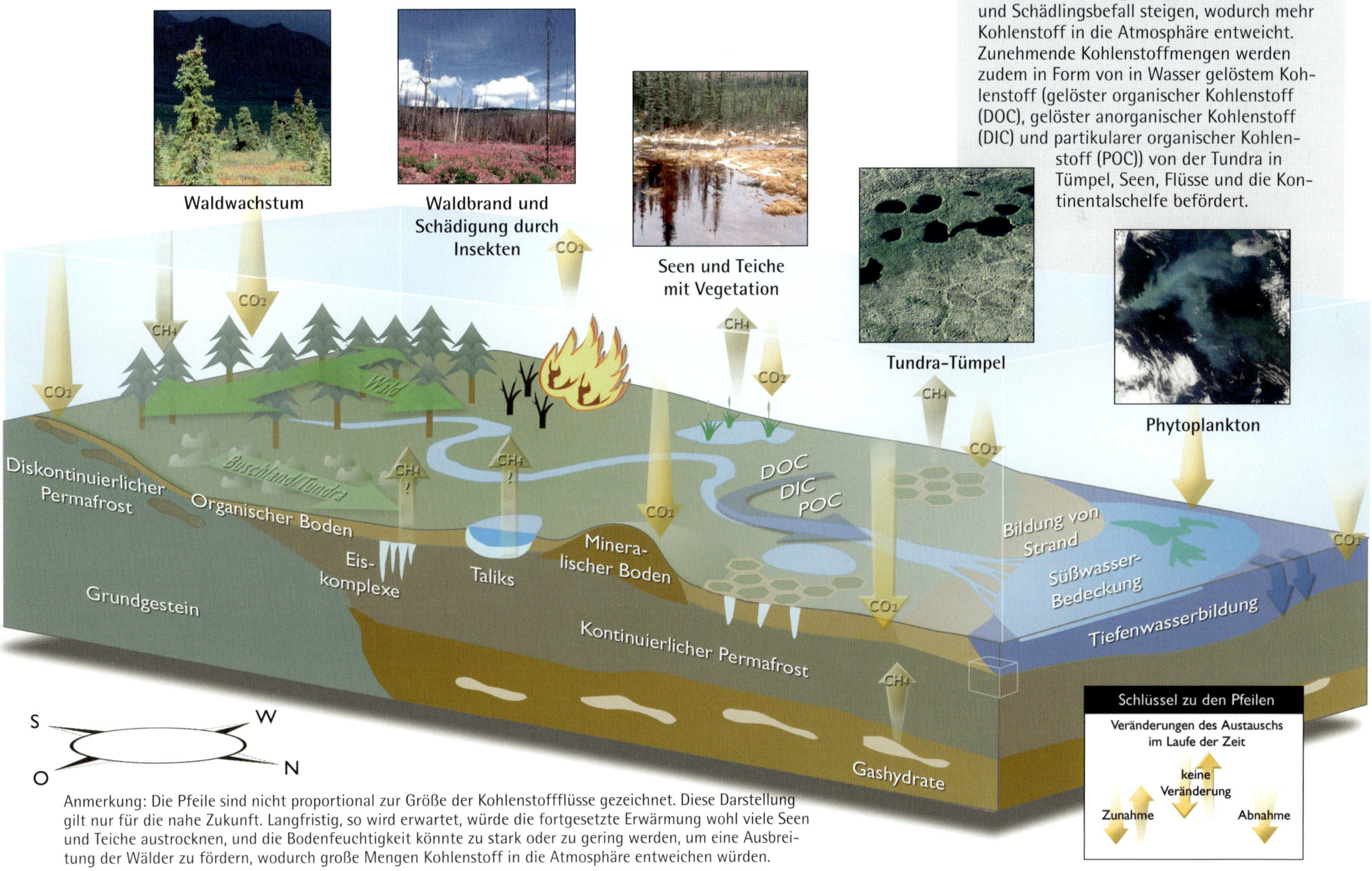

Waldwachstum

Waldbrand und Schädigung durch Insekten

Seen und Teiche mit Vegetation

Tundra-Tümpel

Phytoplankton

Diskontinuierlicher Permafrost

Organischer Boden

Eiskomplexe

Taliks

Mineralischer Boden

Grundgestein

Buschland Tundra

Wald

Kontinuierlicher Permafrost

Gashydrate

DOC DIC POC

Bildung von Strand

Süßwasser-Bedeckung

Tiefenwasserbildung

CO_2 CH_4

S W O N

Anmerkung: Die Pfeile sind nicht proportional zur Größe der Kohlenstoffflüsse gezeichnet. Diese Darstellung gilt nur für die nahe Zukunft. Langfristig, so wird erwartet, würde die fortgesetzte Erwärmung wohl viele Seen und Teiche austrocknen, und die Bodenfeuchtigkeit könnte zu stark oder zu gering werden, um eine Ausbreitung der Wälder zu fördern, wodurch große Mengen Kohlenstoff in die Atmosphäre entweichen würden.

Schlüssel zu den Pfeilen

Veränderungen des Austauschs im Laufe der Zeit

keine Veränderung

Zunahme   Abnahme

2 Die arktische Erwärmung hat weltweite Konsequenzen.

Schmelzende Gletscher tragen zum globalen Anstieg des Meeresspiegels bei

Das Gesamtvolumen des Landeises in der Arktis wird auf rund 3 100 000 Kubikkilometer geschätzt. Sollte es vollständig abschmelzen, käme es zu einem Meeresspiegelanstieg von etwa acht Metern. Die meisten arktischen Gletscher und Eiskappen sind seit den frühen 1960er Jahren im Rückgang begriffen, wobei sich dieser Trend in den 1990er Jahren beschleunigte. Eine kleine Anzahl von Gletschern, insbesondere in Skandinavien, hat an Masse zugelegt, da der erhöhte Niederschlag das zunehmende Abschmelzen in einigen Gebieten mehr als wettgemacht hat.

Das Landeis in der Arktis wird vom grönländischen Eisschild dominiert. Auf einer Fläche ungefähr so groß wie Schweden und mit beträchtlichen Schwankungen von Jahr zu Jahr hat die maximale Oberflächenschmelze auf dem Eisschild von 1979 bis 2002 im Mittel um 16 % zugenommen. 2002 hat die Oberflächenschmelze auf dem grönländischen Eisschild alle Rekorde gebrochen, wobei eine extreme Schmelze bis zu einer Rekordhöhe von 2 000 Metern ü. d. M. reichte. Satellitendaten zeigen einen zunehmenden Ausdehnungstrend der Schmelze seit 1979. Diesen unterbrach 1992 der Ausbruch des Mt. Pinatubo, der eine kurzfristige globale Abkühlung hervorrief, weil die von dem Vulkan ausgestoßenen Partikel die Sonnenlichtmenge, die die Erde erreichte, verringerte.

Neuere Studien über die Gletscher in Alaska deuten ebenfalls auf ein beschleunigtes Abschmelzen hin. Der damit verbundene Meeresspiegelanstieg ist fast doppelt so hoch wie der geschätzte Beitrag des grönländischen Eisschilds während der vergangenen 15 Jahre. Diese rapide Abnahme der alaskischen Gletscher entspricht rund der Hälfte des geschätzten

„In jenem Jahr [2002] hat die Schmelze so früh und so stark eingesetzt – sie ist einem förmlich ins Auge gesprungen. Ich habe noch nie erlebt, dass die saisonale Schmelze so weit oben auf dem Eisschild auftritt, und sie hat auch noch nie so früh im Frühling eingesetzt."

Konrad Steffen
University of Colorado, USA

Ausdehnung der Schmelze des grönländischen Eisschilds

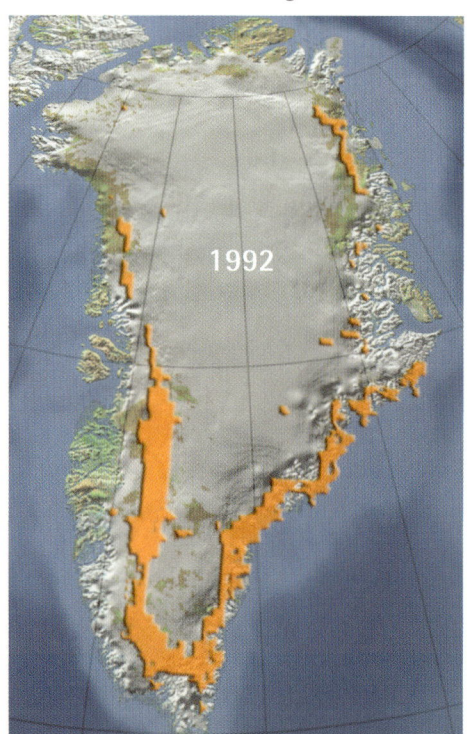

Ausdehnung der Schmelze des grönländischen Eisschilds
(maximale Ausdehnung der Schmelze 1979 – 2002)

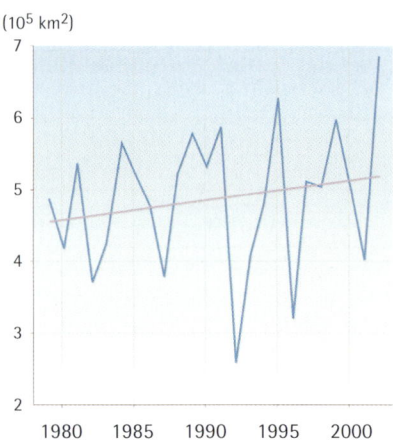

(10^5 km^2)

Seit 1979 beobachten Satelliten die saisonale Ausdehnung der Oberflächenschmelze auf dem grönländischen Eisschild. Die Bilder zeigen einen zunehmenden Trend. Die Schmelzzone, in der die sommerliche Wärme Schnee und Eis an den Rändern des Eisschilds in Eisschlamm und Tümpel mit Schmelzwasser verwandelt, hat sich in den letzten Jahren landeinwärts und auf Rekordhöhen ausgeweitet. Sickert das Schmelzwasser durch Spalten im Eisschild nach unten, könnte dies das Abschmelzen beschleunigen und in einigen Gebieten dazu führen, dass das Eis leichter über den Felsgrund darunter gleitet, wodurch es sich schneller zum Meer bewegt. Dieser Vorgang trägt nicht nur zum globalen Meeresspiegelanstieg bei, sondern führt den Weltmeeren auch Süßwasser zu; dies hat potenziell Auswirkungen auf die Ozeanzirkulation und somit auf das regionale Klima.

Kapitel der Studie

Kryosphäre & Hydrologie	Marine Systeme
6	9

Verlusts an Gletschermasse weltweit und dem größten bislang gemessenen Beitrag des Abschmelzens der Gletscher zum Meeresspiegelanstieg.

Berechnungen im Rahmen von globalen Klimamodellen deuten darauf hin, dass sich der Beitrag der arktischen Gletscher zum globalen Meeresspiegelanstieg in den kommenden 100 Jahren beschleunigen und bis 2100 ungefähr vier bis sechs Zentimeter ausmachen wird. Jüngsten Forschungen zufolge dürfte dieser Anstieg wegen der zunehmenden arktischen Gletscherschmelze in den vergangenen beiden Jahrzehnten höher ausfallen.

Langfristig wird der prognostizierte Beitrag der Arktis weitaus höher ausfallen, weil die Eisschilde weiterhin auf die Klimaänderung reagieren und für Tausende von Jahren zum Anstieg des Meeresspiegels beitragen werden. Klimamodelle zeigen, dass die lokale Erwärmung über Grönland wahrscheinlich ein- bis dreimal so hoch wie der globale Durchschnitt sein wird. Modellhafte Berechnungen von Eisschilden ergeben, dass eine örtliche Erwärmung von dieser Größenordnung schließlich zu einem praktisch vollständigen Abschmelzen des grönländischen Eisschilds führen würde, was einen Meeresspiegelanstieg von ungefähr sieben Metern zur Folge hätte.

Rückzug des McCall-Gletschers
Brooks Range, Alaska

1958   2003

Kumulative Änderung im Volumen der arktischen Gletscher seit 1960

(km³)

- **Nordamerikanische Arktis**
- **Russische Arktis**
- **Eurasische Arktis**
- **Gesamte Arktis**

In der gesamten Arktis kam es im Zeitraum von 1961 bis 1998 zu einem beträchtlichen Verlust an Gletschervolumen. Die Gletscher in der nordamerikanischen Arktis verloren die größte Masse (ca. 450 km³), mit erhöhten Verlusten seit den späten 1980er Jahren. Die Gletscher in der russischen Arktis verzeichnen ebenfalls große Verluste (ca. 100 km³). Die Gletscher in der europäischen Arktis zeigen eine Zunahme im Volumen, weil durch erhöhte Niederschläge in Skandinavien und Island mehr Gletschermasse hinzugekommen ist als durch das Abschmelzen im selben Zeitraum verschwand.

2 Die arktische Erwärmung hat weltweite Konsequenzen.

Auswirkungen eines globalen Anstiegs des Meeresspiegels

Der Meeresspiegelanstieg kann potenziell erhebliche Auswirkungen auf Gesellschaften und Ökosysteme auf der ganzen Welt haben. Die Klimaänderung bewirkt einen Anstieg des Meeresspiegels, indem sie die Dichte und die Menge des Wassers in den Ozeanen beeinflusst. Erstens, und dies ist am bedeutsamsten: Wasser dehnt sich bei Erwärmung aus, und weniger dichtes Wasser beansprucht mehr Raum. Diese „thermische Expansion" wird der Prognose zufolge am meisten zum Anstieg des Meeresspiegels in den kommenden 100 Jahren beitragen und viele Jahrhunderte andauern. Zweitens führt die Erwärmung zu einem verstärkten Abschmelzen der Gletscher und Eiskappen (Landeis), wodurch vermehrt Süßwasser in die Weltmeere fließt.

Der Meeresspiegelanstieg wird gravierende Folgen für Gemeinden und Industrien an der Küste, für Inseln, Flussdeltas, Häfen sowie jenen großen Teil der Menschheit haben, der weltweit in Küstenregionen lebt.

Während der 1990er Jahre stieg der durchschnittliche Weltmeeresspiegel fast um drei Millimeter pro Jahr; in den vorhergehenden Jahrzehnten betrug der Anstieg rund zwei Millimeter pro Jahr. Diese Rate ist wiederum 10- bis 20-mal höher als die geschätzte Zuwachsrate in den zurückliegenden Jahrtausenden. Die Hauptfaktoren, die zu diesem Anstieg beitragen, sind die thermische Expansion aufgrund der Erwärmung der Weltmeere sowie das Abschmelzen des Landeises, das die Gesamtwassermenge im Ozean erhöht.

Voraussichtlich wird der globale Meeresspiegel in diesem Jahrhundert um 10 bis 90 Zentimeter ansteigen, wobei sich der Anstieg in diesem Jahrhundert beschleunigen wird. Langfristig werden sehr viel größere Erhöhungen prognostiziert. Es wird erwartet, dass der Meeresspiegelanstieg auf der ganzen Welt variiert. Zu den größten Erhöhungen wird es laut den Berechnungen in der Arktis kommen, teilweise aufgrund des zunehmenden Süßwassereintrags in das Nordpolarmeer und der daraus resultierenden Abnahme des Salzgehalts und somit der Dichte.

Der Meeresspiegelanstieg wird gravierende Folgen für Gemeinden und Industrien an der Küste, für Inseln, Flussdeltas, Häfen sowie für jenen großen Teil der Menschheit haben, der weltweit in Küstenregionen lebt. Er wird den Salzgehalt von Buchten und Flussmündungen erhöhen. Und er wird die Erosion der Küsten verstärken, zumal dort, wo diese eher weich als felsig sind.

Beobachteter globaler Meeresspiegelanstieg

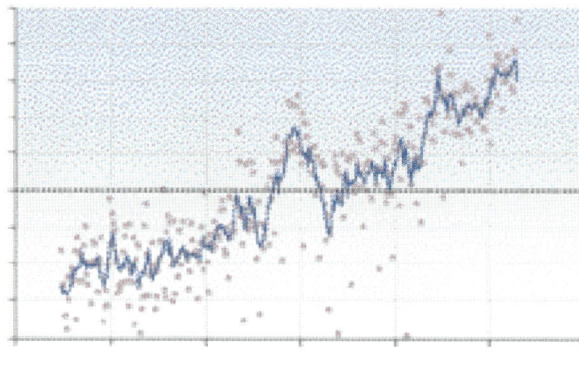

Die Messdaten eines 1992 gestarteten Satelliten zeigen den globalen mittleren Meeresspiegelanstieg im vergangenen Jahrzehnt.

Prognostizierter globaler Meeresspiegelanstieg
(cm)

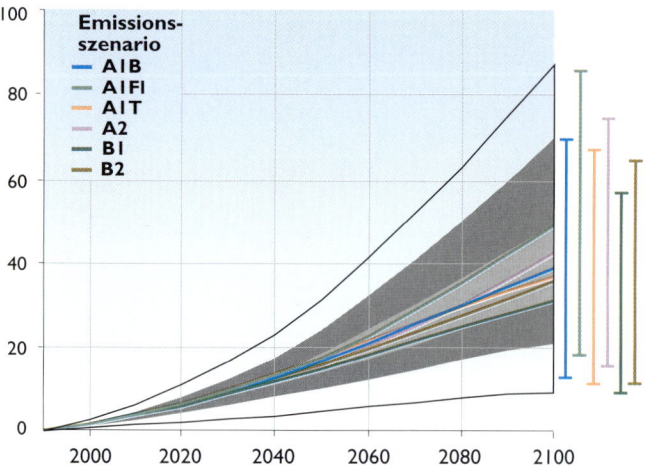

Die Grafik zeigt die zukünftige Erhöhung des mittleren globalen Meeresspiegels in Metern, wie sie eine Reihe von Klimamodellen unter Anwendung von sechs IPCC-Emissionsszenarien prognostizieren. Die Balken rechts zeigen den Bereich, der von einer Gruppe von Modellen für die zugeordneten Emissionsszenarien berechnet wurde.

Kapitel der Studie	Kryosphäre & Hydrologie	Marine Systeme	Gesundheit des Menschen	Infrastruktur
	6	9	15	16

Im ausgedehnten Tiefland an der Küste und in den Deltagebieten gibt es bedeutende Ökosysteme, die von steigenden Meeresspiegeln betroffen sind. Die Feuchtgebiete werden weiter ins Inland zurückgedrängt, und es wird häufiger zu Überschwemmungen an der Küste kommen.

Am stärksten wird sich der Meeresspiegelanstieg wahrscheinlich entlang der flach abfallenden Küstenregionen, der Inlandgebiete am Rand von Flussmündungen sowie an Küstenstreifen auswirken, die sich aufgrund tektonischer Kräfte, Sedimentablagerungen oder der Gewinnung von Erdöl oder Grundwasser absenken. Tief liegende Inseln im Pazifik (Marshall, Kiribati, Tuvalu, Tonga, Line, Mikronesien, Cook), im Atlantik (Antigua, Nevis) und im Indischen Ozean (Malediven) werden sehr wahrscheinlich sehr stark betroffen sein.

In Bangladesh leben rund 17 Millionen Menschen in Gebieten, die weniger als einen Meter über dem Meeresspiegel liegen und die bereits heute Überschwemmungen ausgesetzt sind. In Südostasien liegen zahlreiche Großstädte, darunter Bangkok, Bombay, Kalkutta, Dhaka und Manila (jede mit einer Bevölkerung von über fünf Millionen) in küstennahem Tiefland oder an Flussdeltas. In den Vereinigten Staaten sind Florida und Louisiana besonders stark den Auswirkungen eines künftigen Meeresspiegelanstiegs ausgesetzt.

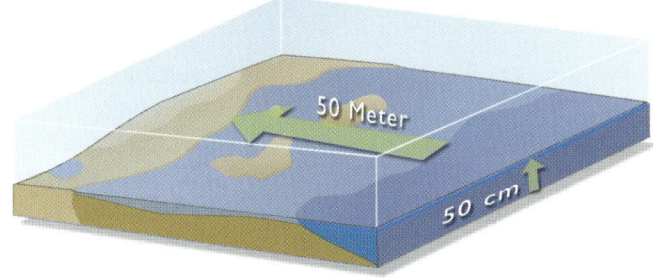

Ein Meeresspiegelanstieg um 50 cm bewirkt in der Regel einen Rückzug der Küstenlinie von 50 Metern, sofern das Land relativ flach ist (wie die meisten Küstenebenen). Dies wird erhebliche Folgen für Wirtschaft, Gesellschaft und Umwelt haben.

Prognostizierter Beitrag des arktischen Landeises zur Veränderung des Meeresspiegels

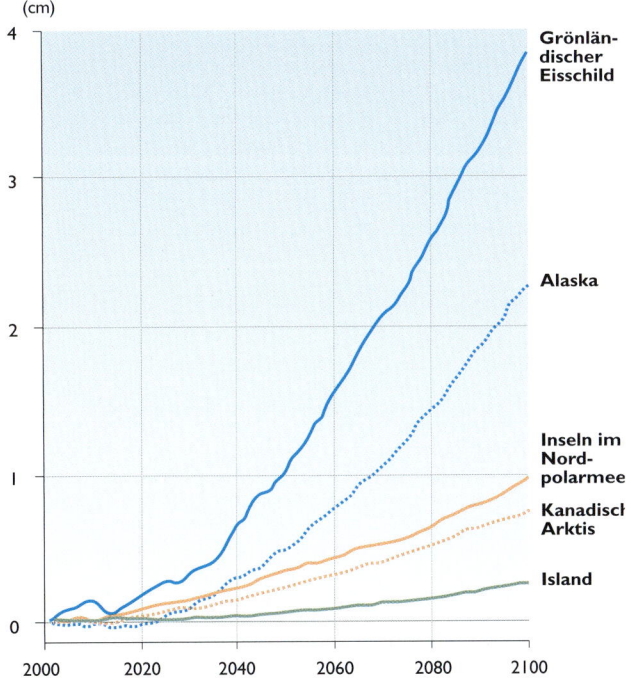

(cm)

- Grönländischer Eisschild
- Alaska
- Inseln im Nordpolarmee
- Kanadische Arktis
- Island

Das Diagramm vergleicht die prognostizierten Beiträge zum Meeresspiegelanstieg aufgrund des Abschmelzens von Landeis in verschiedenen Teilen der Arktis. Der grönländische Eisschild wird den größten Anteil daran haben. Obwohl die Gletscher Alaskas ein viel kleineres Gebiet bedecken, werden auch sie einen großen Beitrag leisten. Der Gesamtanteil abgeschmolzenen arktischen Festlandeises am globalen Meeresspiegelanstieg wird bis 2100 voraussichtlich bei ca. 10 cm liegen. Die Hauptantriebskraft des Meeresspiegelanstiegs ist die thermische Expansion aufgrund ozeanischer Erwärmung; sie ist hier nicht berücksichtigt.

Gebiete in Florida, die bei einem Meeresspiegelanstieg um 100 cm Überschwemmungen ausgesetzt sind.

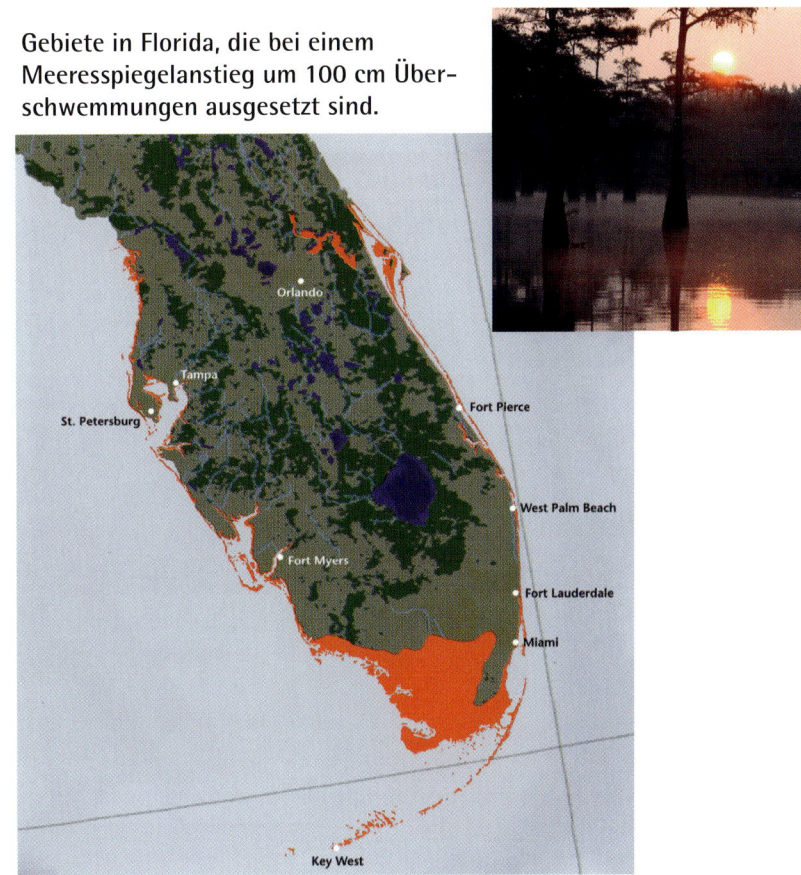

② Die arktische Erwärmung hat weltweite Konsequenzen.

Der Zugang zu den arktischen Ressourcen wird sich verändern

Die Arktis liefert der Welt Natur- und Bodenschätze, und die Klimaänderung wird diese Ressourcen auf vielfältige Weisen beeinflussen. Die arktischen Ressourcen besitzen ökonomischen Handelswert; Wale, Robben, Vögel und Fische werden schon seit langem auf den südlicheren Märkten verkauft. In den arktischen Meeren liegen einige der ältesten und ertragreichsten kommerziellen Fischereigründe der Welt, die viele Arktis-Anrainerstaaten ebenso wie die übrige Welt mit bedeutenden Fangmengen versorgen. So ist Norwegen einer der größten Fisch-Exporteure der Welt.

Die Arktis verfügt über große Erdöl- und Erdgasreserven, von denen die meisten in Russland liegen, daneben gibt es noch Felder in Kanada, Alaska, Grönland und Norwegen. In der Arktis lagern zudem große Mineralvorkommen, die von Edelsteinen bis hin zu Düngemitteln reichen. Russland fördert die größten Mengen an Mineralien, aber auch Kanada und Alaska besitzen bedeutende Förderindustrien, die die Weltwirtschaft mit Rohstoffen beliefern. Der Meereszugang zu Erdöl, Erdgas und Mineralien wird in einer wärmeren Arktis wahrscheinlich vielerorts erleichtert - mit positiven Auswirkungen für einige Orte und negativen für andere. Der Zugang zu Ressourcen auf dem Landweg wird wahrscheinlich an vielen Orten erschwert, weil sich die Frostphase, in der der Boden befahrbar ist, verkürzt.

Der Meereszugang zu Erdöl, Erdgas und Mineralien wird in einer wärmeren Arktis wahrscheinlich vielerorts erleichtert.

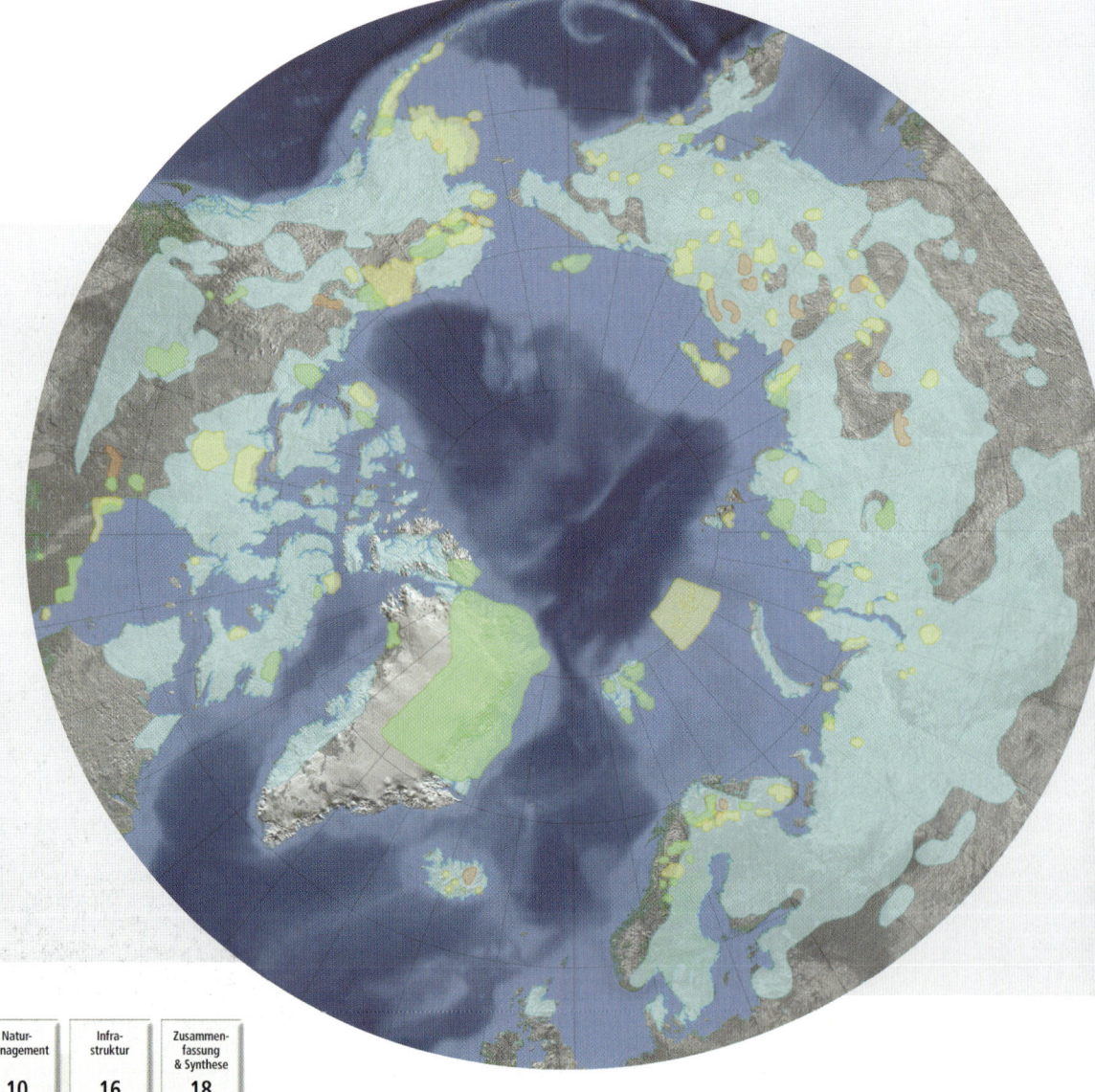

Schutzgebiete der Arktis

Strategien zur Erhaltung der arktischen Biovielfalt durch die Errichtung von Schutzgebieten sind wichtig, um die natürlichen Lebensräume vor einer unmittelbaren Erschließung durch den Menschen zu verteidigen, aber sie schützen nicht vor einem sich wandelnden Klima. Diese Karte zeigt, auf welche Weise sich die Klimaänderung auf die derzeitigen Schutzgebiete auswirkt und gerade jene lebenden Ressourcen gefährdet, die in diesen Gebieten eigentlich geschützt werden sollen.

- ■ Striktes Naturreservat / Wildnis / Nationalpark
- ■ Naturdenkmal / Lebensraum / Gebiet des Artenmanagements
- ■ Geschützte Landschaft / Meereslandschaft / Schutzgebiet für Ressourcenmanagement
- ■ Gebiete mit vorhergesagten künftigen Veränderungen der Vegetation

Kapitel der Studie

Tundra & Polarwüsten	Natur-Management	Infra-struktur	Zusammen-fassung & Synthese
7	10	16	18

Der Wandel in den arktischen Ökosystemen wird globale Auswirkungen haben

Die klimabedingten Veränderungen der arktischen Ökosysteme werden nicht nur Folgen für die Menschen der Region und andere Lebewesen haben, die in Bezug auf Nahrungsmittel und Lebensräume von diesen Systemen abhängig sind, sondern sich wegen der zahlreichen Verbindungen zwischen der Arktis und den südlicheren Regionen auch im globalen Maßstab auswirken. Viele Arten aus der ganzen Welt sind auf die sommerlichen Aufzucht- und Futterplätze in der Arktis angewiesen, und im Zuge der Klimawandels werden sich auch einige dieser Lebensräume erheblich verändern.

So ziehen jeden Sommer mehrere hundert Millionen Vögel in die Arktis, und ihr dortiger Fortpflanzungserfolg entscheidet über die Größe ihrer Populationen in den niedrigeren Breiten. Wichtige Brut- und Nistplätze werden wohl drastisch dezimiert, weil die Baumgrenze nach Norden vorrückt, wodurch die Tundra verdrängt wird und die Ankunft der Vögel in der Arktis möglicherweise zeitlich nicht mehr mit der Verfügbarkeit ihrer Nahrungsquelle, den Insekten, zusammenfällt. Gleichzeitig wird mit dem Meeresspiegelanstieg die Tundrafläche von Norden her in vielen Gebieten abnehmen, was wichtige Lebensräume für viele Lebewesen weiter schrumpfen lässt. Eine Reihe von Vogelarten, darunter mehrere weltweit bedrohte Seevögel, werden in diesem Jahrhundert mehr als 50 % ihres Brutgebiets verlieren.

Viele Arten aus der ganzen Welt sind auf die sommerlichen Aufzucht- und Futterplätze in der Arktis angewiesen, und im Zuge des Klimawandels werden sich auch einige dieser Lebensräume erheblich verändern.

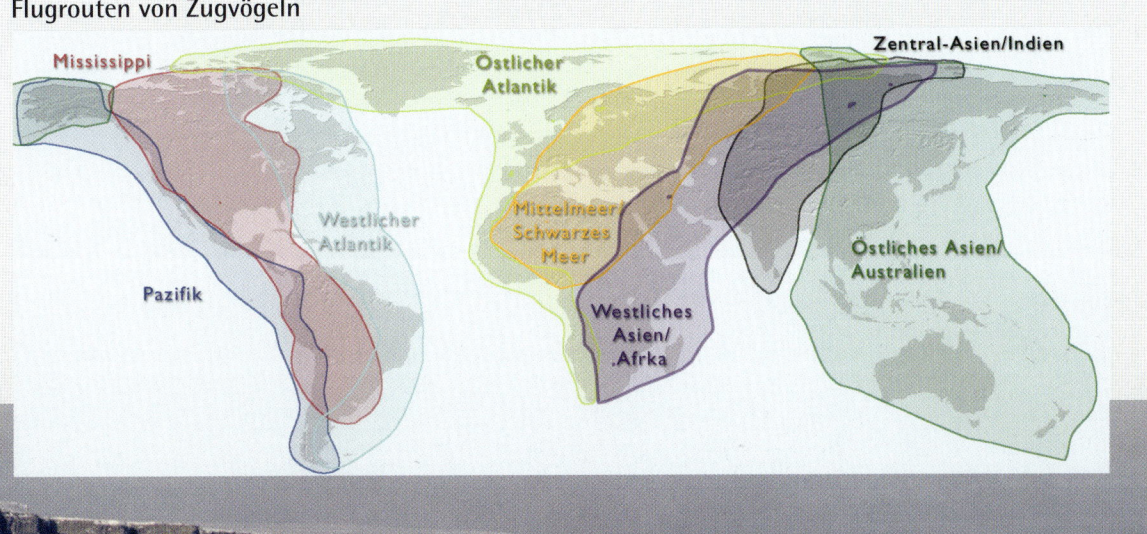

Flugrouten von Zugvögeln

Mississippi · Östlicher Atlantik · Zentral-Asien/Indien · Westlicher Atlantik · Mittelmeer Schwarzes Meer · Östliches Asien/Australien · Pazifik · Westliches Asien/Afrka

45

3 Die arktischen Vegetationszonen werden sich sehr wahrscheinlich verschieben.

Verschiebung von Vegetationszonen

Der klimabedingte Wandel in den arktischen Landschaften ist für die Menschen und Tiere der Region in Bezug auf Ernährung, Treibstoff, Kultur und Lebensraum von Bedeutung. Überdies kann er sich potenziell weltweit auswirken, weil viele Prozesse in der Arktis das globale Klima und die globalen Ressourcen beeinflussen. Einige Veränderungen der arktischen Landschaften sind bereits im Gange. Die prognostizierten zukünftigen Veränderungen werden allerdings erheblich größer ausfallen.

Zu den wichtigsten Vegetationszonen der Arktis zählen die Polarwüsten, die Tundra und der nördliche Teil des borealen Waldes. Die nördlichste Zone, die den Großteil der Hocharktis bedeckt, ist die Polarwüste; sie ist charakterisiert durch kleine, offene Flächen nackten Bodens und dadurch, dass in ihr nicht einmal die kleinsten Sträucher wachsen. Obwohl die Polarwüste recht spärlich bewachsen ist, leben hier Moschusochsen und kleine Unterarten von Karibus/Rentieren. Typisches Kennzeichen der Tundra ist der Bewuchs mit niedrigen Sträuchern.

*Durch die Klima-
änderung verschiebt
sich die Vegetation,
weil steigende Tempe-
raturen einen höheren,
dichteren Pflanzen-
bewuchs begünstigen.*

Durch die Klimaänderung verschiebt sich die Vegetation, weil steigende Temperaturen einen höheren, dichteren Pflanzenbewuchs begünstigen und somit die Ausbreitung der Wälder in die arktische Tundra und der Tundra in die Polarwüsten fördern. Der Zeitrahmen dieser Verschiebungen wird in den unterschiedlichen Teilregionen der Arktis variieren. Wo geeignete Böden und weitere Voraussetzungen existieren, wird der Wandel wahrscheinlich in diesem Jahrhundert deutlich erkennbar werden. Wo sie nicht existieren, wird er voraussichtlich länger dauern. Durch die Veränderungen der Vegetation in Verbindung mit dem Meeresspiegelanstieg wird die Tundra auf ihre geringste Fläche seit mindestens 21 000 Jahren schrumpfen. Dadurch werden die Brutgebiete vieler Vögel sowie die Weidegebiete der Landtiere, die auf die offene Landschaft der Tundra und Polarwüsten angewiesen sind, sehr stark zurückgehen. Nicht nur werden manche bedrohte Arten sehr wahrscheinlich aussterben, sondern auch einige derzeit weit verbreitete Arten drastisch an Zahl zurückgehen.

**Verschiebung der Baumgrenze
nach Norden**

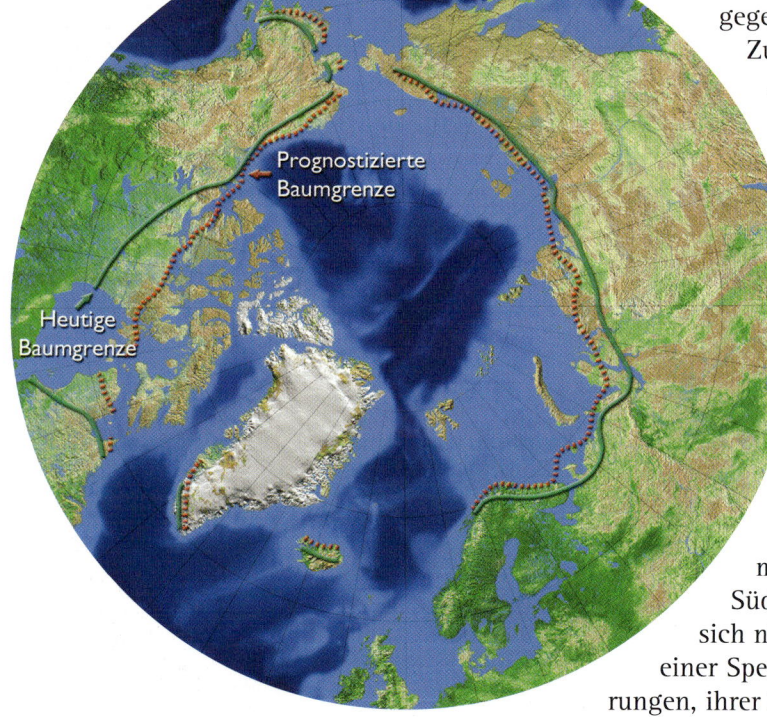

Prognostizierte
Baumgrenze

Heutige
Baumgrenze

Viele der Anpassungen, die den Pflanzen und Tieren das Überleben in dieser kalten Umwelt ermöglichen, begrenzen allerdings auch ihre Konkurrenzfähigkeit gegenüber den einwandernden Arten, die auf die Klimaerwärmung reagieren. Zudem stellt das rasche Tempo des prognostizierten Klimawandels das Anpassungsvermögen vieler Arten vor spezielle Schwierigkeiten. Die arktischen Pflanzen und Tiere werden auf die Erwärmung wohl hauptsächlich mit Umsiedelung reagieren. Im Zuge der Verschiebung ihrer Verbreitungsgebiete nach Norden, in einigen Fällen um bis zu 1000 Kilometer, werden die Arten aus dem Süden sehr wahrscheinlich einige arktische Spezies verdrängen (die wegen des Nordpolarmeers nicht nach Norden ausweichen können). Derartige Verdrängungen aus ihren Verbreitungsgebieten finden bei vielen Vogel-, Fisch- und Schmetterlingsarten bereits statt. Seevögel, Moose und Flechten gehören zu jenen Spezies, die im Zuge der zunehmenden Erwärmung voraussichtlich dezimiert werden. Die Arktis ist ein bedeutendes globales „Lagerhaus" von Moosen und Flechten, das 600 Moos- und 2000 Flechtenarten enthält, mehr als irgendwo sonst auf der Erde.

Es ist anzunehmen, dass die Gesamtzahl der Arten in der Arktis bei wärmeren Klimaverhältnissen aufgrund des Zustroms von Arten aus dem Süden zunimmt. Doch ganze Gemeinschaften und Ökosysteme verschieben sich nicht, ohne Schaden zu nehmen. Ob und wie sich das Verbreitungsgebiet einer Spezies verlagert, ist abhängig von ihrer Sensitivität gegenüber Klimaänderungen, ihrer Mobilität, ihrer Lebensspanne und der Verfügbarkeit von adäquaten

Kapitel der Studie

Tundra & Polarwüsten	Süßwasser-Ökosysteme	Wälder & Land-wirtschaft
7	8	14

Böden und Feuchtigkeit sowie weiteren Bedürfnissen. Die Verbreitungszonen von Tieren können sich im Allgemeinen weitaus schneller verschieben als die von Pflanzen, und große Zugtiere wie Karibus können sehr viel problemloser als kleine Tiere wie zum Beispiel Lemminge ihr Gebiet verlassen. Außerdem müssen Wanderungswege zur Verfügung stehen, zum Beispiel nordwärts fließende Flüsse als Routen für die Fischarten aus dem südlichen Teil der Region. Einige Migrationswege können durch wirtschaftliche Erschließung versperrt sein. Alle diese Veränderungen führen zum Zusammenbruch der gegenwärtigen und zur Bildung neuer Gemeinschaften und Ökosysteme, und das mit unbekannten Konsequenzen.

Derzeitige arktische Vegetation

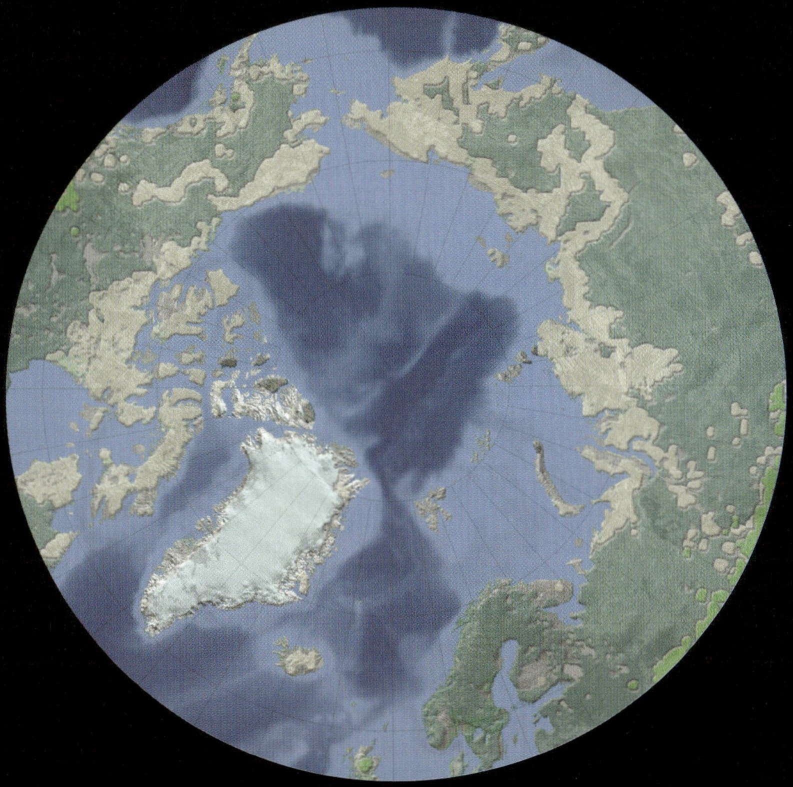

Prognostizierte Vegetation, 2090–2100

- Eis
- Polarwüste / Halbwüste
- Tundra
- Borealer Wald
- Gemäßigter Wald

Die derzeitige Vegetation der Arktis und benachbarter Regionen auf Grundlage pflanzenkundlicher Untersuchungen.

- Eis
- Polarwüste / Halbwüste
- Tundra
- Borealer Wald
- Gemäßigter Wald
- Grasland

Die prognostizierte mögliche Vegetation für den Zeitraum 2090–2100, simuliert durch das „LPJ Dynamic Vegetation Model" unter Anwendung des Hadley2-Klimamodells.

Eis

Polarwüste

Polar-Halbwüste

Feuchttundra

Büschelgras-/Schilfgras-/Strauchtundra

Borealer Wald

3 Die arktischen Vegetationszonen werden sich sehr wahrscheinlich verschieben.

Kräfte, die dem Klimawandel entgegenarbeiten

Durch die prognostizierte Verringerung der Tundrafläche und die Ausbreitung der Wälder wird das Reflexionsvermögen der Erdoberfläche abnehmen und sich die globale Erwärmung verstärken, weil die neu bewaldeten Gebiete dunkler und strukturierter sind und deshalb mehr Sonnenstrahlung absorbieren als die hellere, glattere Tundra. So wird die Schwarzfichte, der Vegetationstyp mit dem geringsten Rückstrahlungsvermögen überhaupt, wahrscheinlich einen großen Teil der Mischung der neuen Baumlandschaft in Nordamerika ausmachen. Außerdem werden die sich ausbreitenden Wälder den hochreflektierenden Schnee überdecken. Die aus diesen Veränderungen resultierende Verdunkelung der Oberfläche wird eine Rückkopplungsschleife erzeugen, durch die eine vermehrte Erwärmung zu vermehrter Baumansiedlung und Waldbedeckung führt, was eine verstärkte Erwärmung zur Folge hat und so weiter.

Andererseits wird die expandierende Waldvegetation biologisch produktiver sein als die bestehende Tundravegetation, und die Tundra wird wiederum produktiver sein als die von ihr ersetzten Polarwüsten. Ergebnisse aus Modellrechnungen deuten darauf hin, dass dadurch die Kohlenstoffspeicherung zunehmen und sich das prognostizierte Ausmaß der Erwärmung verringern könnte. Der Nettoeffekt dieser entgegenarbeitenden Kräfte beinhaltet vielfältige, miteinander konkurrierende Einflüsse, die man noch nicht ganz versteht. Neuere Untersuchungen lassen jedoch vermuten, dass die steigende Absorption der Sonnenstrahlung die steigende Kohlenstoffspeicherung überwiegt, was einen Nettoanstieg der Erwärmung zur Folge hat.

Neuere Untersuchungen lassen vermuten, dass die steigende Absorption der Sonnenstrahlung die steigende Kohlenstoffspeicherung überwiegt, was einen Nettoanstieg der Erwärmung zur Folge hat.

Wüstenbildung: Eine potenzielle „Überraschung"

Weil sich durch den Klimawandel viele Variablen und ihre Wechselbeziehungen verändern, ist es oftmals schwierig, alle wechselseitigen Auswirkungen auf die Umwelt vorherzusagen, insbesondere langfristig. Innerhalb der Forschung ist man sich zwar sicher, dass die Temperaturen steigen und die jährlichen Gesamtniederschläge zunehmen werden, doch ist nicht bekannt, ob die Niederschlagszunahme in allen Gebieten und für alle Jahreszeiten mit der Erwärmung Schritt halten wird. Weil die Verdunstungsrate bei ansteigenden Temperaturen

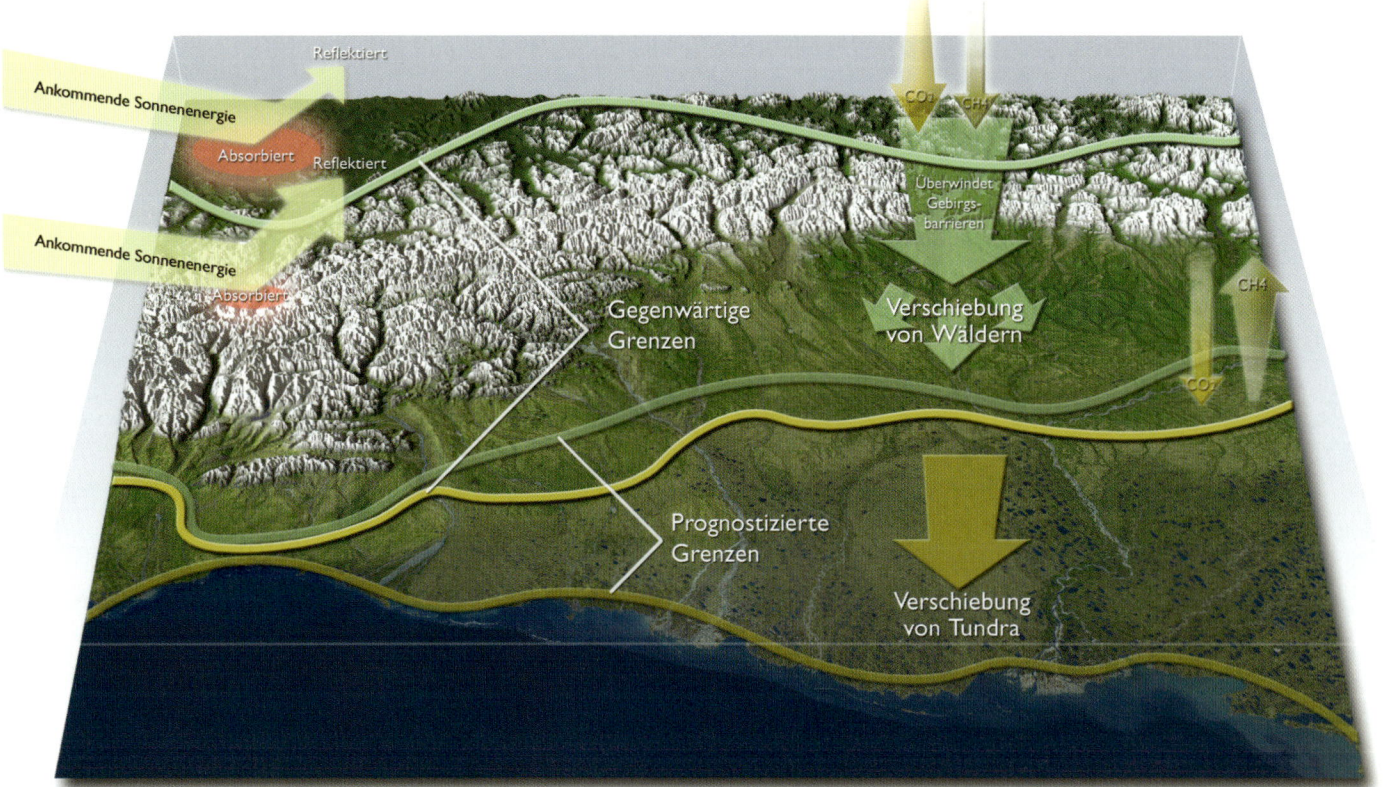

Anmerkung: Die Pfeile, die CO₂ und CH₄ zeigen, sind nicht maßstabgerecht gezeichnet.

Kapitel der Studie

Tundra & Polarwüsten	Wälder & Landwirtschaft
7	14

zunimmt, würden Landgebiete austrocknen, falls sich der Niederschlag nicht genügend erhöht, um die Verdunstung auszugleichen.

Ein weiteres komplexes Problem ist das Tauen des Permafrosts und die nachfolgende Entwässerung des Landes. So führt das sommerliche Tauen der aktiven Schicht des Permafrosts (der obersten Schicht, die im Sommer auftaut und im Winter gefriert) in Barrow, Alaska, schon heute zu großen Wassermengen auf der Bodenoberfläche. Wenn die aktive Schicht so tief hinabreicht wie prognostiziert, könnte diese Feuchtigkeit jedoch verloren gehen. Dies wird sehr wahrscheinlich in Teilen der Arktis geschehen. Dabei sind Gebiete, die vor 10 000 Jahren noch nicht vergletschert waren und feinkörnige, vom Wind abgelagerte Böden auf dem Permafrost aufweisen, der Austrocknung und der Erosion besonders stark ausgesetzt. Aufzeichnungen vergangener Klimaverhältnisse deuten darauf hin, dass dieser Mechanismus in den kalten und trockenen Tundra-Steppen-Gebieten Sibiriens und Alaskas bereits heute wirkt. Bei fortgesetzter Erwärmung werden diese Vorgänge wahrscheinlich zunächst zu einer Begrünung führen, gefolgt von einer Wüstenbildung in einigen Gebieten.

Polarwüste

Saisonaler Wechsel von Kohlenstoff-Senke zu Kohlenstoff-Quelle

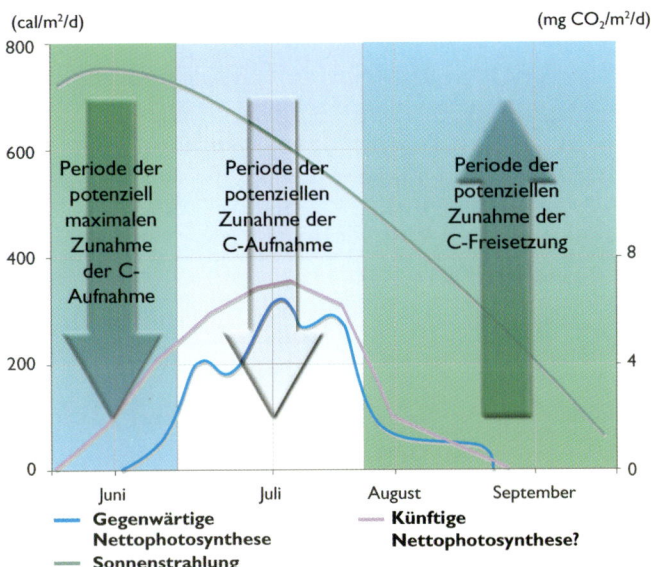

(cal/m²/d)   (mg CO₂/m²/d)

Periode der potenziell maximalen Zunahme der C-Aufnahme

Periode der potenziellen Zunahme der C-Aufnahme

Periode der potenziellen Zunahme der C-Freisetzung

Juni   Juli   August   September

— Gegenwärtige Nettophotosynthese
— Künftige Nettophotosynthese?
— Sonnenstrahlung

Diese Bildfolge von einem Standort in Nordschweden, der jenem auf dem Foto ähnelt, zeigt, dass die Bodenschicht, die allsommerlich taut, im Zuge der Klimaerwärmung der vergangenen Jahre zunehmend tiefer reicht. Die roten Gebiete sind die, in denen der Boden bis zu 1,1 Meter tief oder tiefer taut. Die Serie illustriert das rasche Verschwinden des diskontinuierlichen Permafrosts in dieser Region.

1998   2000   2002

Wandel der Landschaftsdynamik bei Erwärmung

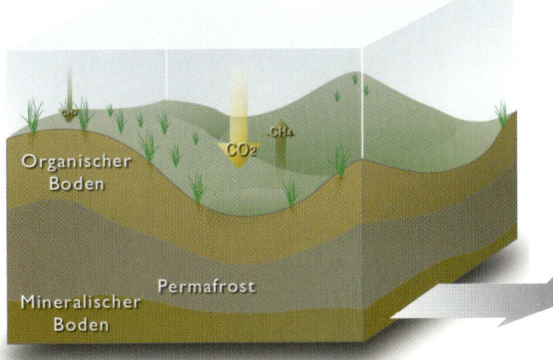
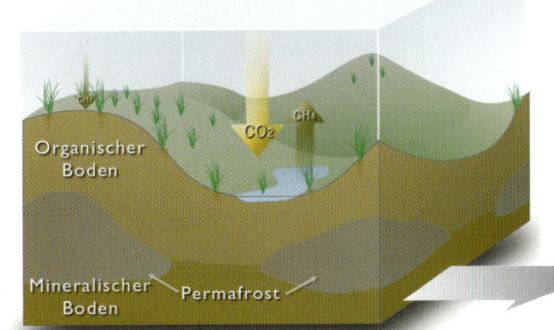
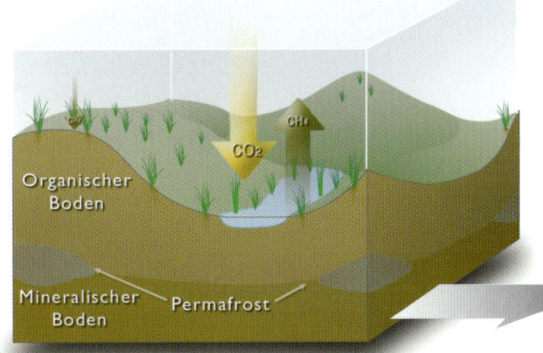

In Norden Norwegens, Schwedens und Finnlands weisen viele Gebiete mit diskontinuierlichem Permafrost kleine Hügel oder Erhebungen mit feuchten Niederungen auf, jede mit einer charakteristischen Vegetation (links). Im Zuge der Klimaerwärmung taut der Permafrost, und die feuchten Gebiete breiten sich aus. Die produktivere Vegetation nimmt mehr Kohlendioxid auf, doch die größere Ausdehnung der feuchten Gebiete führt zu größeren Emissionen von Methan (Mitte) (dies wird bereits beobachtet). Schließlich (rechts) taut der Permafrost vollständig, wobei das Gleichgewicht zwischen Methanemissionen und Kohlendioxidaufnahme von den nachfolgenden Abfluss- und Niederschlagsmengen abhängt.

3 Die arktischen Vegetationszonen werden sich sehr wahrscheinlich verschieben.

Die nördlichen Wälder

Riesige Flächen in Zentral- und Ostsibirien und im nordwestlichen Nordamerika stellen die ausgedehntesten verbliebenen Gebiete mit natürlichem Wald auf unserem Planeten dar. Drei der vier Länder mit den größten Waldflächen der Welt grenzen an die Arktis: Russland, Kanada und die Vereinigten Staaten. Die Forst- und Waldlandschaftsgebiete in den Arktis-Anrainerstaaten repräsentieren rund 31 % des weltweiten Waldes (alle Typen), wobei der boreale Wald allein etwa 17 % der Landoberfläche der Erde bedeckt. Es wird prognostiziert, dass sich die borealen (nördlichen) Wälder bei fortschreitender Klimaerwärmung in die arktische Region verschieben und sich das bewaldete Gebiet nach Norden ausbreitet.

Der boreale Wald sammelt, modifiziert und verteilt einen großen Teil des Süßwassers, der in das arktische Becken fließt; mit der Klimaänderung werden sich viele dieser wichtigen Aufgaben ändern.

Die borealen Wälder sind wegen ihres Nutzens für die Wirtschaft und die Umwelt global von größter Bedeutung. Weite Gebiete der borealen Wälder Finnlands, Schwedens und Teilen Kanadas werden zu Zwecken der Holzgewinnung intensiv bewirtschaftet und steuern 10 bis 30 % zum Exporterlös dieser Länder bei. Der boreale Wald sammelt, modifiziert und verteilt einen großen Teil des Süßwassers, der in das arktische Becken fließt; mit der Klimaänderung werden sich viele dieser wichtigen Aufgaben ändern. Er ist zudem die Brutregion für eine enorme Anzahl von Waldzugvögeln und bietet Lebensraum für Pelzsäugetiere, darunter Vielfraße, Wölfe und Luchse, wie auch für größere Säuger, einschließlich Elche und Karibus, die allesamt von großer wirtschaftlicher Bedeutung für die nördlichen Regionen sind.

Viele Auswirkungen des Klimawandels sind im borealen Wald bereits offensichtlich: eine verringerte Wachstumsrate bei einigen Baumarten und an einigen Standorten, erhöhte Wachstumsraten bei anderen, größere und ausgedehntere Brände und Insektenplagen sowie eine Reihe von Effekten aufgrund tauenden Permafrosts, darunter die Entstehung neuer Feuchtgebiete und der Zusammenbruch der Bodenoberfläche und der damit verbundene Verlust von Bäumen.

Herausforderungen für die Baumansiedelung

Neuere Untersuchungen in Sibirien haben schlüssig nachgewiesen, dass es während der warmen Periode vor rund 8 000 bis 9 000 Jahren, einige Jahrtausende nach dem Ende der letzten Eiszeit, in der gesamten russischen Arktis bis hinauf zur nördlichsten Küste Bäume gab. Die Überreste gefrorener Bäume, die in diesen Landschaften noch zu finden sind, liefern den eindeutigen Beweis, dass die Bäume wegen der wärmeren Klimaverhältnisse viel weiter im Norden wuchsen, als dies heute der Fall ist. Diese und andere Belege deuten zwar darauf hin, dass sich die Vegetationszonen langfristig sehr wahrscheinlich nach Norden verschieben werden, doch vollzieht sich ein solcher Vorgang selten gradlinig. Verschiedene Wirkungsfaktoren, darunter Umweltstörungen wie zum Beispiel Brände und Überschwemmungen, können die Baumansiedelung für eine gewisse Zeit entweder beschleunigen oder aufhalten. Außerdem erzeugen menschliche Aktivitäten Belastungen, welche die Baumansiedelung in den neuen Gebieten verhindern können. So zieht sich in einigen Gegenden Russlands die Baumgrenze aufgrund der industriellen Umweltverschmutzung sogar nach Süden zurück.

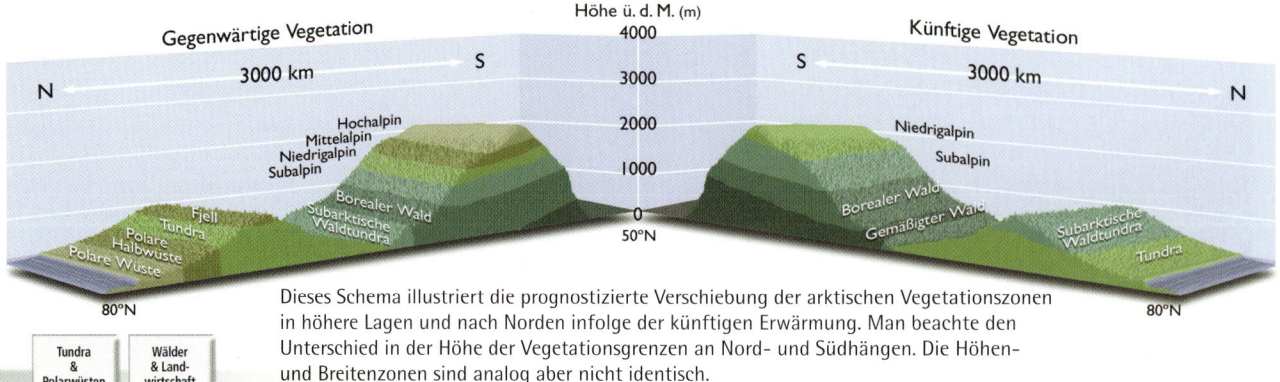

Dieses Schema illustriert die prognostizierte Verschiebung der arktischen Vegetationszonen in höhere Lagen und nach Norden infolge der künftigen Erwärmung. Man beachte den Unterschied in der Höhe der Vegetationsgrenzen an Nord- und Südhängen. Die Höhen- und Breitenzonen sind analog aber nicht identisch.

Kapitel der Studie

Tundra & Polarwüsten	Wälder & Landwirtschaft
7	14

Obwohl allgemein erwartet wird, dass die Wälder in Tundragebiete vordringen, wird es in manchen Gegenden, in denen heute Bäume gedeihen, keine Bäume mehr geben, was hauptsächlich mit der Austrocknung zusammenhängt. In den neuen Gebieten wird zwar wahrscheinlich ein für das Baumwachstum geeignetes Klima herrschen; doch ist dies keine Garantie, dass die Bäume auch tatsächlich dort wachsen, wenn sie in die neuen Gebiete vordringen, da sie vor einer Vielzahl von Herausforderungen stehen. Erstens wird wahrscheinlich eine zeitliche Verzögerung eintreten, weil einige für ein neues Wachstum der Bäume nötige Bedingungen, z. B. geeignete Böden, möglicherweise nicht vorhanden sind und sich erst nach einiger Zeit entwickeln. Außerdem ist die trockene Tundramatte keine Oberfläche, in der Samen besonders gut keimen und Pflanzen sich mühelos ansiedeln können. Einige Umweltstörungen, wie Überschwemmungen in den Flutebenen von Flüssen, werden die Baumansiedelung in manchen Gebieten wahrscheinlich erleichtern. Andererseits ist es, beispielsweise in Westsibirien, möglich, dass mit einem feuchteren Klima ein Durchnässen der Bäume und ein darauf folgender Rückzug der Baumgrenze nach Süden einhergeht.

Umweltstörungen wie zum Beispiel Brände und Überschwemmungen können die Baumansiedelung entweder beschleunigen oder aufhalten. Außerdem erzeugen menschliche Aktivitäten Belastungen, welche die Baumansiedelung in den neuen Gebieten verhindern können.

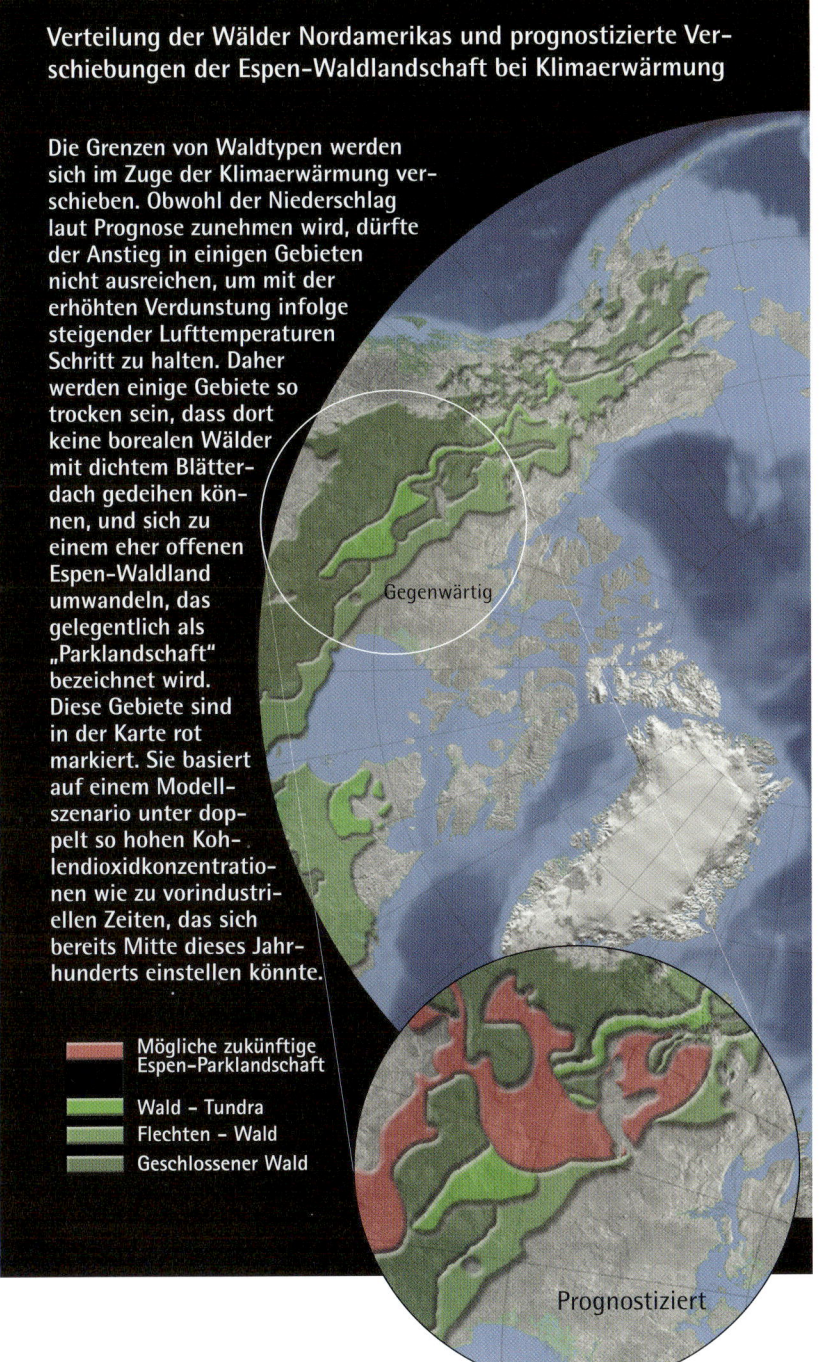

Verteilung der Wälder Nordamerikas und prognostizierte Verschiebungen der Espen-Waldlandschaft bei Klimaerwärmung

Die Grenzen von Waldtypen werden sich im Zuge der Klimaerwärmung verschieben. Obwohl der Niederschlag laut Prognose zunehmen wird, dürfte der Anstieg in einigen Gebieten nicht ausreichen, um mit der erhöhten Verdunstung infolge steigender Lufttemperaturen Schritt zu halten. Daher werden einige Gebiete so trocken sein, dass dort keine borealen Wälder mit dichtem Blätterdach gedeihen können, und sich zu einem eher offenen Espen-Waldland umwandeln, das gelegentlich als „Parklandschaft" bezeichnet wird. Diese Gebiete sind in der Karte rot markiert. Sie basiert auf einem Modellszenario unter doppelt so hohen Kohlendioxidkonzentrationen wie zu vorindustriellen Zeiten, das sich bereits Mitte dieses Jahrhunderts einstellen könnte.

Gegenwärtig

Prognostiziert

- **Mögliche zukünftige Espen-Parklandschaft**
- Wald – Tundra
- Flechten – Wald
- Geschlossener Wald

Verteilung der Waldtypen in Eurasien

Diese Karte der Waldtypen in Eurasien illustriert, wie das Klima die Waldverteilung beeinflusst. Im kälteren Nordteil der Region kommt es – verglichen mit dem Westteil – zu einer Verdrängung von Waldtypen nach Süden. Im Zuge der Klimaerwärmung werden einige derzeit spärlich bewachsene Gebiete voraussichtlich einen dichteren Pflanzenwuchs aufweisen, was positive wie auch negative Folgen für die Region und die Welt hat.

- Wald – Tundra
- Spärlich bewachsene nördl. Taiga
- Mittlere und südliche Taiga
- Spärlich mit Wald und Wiesen bewachsene Gebiete

51

3 Die arktischen Vegetationszonen werden sich sehr wahrscheinlich verschieben.

Manchmal zeigen Ökosysteme kaum einen Wandel – bis sie mit Umweltveränderungen konfrontiert sind, die kritische Schwellen überschreiten, auf die sie sensibel reagieren.

Reaktion der Wälder Sibiriens auf den Klimawandel

Eine Studie, in der die Wälder Sibiriens vom Südrand der zentralasiatischen Steppe (Grasland) bis zur Baumgrenze im Norden untersucht wurden, zeigt auf, wie das Klima das Wachstum der vorherrschenden Baumarten (in diesem Fall Schottische Kiefer und Sibirische Lärche) beeinflussen kann. Im Südteil dieses Gebiets ist Dürre der wichtigste Faktor, der das Baumwachstum begrenzt; kühle, nasse Wachstumsperioden erzeugen das größte Wachstum. Weiter im Norden, im südlichen und mittleren borealen Wald, verringert ein wärmeres Mittsommerwetter das Wachstum, während die Verlängerung der Wachstumsperiode auf einen früheren und späteren Zeitpunkt mit erhöhtem Wachstum einhergeht. Im nördlichen borealen Wald und an der nördlichen Baumgrenze ist das warme Mittsommerwetter der Hauptfaktor, der das Baumwachstum erhöht.

Der Klimawandel könnte zwei unterschiedliche Reaktionsweisen im borealen Wald hervorrufen. Wenn die einschränkenden Umweltfaktoren weiter denen in der jüngsten Vergangenheit ähneln, würde eine einfache lineare Veränderung stattfinden, bei der ein Waldtypus durch seine Nachbarn aus dem Süden ersetzt wird. Manchmal zeigen Ökosysteme jedoch kaum einen Wandel - bis sie mit Umweltveränderungen konfrontiert sind, die kritische Schwellen überschreiten, auf die sie sensibel reagieren. In diesem Fall erzeugt der Klimawechsel neue Arten von Ökosystemen, die im derzeitigen Landschaftsbild nicht vorhanden sind. Rekonstruktionen sehr alter Ökosysteme während vergangener Perioden des Klimawandels, z. B. in der letzten Eiszeit, zeigen solche nichtlinearen Muster der Veränderung. Zu den möglichen nichtlinearen Veränderungen könnte in einigen Regionen ein Rückzug der Baumgrenze nach Süden gehören. In anderen Gebieten könnten Waldbaumarten möglicherweise nicht überleben oder so spärlich wachsen, dass die Tundra direkt an Grasland oder Steppe statt wie heute an den borealen Wald angrenzen würde.

Sibirische Lärche und die Temperatur in der warmen Jahreszeit

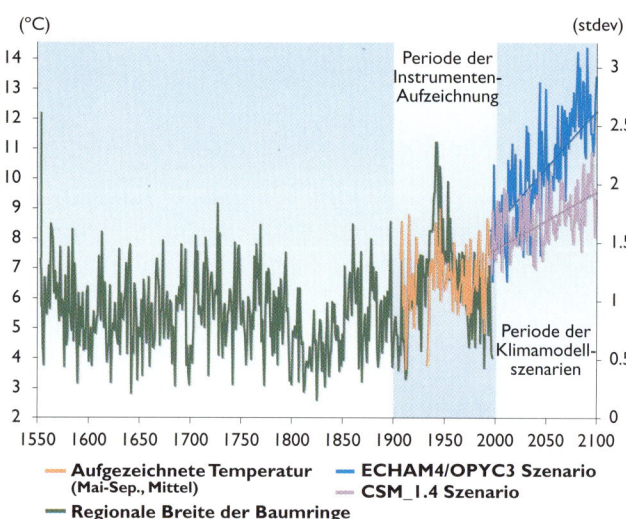

Aufgezeichnete Temperatur (Mai-Sep., Mittel)
ECHAM4/OPYC3 Szenario
CSM_1.4 Szenario
Regionale Breite der Baumringe

Die Grafik zeigt die historische Beziehung zwischen Wachstum der Sibirischen Lärche und Temperatur in der warmen Jahreszeit und zwei zukünftigen Erwärmungsszenarien auf der Taymir-Halbinsel in Russland. Diese Bäume reagieren positiv auf Temperaturerhöhungen. Beim „wärmeren" der beiden obigen Szenarien (ECHAM4/ OPYC3) würde sich die Wachstumsrate ungefähr verdoppeln und aus diesem marginalen Standort einen produktiven Wald machen. (Tatsächlich ist der „Standort" ein Mittelwert, errechnet aus vier Klimastationen auf der Taymir-Halbinsel). Ausgehend vom CSM_1.4-Szenario wären Zeiträume, in denen die Temperatur das Wachstum stark begrenzt, eliminiert.

Reaktion der Weißfichte auf Erwärmung

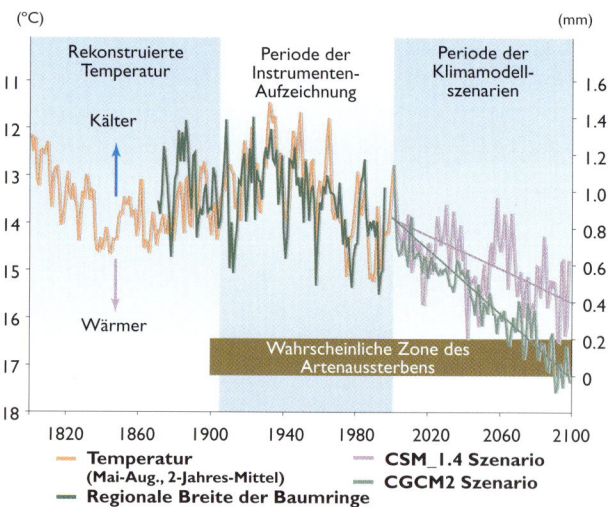

Temperatur (Mai-Aug., 2-Jahres-Mittel)
Regionale Breite der Baumringe
CSM_1.4 Szenario
CGCM2 Szenario

Die Grafik zeigt das historische und prognostizierte Verhältnis zwischen dem Wachstum der Weißfichte und der Sommertemperatur in Zentralalaska. Eine kritische Temperaturschwelle wurde 1950 überschritten, nach der das Wachstum allmählich nachließ. Die Prognose des kanadischen Klimamodells (CGCM2) deutet darauf hin, dass diese Baumart in dieser Region wahrscheinlich bis zum Ende dieses Jahrhundert ausgestorben sein wird.

Kapitel der Studie | Künftiges Klima **4** | Wälder & Landwirtschaft **14**

Die Temperaturschwelle für die Weißfichte

Die Weißfichte (immergrün, Zapfen tragend) ist das verbreitetste boreale Kieferngewächs und die wertvollste Nutzholzart im borealen Wald Nordamerikas. Sie macht zudem den größten Teil des langsam wachsenden Waldes am Rand der Tundra aus. Im trockenen Zentralalaska und in West-Kanada verringern hohe Sommertemperaturen das Wachstum der Weißfichte aufgrund von Dürre. Im Gegensatz hierzu steigt an feuchten Küsten und in unteren Bergregionen das Wachstum der Weißfichte infolge hoher Sommertemperaturen an. Im Rahmen einer Studie wurden an der Baumgrenze in der Alaska Range und der Brooks Range 1500 Weißfichten in trockenen wie in feuchten Gebieten untersucht. Dabei wurde festgestellt, dass 42 % der Bäume bei hohen Sommertemperaturen ein geringeres (negative Reaktion) und 38 % ein stärkeres Wachstum (positive Reaktion) verzeichneten.

Das bedeutsamste Ergebnis der Studie ist die Erkenntnis, dass es eine spezifische Temperaturschwelle gibt, jenseits derer das Wachstum der Bäume mit negativer Reaktion drastisch abnimmt. Wenn die Julitemperatur in einer nahe gelegenen Station über 16° C anstieg, nahm das Wachstum der Bäume mit negativer Reaktion im direkten Verhältnis zur Erwärmung ab. Vor 1950 wurde diese Schwelle nur in wenigen Julimonaten überschritten, weshalb die negative Reaktion schwach ausfiel. Doch seit 1950 lagen die Julitemperaturen häufig darüber, so dass sie sehr stark ausfiel. Verlängerte man dieses beobachtete Muster in die Zukunft, würde ein Anstieg der Julitemperatur um 4° C zu einem Nullwachstum führen, was das Aussterben dieser Bäume an der Baumgrenze zur Folge hätte. (Was die positiv reagierenden Bäume betrifft, so hat sich an den meisten Baumgrenzenstandorten in der Arktis ihre Reaktion auf die Erwärmung im späten 20. Jahrhundert abgeschwächt; in Alaska hat ihr Wachstum allerdings im Zuge der Erwärmung zugenommen.)

Spezifische Temperaturschwellen lösen zudem die Produktion von Zapfen bei der Weißfichte aus, deren „innere Uhr" darauf eingestellt ist, eine große Anzahl von Samen nur dann freizugeben, wenn die Bedingungen für ihre Ansiedelung, im Allgemeinen nach Waldbränden, günstig sind. Durch den Klimawandel hat sich der Zeitpunkt der Brände wie auch der Zapfenproduktion geändert. Hierdurch sind diese Ereignisse nicht mehr eng verbunden, und die Weißfichte kann sich möglicherweise nicht mehr so effizient vermehren.

Die kritische Schwelle von 16° C wird mittlerweile häufig überschritten, wodurch das Wachstum in dieser Weißfichtenpopulation stark abnimmt. Verlängerte man dieses beobachtete Muster bis in die Zukunft, würde ein Anstieg der Sommertemperatur um 4° C das Aussterben dieser Bäume an der Baumgrenze zur Folge haben.

Schwarzfichte, steigende Temperaturen und tauender Permafrost

Die Schwarzfichte bildet mit 55 % den Hauptanteil am borealen Wald in Alaska. Sie hat eine Schlüsselfunktion, weil ihre hohe Absorption der Sonnenenergie die Erwärmung verstärkt und weil sie als leicht entflammbarer Baum eine große Rolle bei der Ausbreitung von Bränden spielt. Obwohl sie ein wichtiger Bestandteil jenes borealen Waldes ist, der sich infolge der Klimaänderung in die Tundra ausbreiten würde, ist sie an Standorten, wo sie derzeit dominiert, in ihrem Fortbestand gefährdet. An trockeneren, von Permafrost beherrschten Standorten im Inneren Alaskas nimmt ihr Wachstum mit zunehmenden Sommertemperaturen ab. Sollte sich die Erwärmung in diesem Jahrhundert im oberen Bereich der Prognose ansiedeln, ist es wegen der dann entstehenden Dürreverhältnisse nicht wahrscheinlich, dass die Schwarzfichte an diesen Standorten überlebt. An anderen Standorten in Alaska wird sie durch hohe Frühjahrstemperaturen negativ beeinflusst, weil die Photosynthese (und somit ein Bedarf an Wasser) einsetzt, während der Boden noch gefroren ist, was Schäden aufgrund des Austrocknens der Nadeln zur Folge hat. Und schließlich: Selbst an jenen Permafroststandorten, wo die Erwärmung in der Vergangenheit die Wachstumsrate der Schwarzfichte erhöht hat, sind die Bäume in Gefahr, weil die Bodenoberfläche aufgrund von Tauvorgängen kollabiert.

Reaktion der Schwarzfichte auf Erwärmung

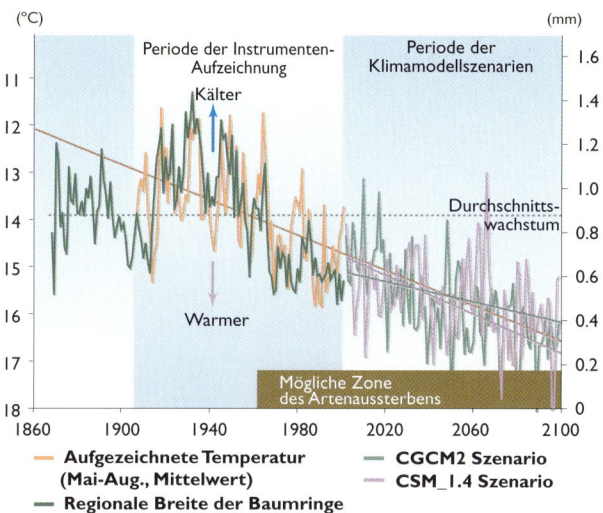

Die Kurve zeigt die Relation zwischen den Sommertemperaturen in Fairbanks, Alaska, und dem relativen Wachstum der Schwarzfichte in der Vergangenheit und für zwei Szenarien der zukünftigen Erwärmung. Die Sommermitteltemperatur ist ein ausgezeichneter Indikator für das Wachstum der Schwarzfichten, wobei warme Jahre ein stark vermindertes Wachstum zur Folge haben. Die in beiden Szenarien prognostizierten Temperaturen würden dazu führen, dass die Art vor 2100 ausgestorben wäre.

3 Die arktischen Vegetationszonen werden sich sehr wahrscheinlich verschieben.

Fichtenborkenkäfer

Schädlingsbefall

Die Klimaerwärmung wird mit nahezu absoluter Wahrscheinlichkeit zu Waldschäden aufgrund von Schädlingsbefall führen. Die zunehmenden Probleme mit Fichtenborkenkäfern und Tannentriebwicklern in der nordamerikanischen Arktis liefern hierfür zwei wichtige Beispiele. Große Gebiete mit Waldschäden bieten eindringenden Arten aus wärmeren Klimaten und/oder nichtheimischen Arten die Gelegenheit, sich anzusiedeln.

Fichtenborkenkäfer

Die Beziehung von Fichtenborkenkäfer und Klima beinhaltet drei Faktoren, darunter zwei direkte Mechanismen zur Regulierung der Insektenpopulationen und einen indirekten Mechanismus zur Regulierung der Baumwiderstandsfähigkeit. Erstens drücken zwei kalte Winter hintereinander die Überlebensquote des Borkenkäfers auf einen derart tiefen Stand, dass im darauf folgenden Sommer kaum die Möglichkeit eines Befalls besteht. Seit Jahrzehnten sind die Winter in der nordamerikanischen Arktis jedoch so abnorm warm, dass dieser Regulierungsmechanismus seit einiger Zeit ausfällt. Zweitens benötigt der Borkenkäfer normalerweise zwei Jahre, um seinen Lebenszyklus zu durchlaufen, doch in abnorm warmen Sommern kann er ihn in einem Jahr beenden, so dass die Population und die daraus folgenden Schäden dramatisch zunehmen. Dieser Fall ist kürzlich in Alaska und Kanada eingetreten.

Befall mit Fichtenborkenkäfern im Yukon-Gebiet, 1994–2002

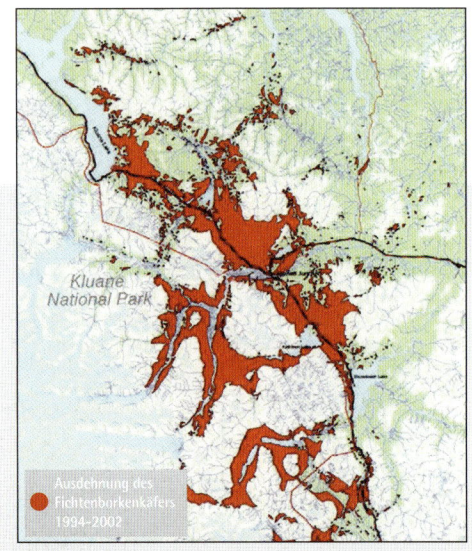

Der Fichtenborkenkäfer hat, seit 1994 erstmals ein Befall festgestellt wurde, im Alsek River-Korridor im Kluane National Park und im Shakwak Valley nördlich von Haines Junction ca. 300 000 Hektar Bäume vernichtet. Es handelt sich um den größten und heftigsten Befall mit Fichtenborkenkäfern, der jemals kanadische Bäume geschädigt hat. Es ist zudem der nördlichste Befall, den es je in Kanada gegeben hat. 2002 war er besonders intensiv, als Luftbilder einen Anstieg der Ausdehnung der befallenen Gebiete um 300 % wie auch eine Zunahme im Schweregrad aufzeichneten.

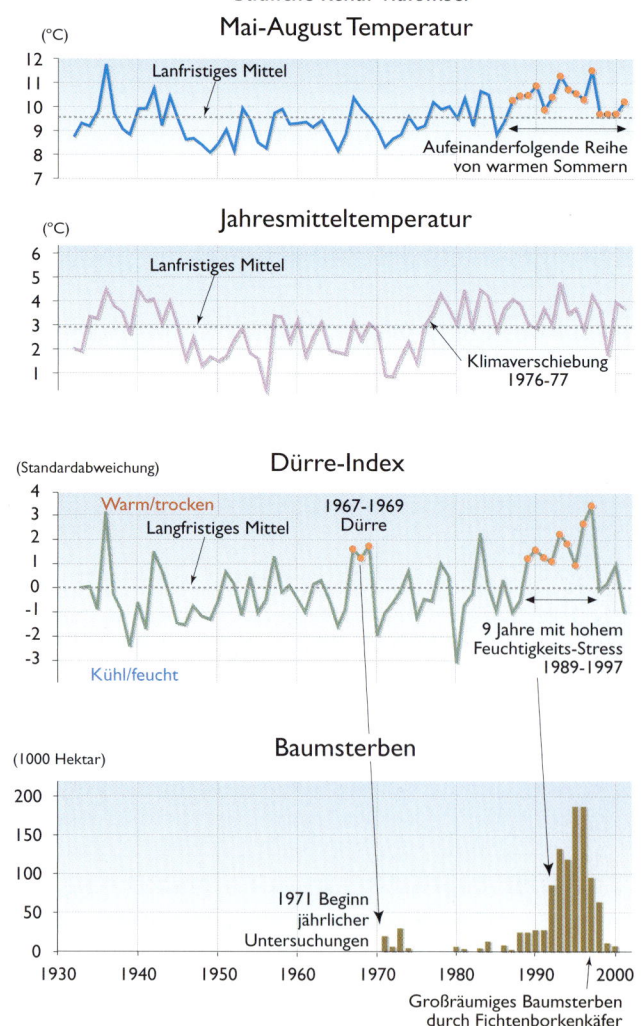

Befall mit Fichtenborkenkäfer
Südliche Kenai-Halbinsel
Mai-August Temperatur

Jahresmitteltemperatur

Dürre-Index

Baumsterben

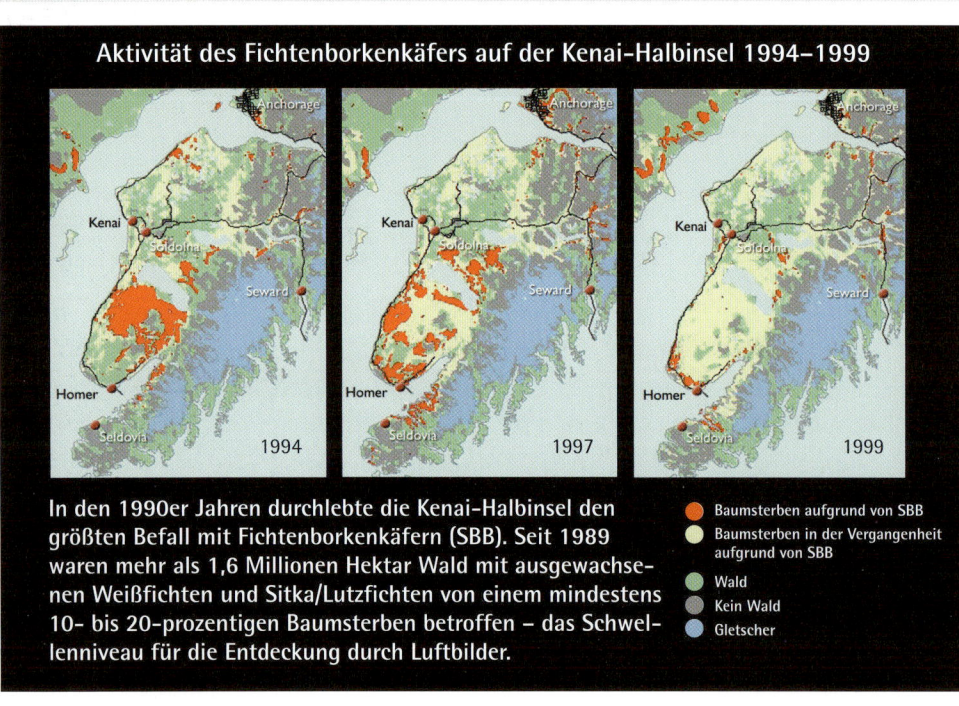

Aktivität des Fichtenborkenkäfers auf der Kenai-Halbinsel 1994–1999

In den 1990er Jahren durchlebte die Kenai-Halbinsel den größten Befall mit Fichtenborkenkäfern (SBB). Seit 1989 waren mehr als 1,6 Millionen Hektar Wald mit ausgewachsenen Weißfichten und Sitka/Lutzfichten von einem mindestens 10- bis 20-prozentigen Baumsterben betroffen – das Schwellenniveau für die Entdeckung durch Luftbilder.

Kapitel der Studie

Klima damals & heute	Wälder & Landwirtschaft
2	14

Darüber hinaus können gesunde Fichten erfolgreich einer gemäßigten Anzahl von Käferattacken trotzen, indem sie mit Hilfe ihres Harzes die weiblichen Käfer zurückdrängen, die sich zur Eiablage in sie hineinzubohren versuchen; die Käfer sind im Allgemeinen nicht in der Lage, den Harzfluss zu überwinden. Wirtsbäume unter Stress aufgrund von Hitze und Dürre haben jedoch verringerte Wachstumsreserven, was zu einer geringeren Menge und einem geringeren Druck des Harzes und somit zu einer reduzierten Widerstandstandsfähigkeit gegen Käferattacken führt. Wenn ganze Baumpopulationen durch regionale klimabedingte Ereignisse belastet werden, so wie kürzlich in Alaska und Teilen Kanadas geschehen, vermehrt sich der Borkenkäfer sehr stark, und es kommt zu großen Baumschäden und -verlusten.

Tannentriebwickler

Die Verbreitung des Tannentriebwicklers wird entscheidend vom Wetter bestimmt. Im Allgemeinen folgt einer Dürre ein plötzlicher steiler Anstieg der Anzahl von Tannentriebwicklern, wobei sich die Auswirkungen dieses Befalls dann nach heißen, trockenen Sommern zeigen. Dürre belastet die Bäume und schwächt ihre Widerstandskraft, und bei erhöhten Sommertemperaturen nimmt die Vermehrung des Tannentriebwicklers zu. So legen weibliche Tannentriebwickler bei 25° C fünfzig Prozent mehr Eier als bei 15° C. Zudem können höhere Temperaturen und Dürreperioden den Zeitpunkt der Fortpflanzung der Tannentriebwickler so verschieben, dass ihre natürlichen Feinde die Population nicht mehr wirksam begrenzen können. Umgekehrt kann kalte Witterung einen Befall mit Tannentriebwicklern stoppen. Diese verhungern, wenn Frost im späten Frühling das Wachstum der jungen Triebe zerstört, von denen sich die Larven ernähren.

Deshalb ist zu erwarten, dass die Klimaerwärmung zur Wanderung des Tannentriebwicklers nach Norden führt, und dies ist bereits geschehen. Offenbar waren vor 1990 Tannentriebwickler nicht imstande, sich im borealen Wald Zentralalaskas zu vermehren. Dann, 1990, nach einer Reihe warmer Sommer, kam es zu einem plötzlichen und steilen Anstieg der Anzahl von Tannentriebwicklern, so dass sich über Zehntausende Hektar sichtbare Schäden am Dach des Weißfichtenwalds ausbreiteten. Seither haben Populationen von Tannentriebwicklern in diesem Gebiet nahe dem Polarkreis überlebt. Das gesamte Verbreitungsgebiet der Weißfichtenwälder in Nordamerika gilt unter den Bedingungen des prognostizierten Klimawandels als anfällig für den Befall mit Tannentriebwicklern. Im Nordwesten Kanadas liegt beispielsweise die Nordgrenze des derzeitigen Befalls mit Tannentriebwicklern etwa 400 Kilometer südlich der Nordgrenze ihres Wirtsbaums, der Weißfichte. Deshalb kann es durchaus geschehen, dass sich der Tannentriebwickler nach Norden ausbreitet und dieses verbleibende 400 Kilometer breite Band von derzeit nicht betroffenem Weißfichtenwald befällt.

Tannentriebwickler

Tannentriebwickler-Befall in Kanada

3 Die arktischen Vegetationszonen werden sich sehr wahrscheinlich verschieben.

Waldbrände

Ein weiterer wichtiger Störfaktor im borealen Wald sind Brände, die das Ökosystem großflächig schädigen. Das Waldbrandgebiet im westlichen Nordamerika hat sich in den vergangenen dreißig Jahren verdoppelt, und diese Fläche wird unter der prognostizierten Klimaerwärmung in den kommenden 100 Jahren um bis zu 80 % zunehmen. Modellberechungen über Waldbrände in Teilen Sibiriens deuten darauf hin, dass ein Sprung in der Sommertemperatur von 9,8° C auf 15,3° C die Anzahl der Jahre verdoppeln würde, in denen es zu schweren Bränden kommt, dass das jährliche Waldbrandgebiet um fast 150 % zunehmen und der mittlere Holzbestand um 10 % abnehmen würde.

Waldbrände in eurasischen Wäldern

Die Fläche der borealen Wälder, die jährlich in Russland brennt, betrug in den vergangenen drei Jahrzehnten im Durchschnitt vier Millionen Hektar, und sie hat sich in den 1990er Jahren mehr als verdoppelt. Käme es zu einer weiteren Klimaerwärmung, würde die Waldbrandsaison früher einsetzen und länger anhalten. Bei den prognostizierten Klimaänderungen würde sich das Gebiet, in denen die Wetterverhältnisse eine extreme Brandgefahr darstellen, stark vergrößern und die Ausbreitung von Bränden in den borealen Wäldern Eurasiens stark zunehmen. Zudem würden Brände voraussichtlich in all jenen Ökosystemen, darunter sumpfige Wälder und Moorsümpfe, häufiger und mit größerer Intensität auftreten, die sehr große Mengen kohlenstoffhaltiger Waldmaterialien, z. B. Moos, Holz und Blätter, enthalten. Laut Prognose wird jährlich etwa eine Milliarde Tonnen dieser organischen Substanzen brennen, so dass mehr Kohlenstoff in die Atmosphäre ausgestoßen würde. Einigen Szenarien zufolge werden Brände in einigen Regionen allerdings wahrscheinlich häufiger und in anderen weniger häufig auftreten. Dies wirkt sich zwar stark auf einzelne Gebiete aus, ändert aber wenig an der Gesamtmenge der Brände.

Rund vier Millionen Hektar borealer Waldfläche in Russland haben in den vergangenen drei Jahrzehnten jährlich gebrannt, und diese Fläche hat sich in den 1990er Jahren mehr als verdoppelt.

Borealer Wald, der in Nordamerika abgebrannt ist

(Millionen Hektar)

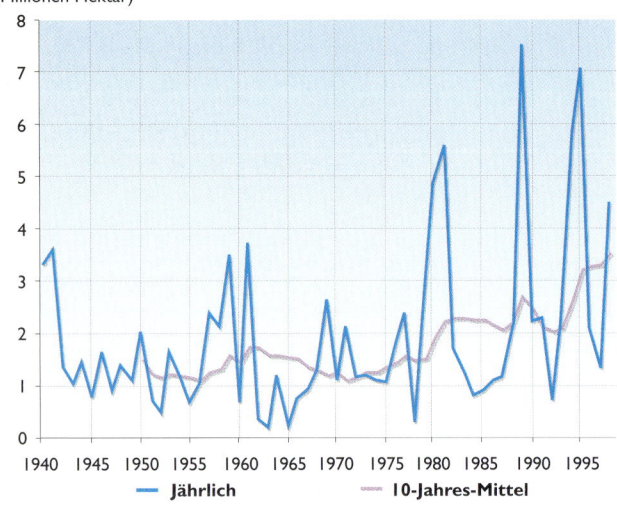

Die Grafik zeigt das nordarktische boreale Waldbrandgebiet in Millionen Hektar. Die Fläche, die im Mittel seit 1970 gebrannt hat, hat sich mehr als verdoppelt, was mit der Klimaerwärmung in der Region zusammenfällt.

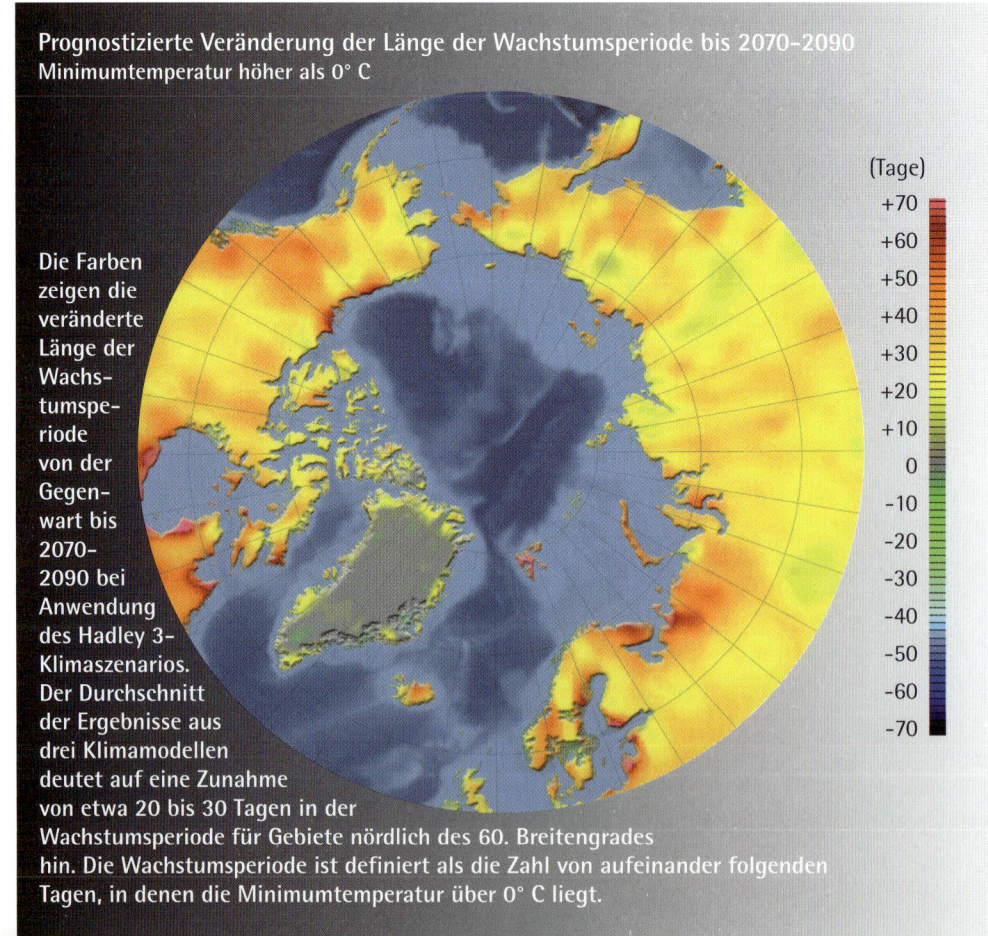

Prognostizierte Veränderung der Länge der Wachstumsperiode bis 2070–2090
Minimumtemperatur höher als 0° C

Die Farben zeigen die veränderte Länge der Wachstumsperiode von der Gegenwart bis 2070–2090 bei Anwendung des Hadley 3-Klimaszenarios. Der Durchschnitt der Ergebnisse aus drei Klimamodellen deutet auf eine Zunahme von etwa 20 bis 30 Tagen in der Wachstumsperiode für Gebiete nördlich des 60. Breitengrades hin. Die Wachstumsperiode ist definiert als die Zahl von aufeinander folgenden Tagen, in denen die Minimumtemperatur über 0° C liegt.

Kapitel der Studie

Künftiges Klima 4

Wälder & Landwirtschaft 14

Die Landwirtschaft wird wahrscheinlich mehr Möglichkeiten haben

Die arktische Landwirtschaft ist, global gesehen, relativ unbedeutend, auch wenn einige Anrainer-Staaten wie zum Beispiel Island mehr als genug Fleisch und Milchprodukte erzeugen, um ihre Bevölkerungen zu ernähren. Im Norden werden überwiegend Winter-Futterpflanzen, Winter-Gemüse, und kleine Getreidesorten angebaut, Rinder, Schafe, Schweine und Geflügel gezüchtet sowie Rentiere in Herden gehalten. Die landwirtschaftlichen Möglichkeiten sind zwar durch das Klima eingeschränkt, vor allem in den kühleren Regionen, doch werden sie auch durch mangelnde Infrastruktur, eine geringe Bevölkerungsdichte, große Entfernungen zu den Märkten sowie strittige Fragen bezüglich des Landbesitzes begrenzt. Zu den klimabedingten Einschränkungen gehören kurze Wachstumsperioden (nicht genügend Zeit zum Reifen der Feldfrüchte bzw. zum Anbau erntefähiger Feldfrüchte in großer Menge), mangelnde Wärmeenergie (die Tage sind während der Wachstumsphase nicht lang genug), lange, kalte Winter, die das Überleben vieler mehrjähriger Pflanzen gefährden können, sowie in manchen Regionen Feuchtigkeits-Stress.

Mit der prognostizierten Klimaänderung wird sich die kommerzielle Feldfruchterzeugung im Laufe dieses Jahrhunderts nach Norden verschieben. Dadurch wird man einige Feldfrüchte, die sich derzeit nur für die wärmeren Gegenden der borealen Region eignen, bis hinauf in den hohen Norden innerhalb des Polarkreises anbauen können. Die Jahresdurchschnittsernte wird potenziell steigen, da das Klima für ertragreichere Sorten geeignet sein wird und die Wahrscheinlichkeit, dass niedrige Temperaturen das Wachstum verringern, abnimmt. In wärmeren Gebieten können höhere Temperaturen während der Wachstumsperiode jedoch zu einem leichten Rückgang der Ernten führen, weil sie die Entwicklung beschleunigen und den Pflanzen damit weniger Zeit zur Ansammlung von Trockenmasse bleibt. Längere und wärmere Wachstumsperioden werden voraussichtlich die Anzahl möglicher Ernten und somit die saisonalen Ernteerträge aus mehrjährigen Futterpflanzen steigern.

Mit der prognostizierten Klimaerwärmung wird sich die kommerzielle Feldfruchterzeugung im Laufe dieses Jahrhunderts nach Norden verschieben.

Die Unsicherheit hinsichtlich der Klimaverhältnisse im Winter macht Prognosen über das Überlebenspotenzial von Feldfrüchten schwierig. Durch wärmere Winter könnte sogar die Überlebensrate einiger mehrjähriger Pflanzen abnehmen, falls im Winter Tauperioden, gefolgt von kalter Witterung, auftreten. Dies würde vor allem Gebiete mit geringem Schneefall betreffen. Durch längere Wachstumsperioden, insbesondere im Herbst, sollten sich allerdings Umweltbedingungen nach Norden ausbreiten, unter denen sich Feldfrüchte wie Alfalfa und Gerste anbauen lassen.

Die Unterversorgung mit Wasser wird im kommenden Jahrhundert in den meisten borealen Regionen wahrscheinlich zunehmen, weil der erhöhte Niederschlag in der warmen Jahreszeit vermutlich nicht mit der gestiegenen Verdunstung aufgrund höherer Temperaturen Schritt halten kann. Nur wenn Bewässerungsmethoden zum Einsatz kommen, wird sich vermeiden lassen, dass der Wasser-Stress die Feldfruchternten schädigt. Zudem wird die begrenzte Wasserversorgung in weiten Teilen der Region für viele Feldfrüchte wahrscheinlich mehr Bedeutung erlangen als die Einschränkungen infolge höherer Temperaturen. Zu den Gebieten, die wahrscheinlich nicht an Wassermangel leiden werden, gehören Ostkanada, Westskandinavien, Island und die Färöer Inseln, die alle ein recht mildes Meeresklima aufweisen.

Die Anzahl von Insekten, Pflanzenkrankheiten und Unkräutern wird im Zuge der Klimaerwärmung wahrscheinlich in der ganzen Arktis zunehmen, auch wenn dieses Problem häufig die möglichen Erntesteigerungen oder das Potenzial für den Anbau neuer Feldfrüchte nicht überwiegt. Schwere Epidemien könnten jedoch diese Möglichkeiten beschneiden. So deuten Untersuchungen darauf hin, dass durch die Klimaerwärmung in Finnland das Auftreten der Kartoffelfäule so stark zunehmen wird, dass die Kartoffelernten hier deutlich geringer ausfallen.

Mangelnde Infrastruktur, geringe Bevölkerungsdichte (begrenzte lokale Märkte) und weite Entfernungen zu den überregionalen Märkten werden wahrscheinlich weitere wichtige Faktoren sein, die die Landwirtschaft in der Arktis in diesem Jahrhundert begrenzen.

(4) Vielfalt und Verbreitungsgebiete von Tierarten werden sich verändern.

Die Arktis ist die Heimat von Tierarten, die auf der ganzen Welt wegen ihrer Kraft, ihrer Schönheit und der Fähigkeit, in der rauen nördlichen Umwelt zu überleben, bewundert werden. Landsäugetiere wie Karibus/Rentiere und Eisbären sowie viele Fisch- und Robbenarten sind zudem ein wesentlicher Teil der Volkswirtschaft, der Ernährung und der Kultur der arktischen Völker. Die Folgen des Klimawandels für die arktische Fauna werden Naturschutz-Bemühungen ebenso betreffen wie die Jagd auf wild lebende Land- und Meerestiere.

In der marinen Umwelt

Mehr als die Hälfte der Arktis besteht aus Ozean. Viele arktische Lebensformen sind auf die Produktivität des Meeres angewiesen, die stark klimaabhängig ist. So hatte der klimabedingte Zusammenbruch des Lodden-Bestandes in der Barentssee 1987 für die in diesem Gebiet brütenden Seevögel verheerende Folgen. Und den Jahren mit wenig oder gar keinem Eis im St.-Lawrence-Golf in Kanada (1967, 1981, 2000, 2001, 2002) folgten Jahre, in denen praktisch keine Robbenbabys überlebten, während die Anzahl in anderen Jahren in die Hunderttausende ging.

Es ist unwahrscheinlich, dass Eisbären als Art überleben, sollte es zum fast vollständigen Verlust der sommerlichen Meereisdecke kommen.

Eisbären

Eisbären sind vom Meereis abhängig, wo sie auf dem Eis lebende Robben jagen und Eiskorridore dazu nutzen, um von einem Gebiet zum anderen zu ziehen. Die trächtigen Weibchen bauen ihre Winterhöhlen in Gebieten mit dicker Schneedecke auf Land- oder Meereis. Wenn sie im Frühling mit ihrem Nachwuchs aus ihren Höhlen kommen, haben die Mütter fünf oder sieben Monate lang nichts gefressen. Ihr Erfolg bei der Robbenjagd, der von guten Eisverhältnissen im Frühling abhängt, ist für das Überleben der Familie wesentlich. Veränderungen der Fläche und der Festigkeit des Eises sind deshalb von entscheidender Bedeutung. Daher wird der beobachtete und prognostizierte Rückgang des Meereises sehr wahrscheinlich katastrophale Folgen für die Eisbären haben.

Die Folgen der Erwärmung werden sich voraussichtlich zunächst an den Südgrenzen ihres Verbreitungsgebietes, z. B. der James und der Hudson Bay in Kanada, zeigen; für die vergangenen Jahre sind solche Auswirkungen bereits dokumentiert. Die körperliche Verfassung der erwachsenen Eisbären hat sich in den letzten beiden Jahrzehnten im Gebiet der Hudson Bay verschlechtert, wie auch die Anzahl der Lebendgeburten und der Anteil der einjährigen Jungen in der Population zurückgegangen ist. Sowohl das Durchschnittsgewicht als auch die Anzahl der Jungen, die zwischen 1981 und 1998 geboren wurden, haben um 15 % abgenommen. Durch die spätere Bildung des Meereises im Herbst und das frühere Aufbrechen im Frühling müssen die Eisbärinnen, deren Fortpflanzungserfolg eng verknüpft ist mit ihren Fettreserven, länger fasten. Weibchen in schlechtem körperlichem Zustand haben kleinere Würfe und kleinere Junge, deren Überlebenschance eher gering ist. Mit der Klimaänderung wird die Sterblichkeitsrate der Bären wahrscheinlich auch direkt steigen. So hat die erhöhte Häufigkeit und Intensität der Frühjahrsregenfälle schon heute zur Folge, dass Wurfhöhlen einstürzen, was zum Tod der Weibchen und Jungen führt. Das frühere Aufbrechen des Eises im Frühjahr könnte die traditionellen Standorte der Höhlen von den Frühjahrsfutterplätzen trennen, und die Jungen können die großen Strecken von den Höhlen zu den Futterplätzen nicht schwimmend zurücklegen.

Es ist unwahrscheinlich, dass Eisbären als Art überleben, sollte es zum vollständigen Verlust der sommerlichen Meereisdecke kommen, der noch vor Ende dieses Jahrhunderts eintreten könnte. Damit bleibt den Eisbären wohl nur eine erkennbare Option, nämlich dass sie sich im Sommer einem Leben an Land anpassen; doch würden die Konkurrenz, die Gefahr der Kreuzung mit Braun- und Grizzlybären und der vermehrte Kontakt mit dem Menschen ihr Überleben zusätzlich bedrohen. Der Verlust der Eisbären wird für die Ökosysteme, in denen sie gegenwärtig leben, wahrscheinlich gravierende und schnell einsetzende Folgen haben.

Kapitel der Studie | Marine Systeme 9 | Tier- u. Pflanzen-Management 11

Vom Eis abhängige Robben

Eisabhängige Robben, darunter Ringelrobbe, Bandrobbe und Bartrobbe, sind besonders anfällig für die beobachteten und prognostizierten Verminderungen des arktischen Meereises, weil sie ihre Jungen auf dem Eis zur Welt bringen, aufziehen und es als Ruheplattform nutzen. Zudem gehen sie am Eisrand und unter dem Eis auf Futtersuche. Die wahrscheinlich am stärksten betroffene Seehundart wird die Ringelrobbe sein, weil ihre Lebensweise in allen Aspekten mit dem Meereis eng verknüpft ist. Ringelrobben benötigen eine ausreichende Schneedecke, um Höhlen zu bauen, und das Meereis muss im Frühjahr genügend fest sein, damit sie ihre Jungen erfolgreich aufziehen können. Ein früheres Aufbrechen des Eises könnte zu einer vorzeitigen Trennung von Müttern und Jungen und zu einer höheren Sterblichkeitsrate unter den Neugeborenen führen.

Es scheint äußerst unwahrscheinlich, dass sich die Ringelrobben dem Leben auf dem Land anpassen können, wenn im Sommer kein Meereis vorhanden ist, da sie selten, wenn überhaupt, an Land gehen. Täten sie das, um sich auszuruhen, würde dies eine dramatische Verhaltensänderung bedeuten. Brächten sie ihre Jungen an Land zur Welt, würde das die Neugeborenen einem hohen Risiko aussetzen, von Raubtieren getötet zu werden. Zu den anderen eisabhängigen Robbenarten, die wahrscheinlich unter dem Rückgang des Meereises leiden werden, gehören Seerobben, die sich ausschließlich im Frühjahr am Eisrand im Beringmeer paaren, sowie Sattelrobben, die das ganze Jahr in enger Verbindung mit dem Meereis leben. Anders als diese Robben, deren Lebensweise eng mit dem Eis verbunden ist, gehören der Gemeine Seehund und die Kegelrobbe den eher mäßig warmen Zonen mit genügend großen Nischen an, so dass sie ihre Verbreitungsgebiete in einer Arktis mit geringerer Eisbedeckung wahrscheinlich ausdehnen können.

Seevögel

Für einige Seevögel wie zum Beispiel Elfenbeinmöwen und Krabbentaucher werden sich der Rückgang des Meereises und die nachfolgenden Veränderungen negativ auswirken. Elfenbeinmöwen sind den größten Teil ihres Lebens mit dem Meereis eng verbunden, sie nisten und brüten auf Felsklippen, die Schutz vor Räubern bieten, und fliegen zum nahe gelegenen Meereis, um durch Spalten im Eis zu fischen und auf dem Eis nach Aas zu suchen. Der immer weitere Rückzug des Meereises von geeigneten Niststandorten an der Küste wird sehr wahrscheinlich gravierende Folgen haben. In den Populationen von Elfenbeinmöwen wurden bereits bedeutende Rückgänge beobachtet, darunter eine Verringerung um 90 % in Kanada in den vergangenen 20 Jahren.

Das Walross und der Eisrand

Der Eisrand ist ein äußerst produktives Gebiet, das sehr sensibel auf Klimaveränderungen reagiert. Die produktivsten Zonen liegen nahe den Küsten, über den Kontinentalschelfen. Mit dem Zurückweichen des Meereises weit weg von den Küstenlinien wird das marine System einige seiner produktivsten Areale verlieren. Für Walrosse bietet der Eisrand ideale Bedingungen zur Aufzucht der Jungen und zur Nahrungssuche, weil sie sich von Muscheln und Schnecken ernähren, die sie am Boden der Kontinentalschelfe aufspüren. Wenn sich der Eisrand von den Schelfen in tiefere Gewässer zurückzieht, werden die Walrosse keine Muscheln mehr in der Nähe finden. Zudem legen sie normalerweise lange Strecken auf dem Treibeis zurück, was ihnen gestattet, in einem großen Gebiet auf Nahrungssuche zu gehen.

4 Vielfalt und Verbreitungsgebiete von Tierarten werden sich verändern.

Probeentnahme von Meereisalgen durch einen Taucher am Cape Evans. Die Eis-Unterseite ist durch Algen braun verfärbt. Solekanäle, die entstehen, wenn das Eis schmilzt, bilden Eiszapfen, die in der Wassersäule hängen und dann stark von Eis-Algen besiedelt werden.

Forschungen in der Beaufortsee zufolge könnten die in der marinen Nahrungskette ganz unten stehenden Eisalgen durch die Erwärmung in den vergangenen Jahrzehnten möglicherweise bereits hochgradig geschädigt sein.

Eisalgen und das damit verbundene Nahrungsnetz

Der enorme Rückgang des mehrjährigen Eises im Nordpolarmeer wird sich wahrscheinlich äußerst schädigend auf jene mikroskopischen Lebensformen auswirken, die mit dem Eis verbunden sind. Forschungen in der Beaufortsee zufolge könnten die in der marinen Nahrungskette ganz unten stehenden Eisalgen durch die Erwärmung in den vergangenen Jahrzehnten möglicherweise bereits hochgradig geschädigt sein. Die Ergebnisse zeigen, dass die größeren Meeresalgen, die an diesem Standort unter dem Eis leben, zwischen den 1970er und den späten 1990er Jahren zum großen Teil ausgestorben sind und durch weniger produktive, eher mit Süßwasser verbundene Algenarten ersetzt wurden. Nach Aussage von Forschern hängt dies wahrscheinlich damit zusammen, dass sich durch die Schmelze eine 30 Meter dicke Schicht relativ süßen Wassers unter dem verbleibenden Eis gebildet hat; diese Schicht ist ein Drittel dicker als noch vor 20 Jahren. Zu den Gebieten, die von solchen Veränderungen wahrscheinlich am schwersten betroffen sein werden, gehören das Beringmeer und die Hudson Bay in der Süd-Arktis, wo das Meereis im Frühling bereits eher verschwindet und sich im Herbst später bildet. Im Zuge der fortschreitenden Erwärmung der Arktis wird das Eis auch im Frühjahr über den Gebieten des Kontinentalschelfs rasch schmelzen und sich in Richtung des tiefen Ozeans in der Zentralarktis zurückziehen.

Zusätzliche klimabedingte Bedrohungen für marine Arten

Die Klimaänderung stellt für die arktischen Meeressäuger und einige Seevögel Gefahren dar, die über den Verlust des Lebensraums und der Nahrungsgrundlage hinausgehen. Zu ihnen gehören ein zunehmendes Erkrankungsrisiko aufgrund wärmerer Klimaverhältnisse, die Auswirkungen einer erhöhten Umweltverschmutzung, da höhere Niederschläge vermehrt atmosphärische und auf dem Wasserwege beförderte Umweltgifte nordwärts führen, stärkere Konkurrenz, weil sich Arten aus gemäßigten Zonen nach Norden ausbreiten, sowie die Folgen eines erhöhten Verkehrsaufkommens in zuvor unzugänglichen Gebieten.

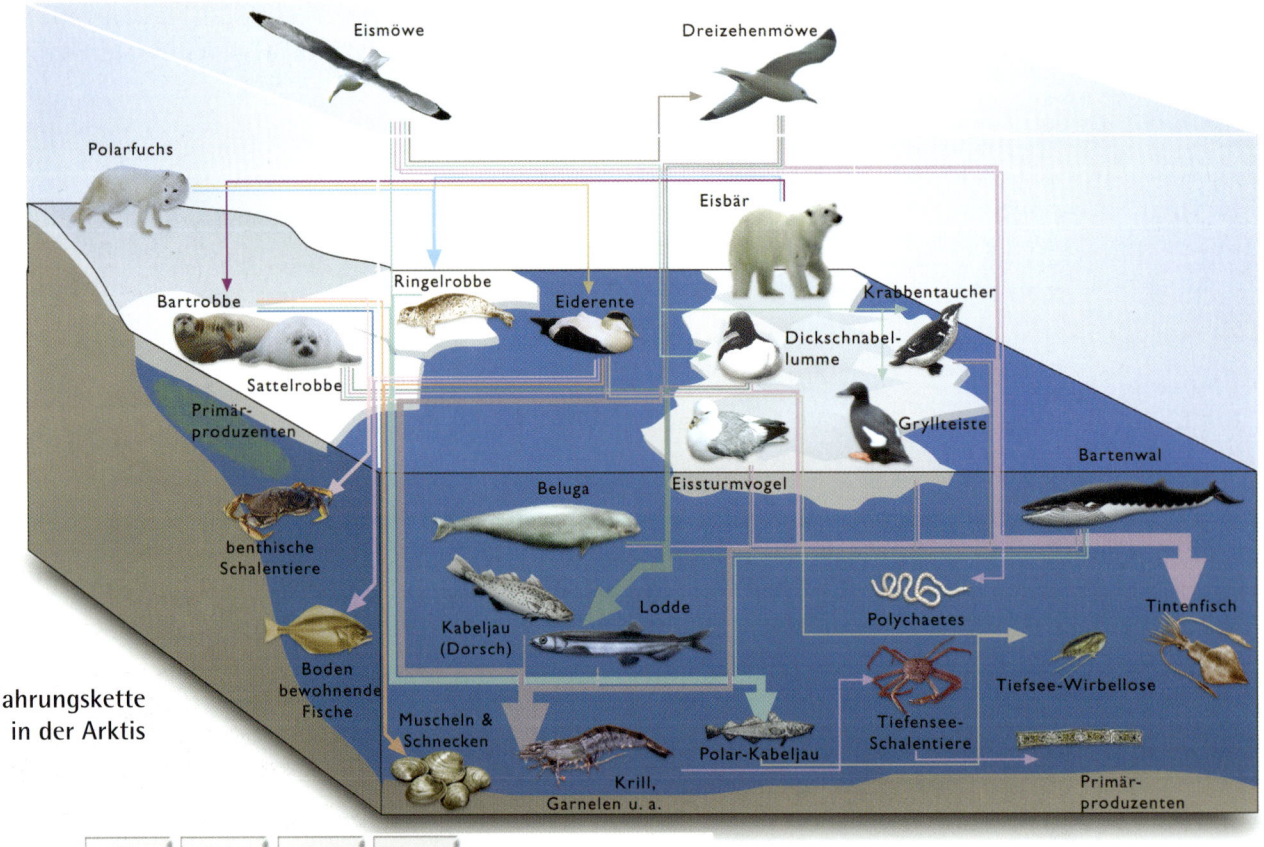

Marine Nahrungskette in der Arktis

Kapitel der Studie

Sicht der Ureinwohner	Marine Systeme	Jagd, Herdenhaltung & Fischfang	Klimawandel
3	9	12	17

Das Zusammenwirken von Chemikalien und Klima schädigt die Eisbären

Die zunehmenden umweltbedingten Belastungen für Eisbären infolge des Klimawandels und die durch chemische Schadstoffe verursachten Stressfaktoren wirken aufeinander ein. Eisbären, die an der Spitze der marinen Nahrungskette stehen, sammeln Umweltgifte in ihrem Körperfett an, indem sie Ringelrobben und andere Meeressäuger fressen, die ihrerseits die Chemikalien in sich aufnehmen, indem sie kontaminierte Arten fressen, die in der Nahrungskette tiefer stehen. In Eisbären wurden hohe Konzentrationen von chlorierten Verbindungen und Schwermetallen gefunden. In manchen Fällen können die Schadstoffe im Körperfett gespeichert werden, was verhindert, dass die Substanzen der Gesundheit der Bären schaden, sofern ihre Fettreserven hoch sind. Doch bei Nahrungsmangel, wenn die Fettreserven aufgebraucht werden müssen, werden die Chemikalien in den Körper freigesetzt. In einigen Gebieten der Arktis wurde beobachtet, dass Eisbären in den vergangenen Jahrzehnten über geringere Fettreserven verfügen, weil das Meereis immer früher aufbricht, so dass die Eisbären an Land bleiben und über zunehmend längere Zeiträume fasten müssen.

Klimatische und soziale Veränderungen schädigen die marinen Jäger

Viele arktische Gemeinschaften sind von der Jagd auf Eisbären, Walrosse, Robben, Wale, Seevögel und andere Meerestiere abhängig. Der Wandel in den Verbreitungsgebieten und in der Verfügbarkeit der Arten sowie der Umstand, dass sie bei veränderten Eisbedingungen nicht mehr mühelos reisen können, geben den Menschen das Gefühl, Fremde im eigenen Land zu sein. Zudem sind sie durch manche Veränderungen ihrer Kultur anfälliger für den klimabedingten Wandel geworden. So sind in den letzten Jahrzehnten viele Inuit-Jäger von Hundeschlitten auf Schneemobile umgestiegen, doch während die Hunde gefährliche Eisverhältnisse wittern können, sind Motorschlitten dazu natürlich nicht imstande. (Andererseits gestatten diese die Jagd in größeren Gebieten und die Beförderung schwererer Lasten). Außerdem sind die Menschen nicht mehr Nomaden, die den jahreszeitlich bedingten Wanderungsbewegungen der Tiere folgen. Und da die Bevölkerung heute in festen Siedlungen lebt, hat auch ihre Fähigkeit, sich wandelnden klimatischen Bedingungen und/oder der Verfügbarkeit der Tiere durch Umherziehen anzupassen, sehr stark gelitten.

4 Vielfalt und Verbreitungsgebiete von Tierarten werden sich verändern.

Meeresfischerei

Der Meeresfischerei der Arktis stellt eine wichtige Nahrungsquelle für die Welt und einen lebenswichtigen Teil der regionalen Wirtschaft dar. Weil der Meeresfischfang weitgehend von Faktoren wie lokalen Wetterverhältnissen, Dynamik von Ökosystemen und Management-Entscheidungen geprägt wird, ist eine Prognose über die Folgen des Klimawandels in diesem Bereich problematisch. Es kann durchaus sein, dass der Klimawandel in einigen Gebieten größere Verschiebungen im Ökosystem auslöst, die zu radikalen Änderungen in der Zusammensetzung der Arten führen, und das mit unbekannten Konsequenzen. Abgesehen von derartigen Veränderungen wird eine mäßige Erwärmung die Lebensbedingungen für einige wichtige Fischbestände, wie Kabeljau und Hering, wahrscheinlich verbessern, da höhere Temperaturen und eine reduzierte Eisdecke unter Umständen die Fruchtbarkeit ihrer Beute steigern und den Lebensraum vergrößern könnten.

Grönländischer Kabeljau und das Klima

Zwar werden einige Arten, wie der Kabeljau, von den prognostizierten Bedingungen wahrscheinlich profitieren, doch andere, wie die Eismeer-Garnele, dürften Schaden nehmen, worauf sich die Fischereiindustrie einstellen muss.

Ein schlagendes Beispiel für eine positive klimabedingte Auswirkung liefert der westgrönländische Kabeljau. Unter den sehr kalten Bedingungen zwischen ca. 1900 und 1920 gab es um Grönland sehr wenig Kabeljau. 1922 und 1924 laichten die Kabeljaus in großer Zahl in isländischen Gewässern und trieben von Island nach Ostgrönland und dann weiter nach Westgrönland. Dort gediehen sie gut, was Mitte bis Ende der 1920er Jahre zur Entstehung einer bedeutenden Fischerei führte. Diese Kabeljaus kehrten Anfang der 1930er Jahre in großer Zahl zum Laichen nach Island zurück und verblieben dann dort. Doch viele andere Kabeljaus blieben zurück und laichten vor Westgrönland, so dass sich hier ein unabhängiger, autarker Bestand entwickelte. In dem warmen Zeitraum, der sich bis in die Mitte des 20. Jahrhunderts erstreckte, nahm der grönländische Kabeljau-Bestand sehr stark zu, wobei zwischen 1951 und 1970 eine jährliche mittlere Fangmenge von rund 315 000 Tonnen aufrechterhalten werden konnte. Die kälteren Verhältnisse, die seit etwa 1965 vorherrschen, haben offenbar die Fortpflanzung des Kabeljaus in grönländischen Gewässern verhindert. Die einzigen bedeutenden Fangmengen gründen auf Fischen, die 1973 und 1983 in isländischen Gewässern geboren wurden und von Island nach Grönland trieben.

Zwar werden einige Arten wie der Kabeljau von den prognostizierten Bedingungen wahrscheinlich profitieren, doch andere, wie die Eismeeer-Garnele, dürften Schaden nehmen, worauf sich die kommerzielle Fischereiindustrie einstellen muss. Das Gebiet, das einige arktische Arten, darunter die Eismeer-Garnele, bewohnen, wird wahrscheinlich schrumpfen, und

Beobachtete und prognostizierte Erträge

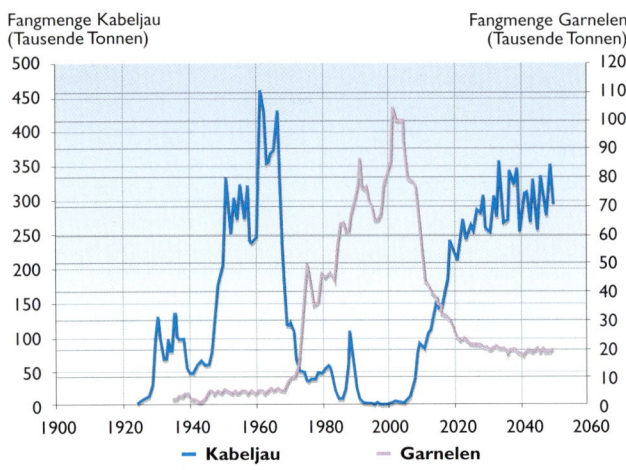

Fangmenge Kabeljau (Tausende Tonnen)

Fangmenge Garnelen (Tausende Tonnen)

Vergangene und mögliche zukünftige Entwicklung der Kabeljau- und Garnelen-Erträge vor Grönland bei Klimaänderung.

Vermischung von Wassermassen und Driftrouten von Fischen

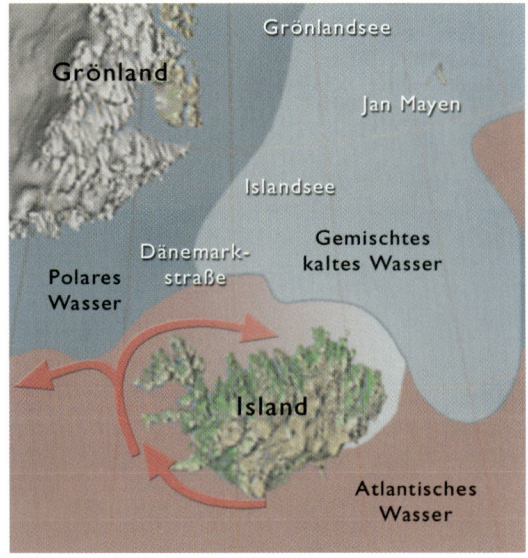

Die Hauptwassermassen in den Gebieten um Island-Ostgrönland-Jan Mayen. Die roten Pfeile zeigen die wichtigsten Driftrouten von Larven und Fischen, die weniger als ein Jahr alt sind.

Kapitel der Studie

Marine Systeme **9**

Fischerei & Aquakultur **13**

die Anzahl dieser Arten wird zurückgehen. Dadurch würden die großen Fangmengen (rund 100 000 Tonnen pro Jahr) von Eismeer-Garnelen zurückgehen. Eismeer-Garnelen sind zudem ein wichtiger Bestandteil der Ernährung des Kabeljaus in den Gewässern um Grönland. Wüchse der Kabeljau-Bestand so wie im vergangenen Jahrhundert, könnte sich deshalb der Rückgang der Population der Eismeer-Garnele negativ auf die Ernährung und das Wachstum der Kabeljau-Population auswirken. Weil der kommerzielle Wert eines gesunden Kabeljau-Bestandes sehr viel größer ist als der des Garnelen-Fangs, müsste die Garnelen-Fischerei noch weiter eingeschränkt werden.

Klima, Überfischung und der norwegische Hering

In den frühen 1950er Jahren entsprach der Bestand des norwegischen Herings (im Frühjahr laichend) 14 Millionen Tonnen; dieser größte Herings-Bestand der Welt war von Bedeutung für Norwegen, Island, Russland und die Färöer Inseln. In jenem Zeitraum wanderten diese Heringe nach Westen über die Norwegische See, um in den an Zooplankton reichen Gewässern nördlich und östlich von Island sowie im Meeresgebiet zwischen Island und der Jan Mayen-Insel (71° N, 8° W) Nahrung aufzunehmen. 1965 führte eine plötzliche und starke Abkühlung dieser Gewässer zur Dezimierung des kleinen Krustentieres (*Calanus finmarchicus*), das den bei weitem wichtigsten Bestandteil in der Ernährung dieser Heringe darstellt. Die Nahrungsgründe des Herings verschoben sich um mehrere Hundert Seemeilen nach Osten und Nordosten, wodurch der Bestand einem schwerwiegenden Umweltstress ausgesetzt war. In den 1960er Jahren war der Bestand zudem einer sehr starken Überfischung ausgesetzt und brach in der zweiten Hälfte des Jahrzehnts zusammen. Hauptgrund für diesen Kollaps war eine hohe Fangintensität sowohl bei den erwachsenen als auch bei den Jungtieren, doch trug die klimabedingte Abkühlung vermutlich ebenfalls zu dem Rückgang bei.

In den 1970er Jahren mussten die kleinen Heringsbestände, die übrig geblieben waren, nicht weit auf Nahrungssuche gehen und blieben nahe der norwegischen Küste. Was von der Herings-Fischerei übrig geblieben war, wurde strikt reguliert, und mehrere Jahre lang herrschte Fangverbot. Diese Beschränkungen trugen, gepaart mit günstigen Klimaverhältnissen, zur Zunahme des Bestandes auf drei bis vier Millionen Tonnen bei, und so setzte erneut eine begrenzte Herings-Fischerei ein.

Wandel der Wanderungswege in der Vergangenheit

1995 erreichte der Bestand fünf Millionen Tonnen und weitete seine Nahrungsgründe und Wanderungsgebiete in internationale Gewässer aus. Er wurde deshalb für die Fischerei außerhalb der norwegischen Gesetzgebung zugänglich, wodurch die vom norwegischen Staat gesteuerten Maßnahmen zum Schutz des Bestandes nicht mehr ausreichten und seine fortgesetzte Erholung bedroht war. 1996 wurde zwischen Norwegen, Russland, Island, den Färöer Inseln und der Europäischen Union ein Abkommen zur Festsetzung zulässiger Fangquoten des norwegischen Herings geschlossen. Solche Vereinbarungen werden in Zukunft von entscheidender Bedeutung sein, wenn sich im Zuge des Klimawandels die Fischbestände und ihre Verbreitungsgebiete ändern.

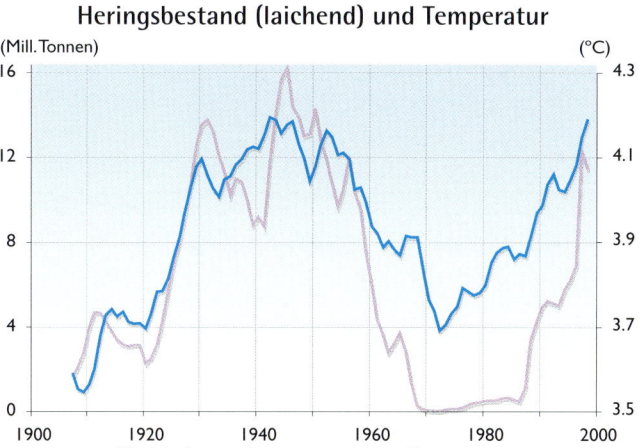

Heringsbestand (laichend) und Temperatur

(Mill. Tonnen) ... (°C)

— Heringsbestand (im Frühjahr laichend) — Temperatur

Die norwegischen Heringsbestände (im Frühjahr laichend) haben in dem sich erwärmenden Zeitraum zwischen den 1920er bis 1930er Jahre stark zugenommen und dann ab Ende der 1950er Jahre rasch abgenommen. Hauptursache für den Populationszusammenbruch war die Überfischung, obwohl die klimatische Abkühlung vermutlich ebenfalls dazu beitrug.

Die Veränderungen der Wanderungswege und der Nahrungs- und Überwinterungsgebiete des norwegischen Herings (im Frühjahr laichend) in der späten Hälfte des 20. Jahrhunderts. (a) Normales Wanderungsmuster während der warmen Periode vor 1965. (b–c) Nach einem plötzlichen Einstrom von Meereis und Süßwasser aus der Arktis gelangte kaltes, salzarmes Wasser in die Ostgrönland- und den Ostisland-Strom, bis der Bestand 1968 zusammenbrach. (d) In den Jahren mit geringer Größe des Bestands (1972–1986). (e) Das heutige Migrationsmuster.

● Laich-Gebiete
○ Jungfisch-Gebiete
● Hauptgebiete d. Nahrungsaufnahme
⇒ Laich-Wanderungen
← Nahrungsaufnahme-Wanderungen
⇒ Laich-Wanderungen

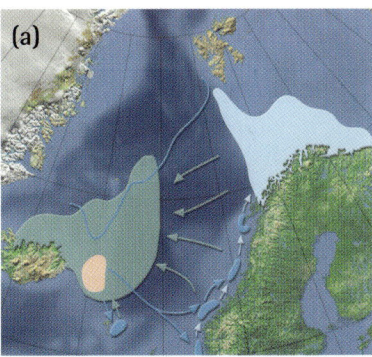
(a)

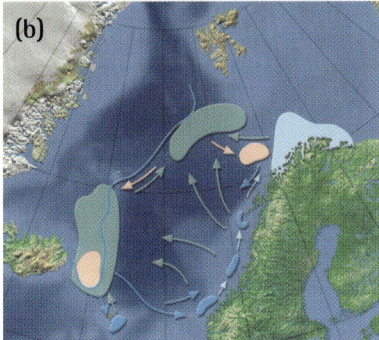
(b)

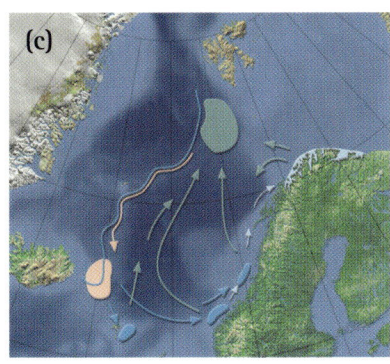
(c)

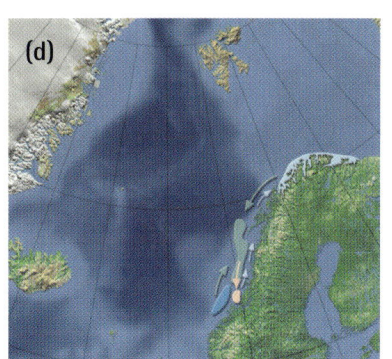
(d)

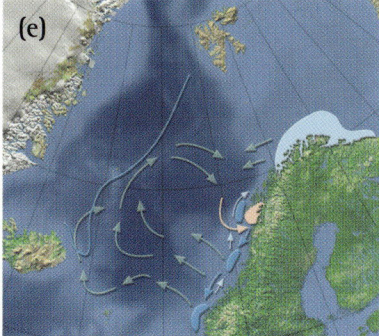
(e)

4 Vielfalt und Verbreitungsgebiete von Tierarten werden sich verändern.

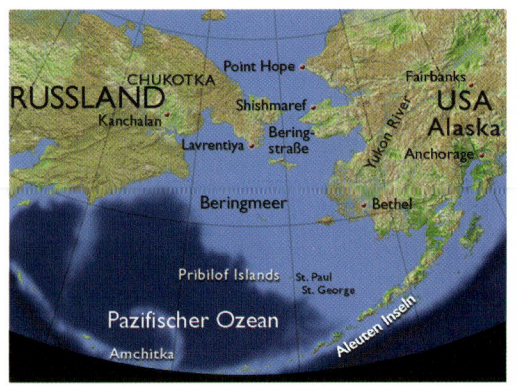

Das Beringmeer erlebt derzeit eine größere Erwärmung der Bodenwassertemperatur, infolge derer die Kaltwasserarten von Fischen und Säugern nach Norden ziehen und/oder Bestandseinbußen hinnehmen müssen.

Klimaverschiebungen und die Auswirkungen auf die Fischerei

1977 fand im Beringmeer eine Klimaverschiebung statt. Es wechselte abrupt von einer kühlen zu einer warmen Periode, was vielleicht Ausdruck der Pazifischen Dekadischen Oszillation war. Die Erwärmung brachte Verschiebungen im Ökosystem mit sich, die die Heringsbestände begünstigten und die Fruchtbarkeit von pazifischen Kabeljaus, Rochen, Plattfischen und Weichtieren steigerten. Die Artenzusammensetzung der Fauna auf dem Meeresboden wechselte von krebsdominiert zu einer vielgestaltigeren Mischung aus Seesternen, Schwämmen und anderen Lebensformen. Es traten historisch hohe kommerzielle Fangmengen von pazifischem Lachs auf. Die Fangmenge von Alaska-Seelachs, die in den 1960er und 1970er Jahren sehr niedrig war (zwei bis sechs Millionen Tonnen), ist auf ein Niveau gestiegen, das sich in den meisten Jahren seit 1980 über zehn Millionen Tonnen bewegt.

Für den größten Teil des Nordatlantiks wird der Gesamteffekt der Klimaänderung auf die arktischen und subarktischen Fischbestände wahrscheinlich geringer ausfallen als die Auswirkung der Fischerei, zumindest für die kommenden zwei oder drei Jahrzehnte. Dies ist hauptsächlich auf die vergleichsweise geringe Erwärmung zurückzuführen, die für den ersten Teil des 21. Jahrhunderts erwartet wird. Im Beringmeer ist der rapide Klimawandel mit seinen bedeutenden Wirkungen allerdings bereits offensichtlich. Das Beringmeer erlebt derzeit eine größere Erwärmung der Bodenwassertemperatur, infolge derer die Kaltwasserarten von Fischen und Säugern nach Norden ziehen und/oder Bestandseinbußen hinnehmen müssen. Das wichtigste Anliegen des Fischereimanagements im Beringmeer ist deshalb wahrscheinlich, die Neuorganisation des Ökosystems zu steuern, die aufgrund der Klimaänderung stattfindet und weiter stattfinden wird.

Obwohl es unwahrscheinlich erscheint, dass sich die Folgen des Klimawandels für die Fischerei langfristig auf die gesellschaftlichen und ökonomischen Bedingungen in der ganzen Arktis auswirken, werden bestimmte Gebiete, die sehr stark vom Fischfang abhängig sind, betroffen sein. Es kann zu sehr schwerwiegenden Schäden der Bestände kommen, was früher auch geschehen ist. Als beispielsweise in den 1990er Jahren der Kabeljau-Bestand im Gebiet Labrador/Neufundland aufgrund von Überfischung, Verschiebungen der ozeanischen Bedingungen sowie weiterer Faktoren zusammenbrach, gaben viele Kabeljau-Fischer ihr Geschäft auf oder stiegen auf andere Arten um; außerdem nahm der Handelswert der Fänge in dieser Region drastisch ab. Der Kabeljau-Bestand hat sich noch immer nicht erholt, obwohl seither ein Jahrzehnt vergangen ist. Die Garnelen- und Krebs-Fischerei, die schließlich die Kabeljau-Fischerei ersetzten, sind bei weitem nicht so arbeitsintensiv und beschäftigen weit weniger Menschen, obgleich der kommerzielle Gesamtwert rund zweimal so hoch ist. Auch wenn sich die Fischereiindustrie also im Allgemeinen auf der nationalen Ebene anpassen kann, können einzelne Bevölkerungsgruppen und Orte stark betroffen sein.

Fangmengen im östlichen Beringmeer, 1954–2000

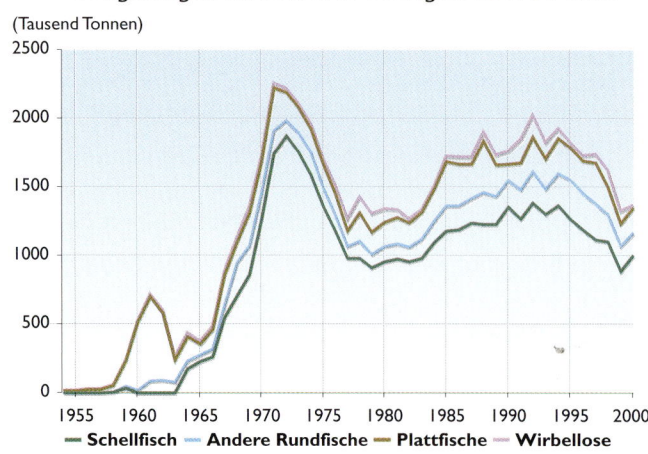

(Tausend Tonnen)

— Schellfisch — Andere Rundfische — Plattfische — Wirbellose

Fangmengen im westlichen Beringmeer, 1965–2001

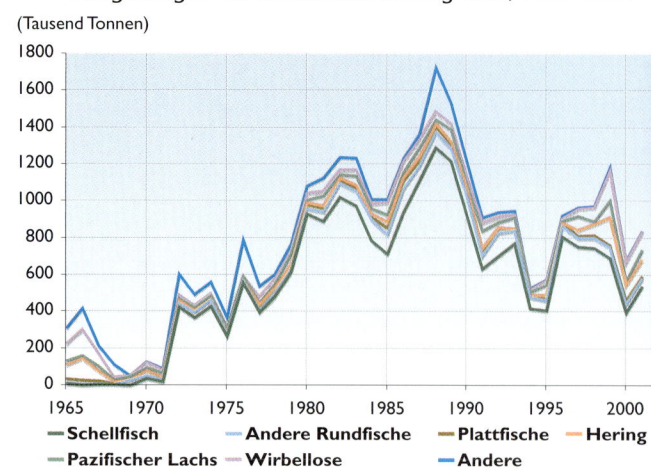

(Tausend Tonnen)

— Schellfisch — Andere Rundfische — Plattfische — Hering
— Pazifischer Lachs — Wirbellose — Andere

Kapitel der Studie

Marine Systeme 9

Fischerei & Aquakultur 13

Robbenjagd, Fischfang und Klimawandel in Westgrönland: Eine historische Betrachtung

Die Veränderungen in Westgrönland liefern ein gutes Beispiel für die Beziehung zwischen Klimaänderung und dem damit einhergehenden sozialen und wirtschaftlichen Wandel. In den 1920er Jahren führte eine Klimaschwankung zur Erwärmung der Gewässer im Süden und Westen Grönlands. Dadurch verschoben sich die Robbenpopulationen nach Norden, was die Robbenjagd der lokalen Inuit erschwerte. Gleichzeitig zogen Kabeljau (wie auch Heilbutt und Garnele) in wärmere Gewässer, was die Entstehung einer Kabeljau-Fischerei ermöglichte. Einige Bewohner, wie zum Beispiel die der Stadt Sisimiut an der Westküste, konnten die Gelegenheit nutzen, die sich ihnen aufgrund sozialer und technischer Faktoren bot. Sisimiut wurde zu einem bedeutenden Fischereizentrum mit weiteren neuen Industrien und einer vielfältigen ökonomischen Basis.

Ganz anders sieht es mit der im Südwesten gelegenen grönländischen Stadt Paamiut ungefähr zur selben Zeit aus. Die Entwicklung Paamiuts basierte in erster Linie auf reichen Kabeljau-Gründen. Da wenige andere Ressourcen in wirtschaftlich rentablen Mengen zur Verfügung standen, bestand wenig Anreiz, die örtliche Ökonomie zu diversifizieren. Als die Kabeljau-Population aufgrund einer Kombination von Klimaänderung und Überfischung sank, gingen als Folge davon die Wirtschaft und die Bevölkerung von Paamiut zurück. Das zeigt, dass man bei jeder Anpassungsstrategie die lokalen Bedingungen (Umwelt-, soziale, wirtschaftliche, technologische usw.) berücksichtigen muss, die großen Einfluss darauf haben, wie erfolgreich eine Region auf Veränderungen reagiert.

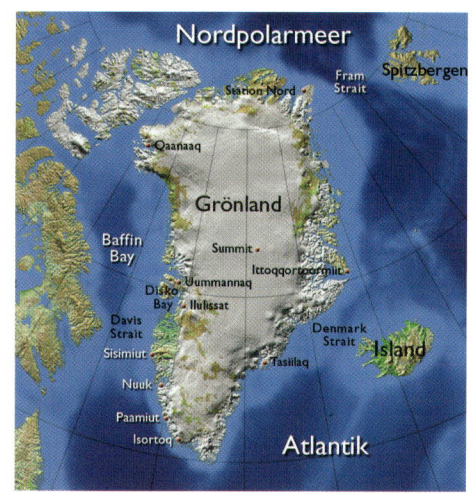

Mögliche Veränderungen der Verbreitungsgebiete von Fischarten

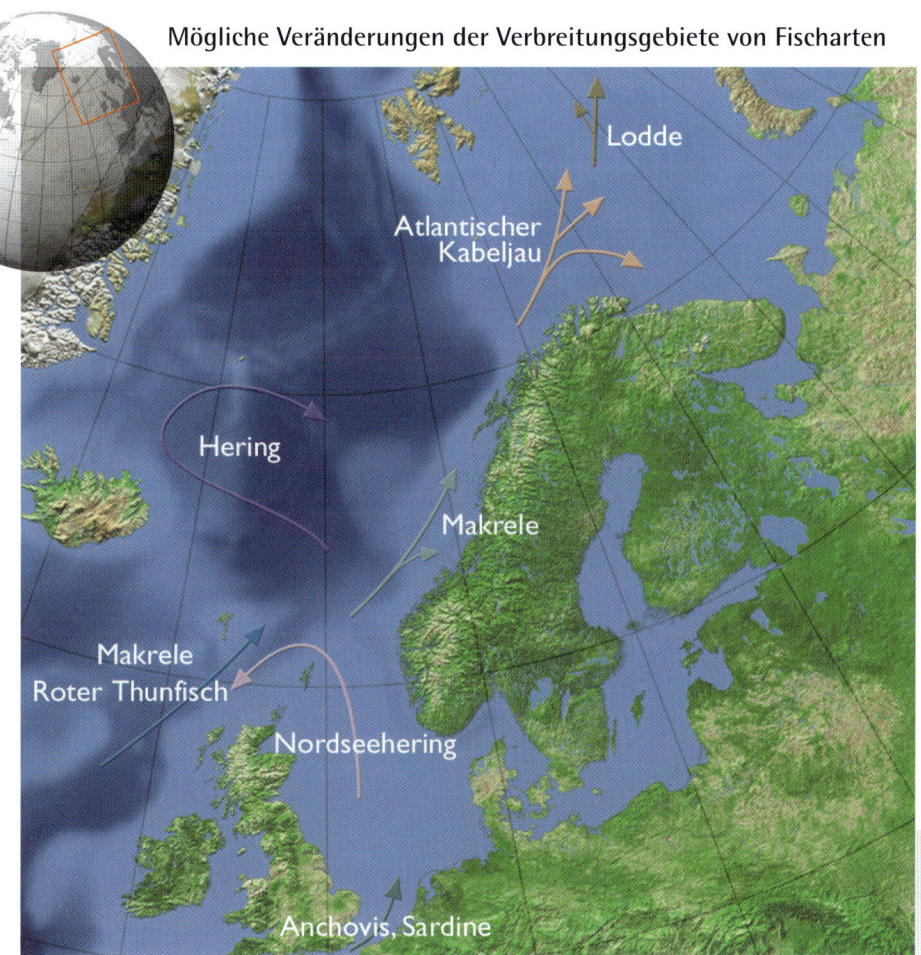

Mögliche Veränderungen der Verbreitungsgebiete ausgewählter Fischarten in der Norwegensee und der Barentssee, die aus einer Erhöhung der Ozeantemperatur von 1 bis 2° C. resultieren.

4 Vielfalt und Verbreitungsgebiete von Tierarten werden sich verändern.

Wenn sich die atlantischen Gewässer, die sich nördlich entlang der Küste Norwegens erstrecken, um einige Grad erwärmen, müssten die Aquakultur-Betriebe vermutlich nach Norden verlagert werden, was erhebliche Kosten mit sich brächte.

Aquakultur

Lachs und Forelle sind die beiden wichtigsten Aquakultur-Arten in der Arktis. Sie werden von einer hochtechnisierten Industrie unter Einsatz hochmoderner Anlagen gezüchtet, die in vielerlei Hinsicht eher der Zucht von Schweinen oder Geflügel als der von Fischen ähnelt. In Norwegen hat sich in den beiden zurückliegenden Jahrzehnten eine bedeutende Industrie entwickelt, die heute der größte Produzent von Zuchtlachs weltweit ist. Die Gesamtproduktion im Jahr 2000 belief sich auf einen Wert von 1,6 Milliarden US-Dollar; dies machte den Lachs, was den wirtschaftlichen Nutzen betrifft, zur wichtigsten einzelnen Art in der norwegischen Fischereiindustrie.

Man könnte nun erwarten, dass sich in etwas wärmeren Gewässern die Wachstumsrate der Fische erhöht, doch jede mehr als leichte Erwärmung könnte die Temperaturtoleranz der gezüchteten Arten überschreiten. Zudem hätte die Wassererwärmung andere negative Effekte, wie die Zunahme von Krankheiten und toxischen Algenblüten. Wenn sich die atlantischen Gewässer, die sich nördlich entlang der Küste Norwegens erstrecken, um einige Grade erwärmten, müssten die Aquakultur-Betriebe vermutlich nach Norden verlagert werden, was erhebliche Kosten mit sich brächte. Der Betrieb von Aquakulturen in den Meeressystemen vor Neufundland und Labrador ist aufgrund des Breitengrades problematisch. Es ist nicht ungewöhnlich, dass die Temperatur in den oberen Wasserschichten den Toleranzwert vieler der gegenwärtig gezüchteten Arten übersteigt.

Die Aquakultur-Industrie ist abhängig vom riesigen Angebot an Wildfischen, die im offenen Meer gefangen werden; sie liefern das Fischmehl und das Fischöl, die wichtige Bestandteile der Ernährung von Zuchtfischen wie Lachs und Forelle darstellen. Die Industrie benötigt derart viel Futter, dass sie empfindlich auf abrupte Schwankungen in den Beständen wichtiger Wildfische reagiert, und solche Schwankungen können durch klimatische Faktoren hervorgerufen werden. So haben El Niño-Ereignisse im Pazifik mit ihren bedeutenden Auswirkungen auf die Anchovis-Bestände die Industrie stark geschädigt. Von 1997 bis 1998 ging die weltweite Anchovis-Fischerei um fast acht Millionen Tonnen zurück, hauptsächlich infolge von El Nino. Zudem sind viele Arten, die zurzeit an anderen Orten als Futter für Zuchtfische gefangen werden, von großer Bedeutung für die Ernährung der Wildbestände, die zwar einen

Kapitel der Studie

Marine Systeme 9

Fischerei & Aquakultur 13

weitaus größeren wirtschaftlichen Nutzen haben, derzeit aufgrund von Überfischung aber nicht in großer Zahl vorhanden sind. Sollten die Fischereimanager mit der Vergrößerung dieser Wildbestände Erfolg haben, könnten in den Fischzuchtbetrieben, die derzeit diese wichtige Beuteart zu Fischmehl und Fischöl verarbeiten, große Reduzierungen erforderlich sein.

Aquakultur auf den Färöer Inseln

Der Ozean rings um die Färöer Inseln ist Teil der wichtigsten Futterplätze für die Wildbestände des nordeuropäischen atlantischen Lachses. Die leicht verstreut liegenden Inseln des Archipels verfügen über kurze Fjorde und Buchten, was ein relativ offenes Gebiet mit ausgeprägten Meeresströmungen schafft, die ein Stehen des Wassers verhindern. Dadurch bieten sich gute Bedingungen für die Zucht von atlantischem Lachs und atlantischer Regenbogenforelle, den bei weitem bedeutendsten Zuchtarten. In den 1980er Jahren entwickelte sich die Fischzucht auf den Färöer Inseln zu einer Industrie, wobei die Jahresproduktion im Jahr 1988 ca. 8000 Tonnen erreichte. In den frühen bis mittleren 1990er Jahren brach die Industrie zusammen, weil zahlreiche kleine Fischzuchtbetriebe wegen des starken Verfalls des Marktpreises für Zuchtlachs Insolvenz anmeldeten. Auch Fischkrankheiten spielten eine Rolle bei dieser Entwicklung. In den späten 1990er Jahren stieg die Produktion wieder an, und 2001 hatte sich die färöische Fischzucht konsolidiert; es blieben einige große Unternehmen übrig, die derzeit an 23 Standorten Betriebe unterhalten. Heute findet man in fast allen dafür geeigneten Buchten und Fjorden der Inselgruppe eine Fischzuchtanlage.

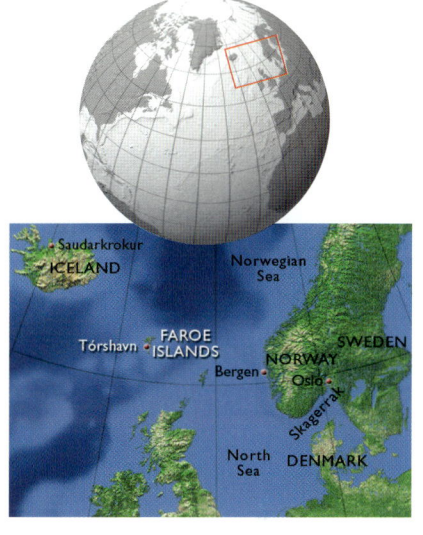

Die Färöer Inseln sind zu einem wichtigen internationalen Akteur auf dem Gebiet der Fischzucht geworden. Der im Jahr 2003 erzielte Rekordertrag von 53 000 Tonnen (Gewicht nach dem Ausnehmen) an Lachs und Regenbogenforelle besaß einen Handelswert von rund 180 Millionen US-Dollar. Bei einer Bevölkerung von rund 45 000 entspricht dies einer Erzeugung von fast 1200 Kilogramm Zuchtfisch pro Person. In den färöischen Fischzuchtbetrieben sind mehr als 300 Angestellte beschäftigt, 1000 arbeiten darüber hinaus in den Bereichen Verarbeitung und Transport, der Herstellung von Fischnahrung und anderen verwandten Industrien. In den vergangenen Jahren haben die Aquakultur-Betriebe eine größere Bedeutung für die heimische Wirtschaft erlangt als in irgendeinem anderen Land. Zwischen 2001 und 2003 steuerten die Erzeugnisse der Fischzucht ca. 25 % zum gesamten Exporterlös bei. Die Produkte der Wildfischerei-Industrie bilden das einzige andere wichtige Ausfuhrgut, das etwa 70 % des Exporterlöses ausmacht.

Allerdings stehen die Aquakultur-Betriebe vor wachsenden Problemen. Die finanziellen Belastungen nehmen aufgrund von Lachskrankheiten und des starken Rückgangs der Marktpreise zu. Einige nicht behandelbare Erkrankungen, vor allem die infektiöse Salm-Anämie und die bakterielle Nierenkrankheit, treten mit ungewöhnlicher Häufigkeit auf den Färöer Inseln auf. Die Industrie benötigt zusätzliches Kapital, wenn sie das hohe Produktionsniveau der zurückliegenden Jahre weiterhin halten will, wobei die Schwierigkeiten infolge von Fischerkrankungen und niedrigen Marktpreisen einen solchen Kapitalzufluss jedoch unwahrscheinlich erscheinen lassen. Deshalb wird die Produktion im Zeitraum von 2004 bis 2006 wahrscheinlich zurückgehen (siehe Abbildung). Ein sich erwärmendes Klima kann positive wie negative Wirkungen haben. Sollte die Erwärmung nicht ca. 5° C überschreiten, werden die Wachstumsrate der Fische und die Länge der Wachstumsperiode voraussichtlich zunehmen. Durch größere Erhöhungen der Temperatur könnte die Wärmetoleranz der Fische überschritten werden. Zudem führt Erwärmung in der Tendenz zum vermehrten Auftreten von Fischkrankheiten und toxischen Algenblüten.

Mögliche Veränderungen der Aquakultur-Produktion auf den Färöer Inseln

(Tausend Tonnen)

Die Produktion von atlantischem Zuchtlachs und atlantischer Regenbogenforelle 1998–2002. Die rote Linie zeigt eine Berechnung für 2004–2006. In dem prognostizierten Rückgang spiegeln sich die Schwierigkeiten wider, die Fischerkrankungen und wirtschaftliche Probleme verursachen. Die Klimaänderung birgt zusätzliche Ungewissheiten.

4 Vielfalt und Verbreitungsgebiete von Tierarten werden sich verändern.

GLOBAL

Seeschwalben

Wale

Knutten

Tierwanderungswege über große Entfernungen reagieren sensibel auf klimabedingte Veränderungen wie zum Beispiel Veränderungen des Lebensraums und der Nahrungsverfügbarkeit. Die Verstärkung der Erwärmung in der Arktis hat daher globale Folgen für die Natur.

REGIONALE EBENE

Eisbären
Bäume u. Sträucher
Wale
Vögel
Lachse
Rentiere

Auf der regionalen Ebene werden sich die Vegetation und die mit ihr verbundene Tierwelt als Reaktion auf Erwärmung, tauenden Permafrost und Veränderungen der Bodenfeuchtigkeit und der Landnutzung verlagern. Die Verschiebungen der Verbreitungsgebiete werden durch geografische Barrieren, z. B. Berge und Gewässer, begrenzt. Veränderungen der Luft, der Ozeantemperaturen und der Winde werden zu Verschiebungen von Plankton, Fischen, Meeressäugern und Seevögeln führen, vor allem jenen, die mit dem zurückweichenden Eisrand eng verbunden sind.

Tierarten an Land

Zu den arktischen Landtieren gehören kleine Pflanzenfresser wie Erdhörnchen, Hasen, Lemminge und Wühlmäuse, große Pflanzenfresser wie Elche, Karibus/Rentiere und Moschusochsen, sowie Fleischfresser wie Wiesel, Vielfraße, Wölfe, Füchse, Bären und Greifvögel.

Der klimabedingte Wandel wird wahrscheinlich kaskadenartige Effekte haben, die viele Pflanzen- und Tierarten betreffen. Im Vergleich mit den Ökosystemen in wärmeren Regionen gibt es in den arktischen Systemen generell weniger Arten, die ähnliche Rollen ausfüllen. Werden arktische Arten verdrängt, kann dies also bedeutende Folgen für jene Arten haben, die von ihnen abhängig sind. So reagieren Moose und Flechten besonders sensibel auf Erwärmung. Weil diese Pflanzen die Basis wichtiger Nahrungsketten bilden und die winterliche Hauptnahrungsquelle für Rentiere/Karibus darstellen, wird ihre Dezimierung gravierende Auswirkungen für das gesamte Ökosystem haben. Ein Rückgang der Rentier- und Karibu-Populationen wird nicht nur jene Arten in Mitleidenschaft ziehen, die sie jagen (darunter Wölfe, Vielfraße und Menschen), sondern auch solche, die ihre Kadaver fressen (wie Polarfüchse und verschiedene Vögel). Da einige lokale Gemeinschaften besonders stark von Rentieren/Karibus abhängig sind, wird auch ihr Wohlergehen beeinträchtigt.

Die Bildung von Eiskrusten infolge von Gefrier-Schmelz-Wechseln hat für die meisten arktischen Landtiere negative Folgen, weil die Krusten ihre Futterpflanzen im Eis einschließen, was die Futterverfügbarkeit stark einschränkt und mitunter die Pflanzen abtötet. Hiervon betroffen sind Lemminge, Moschusochsen und Rentiere/Karibus. Es wird von dramatischen

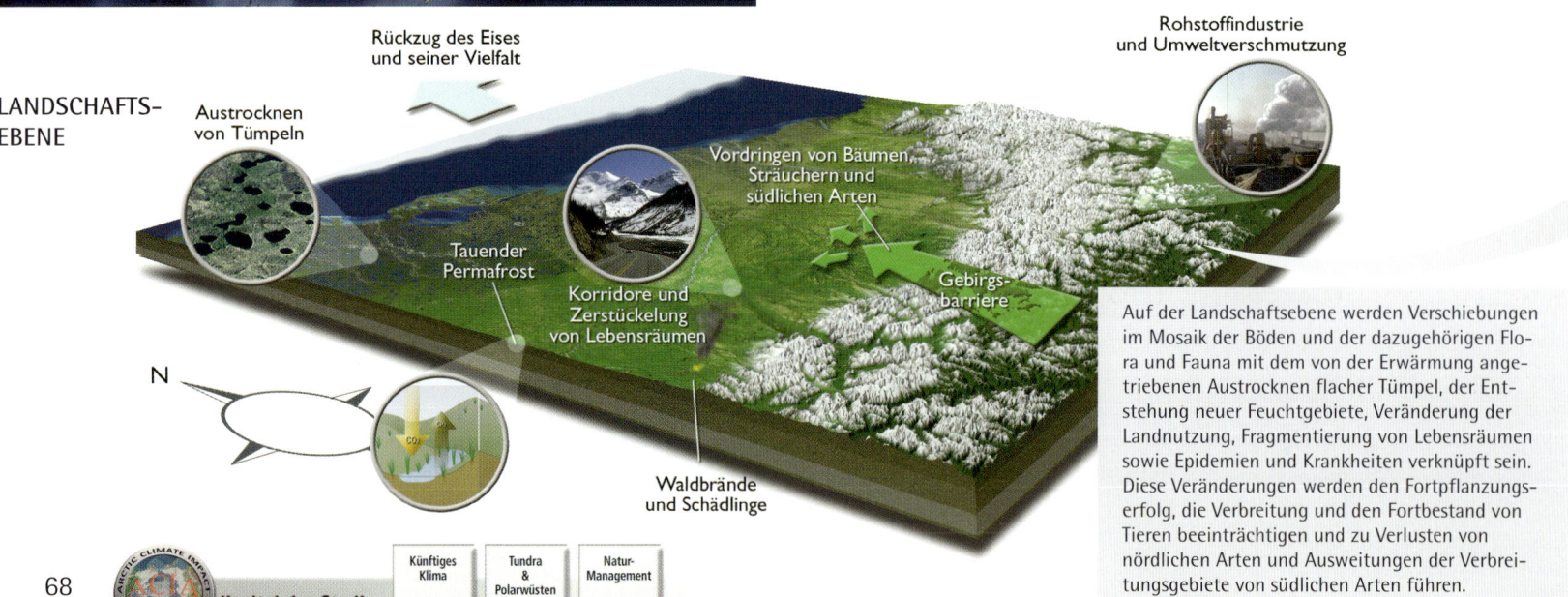

Rückzug des Eises und seiner Vielfalt

Rohstoffindustrie und Umweltverschmutzung

LANDSCHAFTS-EBENE

Austrocknen von Tümpeln

Vordringen von Bäumen, Sträuchern und südlichen Arten

Tauender Permafrost

Korridore und Zerstückelung von Lebensräumen

Gebirgsbarriere

N

Waldbrände und Schädlinge

Auf der Landschaftsebene werden Verschiebungen im Mosaik der Böden und der dazugehörigen Flora und Fauna mit dem von der Erwärmung angetriebenen Austrocknen flacher Tümpel, der Entstehung neuer Feuchtgebiete, Veränderung der Landnutzung, Fragmentierung von Lebensräumen sowie Epidemien und Krankheiten verknüpft sein. Diese Veränderungen werden den Fortpflanzungserfolg, die Verbreitung und den Fortbestand von Tieren beeinträchtigen und zu Verlusten von nördlichen Arten und Ausweitungen der Verbreitungsgebiete von südlichen Arten führen.

ACIA
Kapitel der Studie

Künftiges Klima	Tundra & Polarwüsten	Natur-Management
4	7	10

Populationszusammenbrüchen in Folge von Eiskrustenbildung nach Gefrier-Schmelz-Perioden berichtet, die zudem in den vergangenen Jahrzehnten offenbar an Häufigkeit zugenommen haben. Die prognostizierte Erhöhung der Wintertemperatur von über 6°C bis zum Ende dieses Jahrhunderts (Mittelwert der fünf ACIA-Modellprognosen) könnte dazu führen, dass es zu einem häufigeren Wechsel von Gefrier-Schmelz-Phasen kommt. So berichten die Inuit aus Nunavut, Kanada, dass die Anzahl der Karibus in Jahren mit vielen Gefrier-Schmelz-Zyklen abnimmt. Und die schwedischen Samen haben festgestellt, dass im vergangenen Jahrzehnt der Herbstschnee auf den sommerlichen Weidegebieten auf nichtgefrorenem statt auf gefrorenem Boden lag, was zu einer fauligen und schlechten Qualität der Frühlingsvegetation führte.

Die Erwärmung hat aber noch weitere kaskadenartige Effekte auf die Landtiere der Arktis. Im Winter leben und ernähren sich Lemminge und Wühlmäuse in dem Raum zwischen dem gefrorenen Tundraboden und dem Schnee, wobei sie fast nie an der Erdoberfläche auftauchen. Der Schnee sorgt für die lebenswichtige Wärmedämmung. Mildes Wetter und nasser Schnee führen zum Kollaps dieser Hohlräume unter dem Eis, wodurch die Erdhöhlen der Wühlmäuse und Lemminge zerstört werden, und die Eiskrustenbildung schädigt die wärmedämmenden Eigenschaften der für ihr Überleben entscheidenden festen Schneeauflage. In manchen Gebieten sind gut etablierte Populationszyklen von Lemmingen und Wühlmäusen nicht mehr zu beobachten. Die Dezimierung dieser Tiere kann zum Rückgang der Populationen ihrer Jäger führen, zumal jener wie Schneeeulen, Raubmöwen, Wiesel und Hermeline, die auf die Lemmingjagd spezialisiert sind. Die Dezimierung der Lemminge würde sehr wahrscheinlich zu einer noch stärkeren Abnahme der Populationen ihrer Beutejäger führen. Vielseitigere Raubtiere wie der Polarfuchs wechseln zu anderen Beutearten über, wenn es nur wenige Lemminge gibt. Deshalb kann deren Dezimierung auch mittelbar zum Rückgang in den Populationen anderer Beutearten wie zum Beispiel Sumpfvögeln und anderen Vögeln führen.

GRUNDSTÜCKSEBENE

Der Wandel in den Schneeverhältnissen, den Eisschichten, dem Hohlraum unter dem Schnee, den Sommertemperaturen und dem Nährstoffkreislauf wirkt auf einzelne Pflanzen, Tiere und Boden-Mikroorganismen ein, wodurch sich deren Populationen verändern. Gerade auf der Ebene des einzelnen Tieres und der einzelnen Pflanze finden Reaktionen auf das Klima statt, die zu Vegetationsverschiebungen auf der ganzen Erde führen.

Kaskadenartige Effekte eines sich wandelnden Klimas

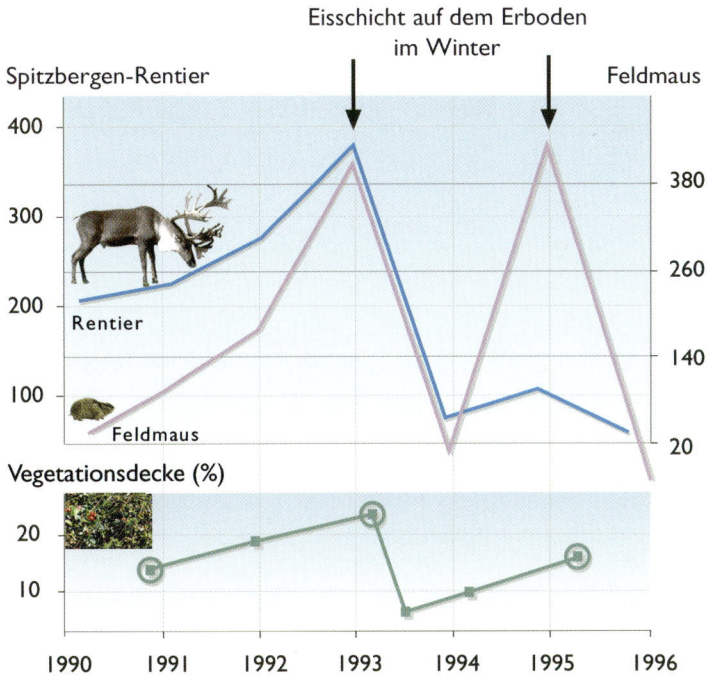

Die Populationsdynamik (Anzahl der Individuen in einem bestimmten Gebiet) des Spitzbergen-Rentiers und der Feldmaus auf Spitzbergen, im Zusammenhang mit beobachteten (Kreise) und prognostizierten (Quadrate) Veränderungen der Vegetation.

4 Vielfalt und Verbreitungsgebiete von Tierarten werden sich verändern.

„Im Herbst schwankt das Wetter sehr stark, es gibt Regen und mildes Wetter. Das erschwert dem Ren den Zugang zu den Flechten. In manchen Jahren hat das zu massiven Verlusten von Rentieren geführt. Es ist ganz einfach – wenn der Boden gefriert, kommen die Tiere nicht an die Flechten heran. Das ist ein enormer Unterschied zu den zurückliegenden Jahren. Es ist auch einer Gründe, warum es weniger Flechten gibt. Das Ren muss kratzen, um an die Flechten zu kommen, und dann kommt die ganze Pflanze komplett mit Wurzeln (Geflecht) heraus. Es dauert extrem lange, bis eine Flechte nachgewachsen ist, wenn man ihre Wurzeln herausreißt."

Heikki Hirvasvuopio
Kakslauttanen, Finnland

Karibus/Rentiere

Karibus (nordamerikanische Formen von *Rangifer tarandus*) und Rentiere (eurasische Formen derselben Art) sind für die Menschen in allen Teilen der Arktis von zentraler Bedeutung; sie liefern ihnen Nahrung, Kleidung, Werkzeuge und weitere Gegenstände ihrer Kultur. Die Karibu- und Rentierherden sind - insbesondere in der Kalbungssaison – auf eine üppige Tundravegetation und auf gute Bedingungen zur Futtersuche angewiesen. Die prognostizierten klimabedingten Veränderungen in der arktischen Tundra werden dazu führen, dass sich die Vegetationszonen erheblich nach Norden verschieben, wodurch das Gebiet der Tundra und das traditionelle Nahrungsangebot für diese Herden zurückgehen werden. Gefrier-Schmelz-Zyklen und gefrierender Regen werden laut Prognose zunehmen. Dieser Wandel wird für die Fähigkeit der Karibu- und Rentierpopulationen, Nahrung zu finden und Kälber großzuziehen, erhebliche Folgen haben. Künftige Klimaänderungen können daher potenziell zum Rückgang der Karibu- und Rentierpopulationen führen, was die Ernährungsgrundlage vieler Ureinwohner-Haushalte und die ganze Lebensweise einiger arktischer Gemeinschaften bedroht.

Peary-Karibus

Der derzeitige körperliche Zustand der Peary-Karibus (eine kleine, weiße Unterart, die man nur in Westgrönland und auf den arktischen Inseln Kanadas antrifft) ist so schlecht, dass etliche Gemeinschaften die Nutzung dieser Art auf den eigenen Bedarf beschränkt oder sogar verboten haben. Die Anzahl der Peary-Karibus auf den arktischen Inseln Kanadas fiel von 26 000 im Jahr 1961 auf 1000 im Jahr 1997, weshalb diese Unterart 1991 als bedroht eingestuft wurde. Ursache der Dezimierung waren offenbar Herbstregenfälle, die das Winternahrungsangebot vereisten und die Schneedecke verkrusteten, so dass die Karibus kaum Futter fanden. Auch nahm der jährliche Schneefall in der westkanadischen Arktis in den 1990er Jahren zu, und zwischen 1994 und 1997 fielen die drei Winter mit den stärksten Schneefällen zeitlich mit dem Rückgang der Peary-Karibus auf Bathurst Island von 3000 auf etwa 75 zusammen.

Beobachtungen der Kitikmeot-Inuit zu den Auswirkungen der Erwärmung auf Karibus

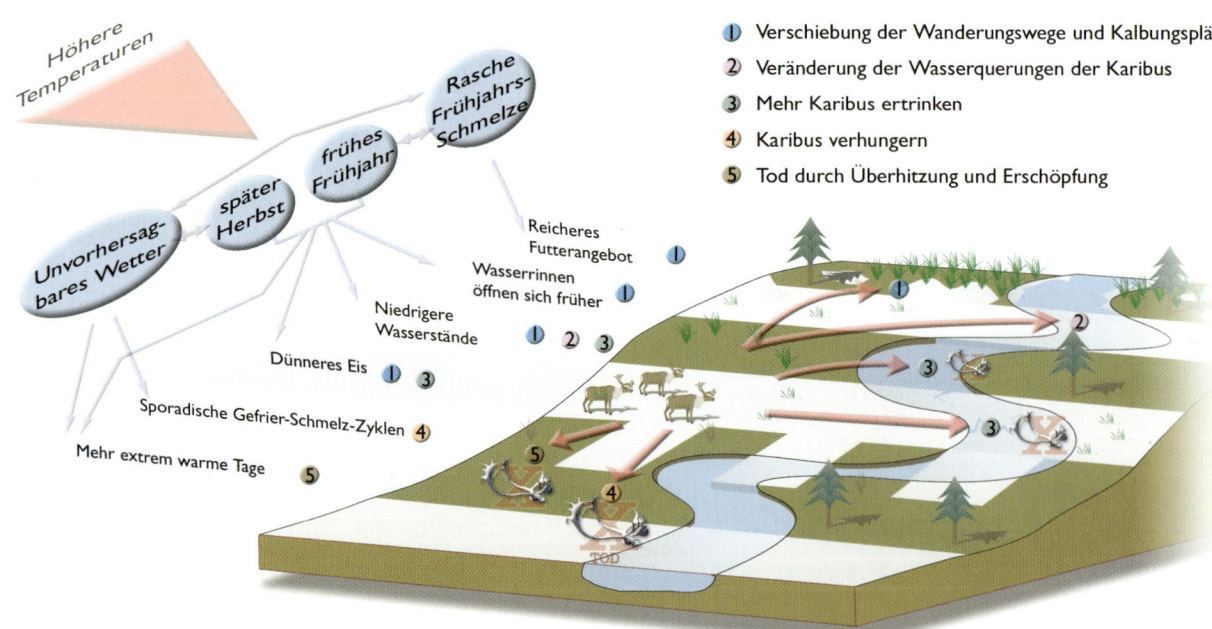

① Verschiebung der Wanderungswege und Kalbungsplät
② Veränderung der Wasserquerungen der Karibus
③ Mehr Karibus ertrinken
④ Karibus verhungern
⑤ Tod durch Überhitzung und Erschöpfung

Die Porcupine-Karibuherde

Die Porcupine-Karibuherde ist eine von ungefähr 184 Herden wildlebender Karibus weltweit, die achtgrößte Herde in Nordamerika und die größte wandernde Herde von Säugetieren auf dem gemeinsamen Gebiet der Vereinigten Staaten und Kanadas. Sie wird seit den frühen 1970er Jahren immer wieder überwacht. Die Population wuchs seit der ersten Zählung um rund 4 % pro Jahr bis zu einem Spitzenwert von 178 000 Tieren in 1989. Im selben Zeitraum nahmen die Populationen aller großen Herden in ganz Nordamerika zu, was darauf hindeutet, dass die Porcupine-Herde auf – vermutlich klimabedingte - kontinentweite Ereignisse reagierte. Seit 1989 ist die Anzahl der Tiere um 3,5 % pro Jahr auf einen Tiefststand von 123 000 im Jahr 2001 gefallen. Die Herde scheint somit auf die Effekte der Klimaänderung sensibler zu reagieren als andere große Herden.

Zu dem Ökosystem, das durch das Verbreitungsgebiet der Porcupine-Herde definiert ist, gehören auch menschliche Gemeinschaften, von denen die meisten zum Lebensunterhalt von der Nutzung der Karibus abhängig sind. Unter ihnen sind die Gwich'in, die Inupiat, die Inuvialuit, die Han sowie die nördlichen Tuchone, die seit Jahrtausenden in enger Beziehung zu dieser Herde leben. In der Vergangenheit haben Karibus den Ureinwohnern des Nordens als lebenswichtige Ressource gedient, die es ihnen ermöglichte, unter den strengen arktischen und subarktischen Klimabedingungen zu überleben. Zeiten, in denen die Karibus knapp waren, gingen oft mit großer Not einher. Aufzeichnungen und mündliche Berichte deuten darauf hin, dass solche Zeiten mit Phasen der Klimaänderung zusammenfielen.

Bis heute sind Karibus ein wichtiger Bestandteil der gemischten Subsistenz-Geld-Wirtschaft der indigenen Bevölkerung. Zugleich haben sie als zentrales Merkmal der Mythologie, Spiritualität und kulturellen Identität dieser Völker überdauert. Die Erträge aus der Porcupine-Karibuherde schwanken von Jahr zu Jahr je nach der Verteilung der Tiere, dem Zugang zu ihnen und den Bedürfnissen der Gemeinschaften. Der jährliche Gesamtertrag aus dieser Herde beträgt zwischen ca. 3 000 bis 7 000 Karibus. Die Verantwortung für die Nutzung der Herde und für den Schutz ihres Lebensraums teilen sich in Kanada jene, die die Karibus jagen (überwiegend Ureinwohner-Völker), und Regierungsämter mit der entsprechenden rechtlichen Befugnis.

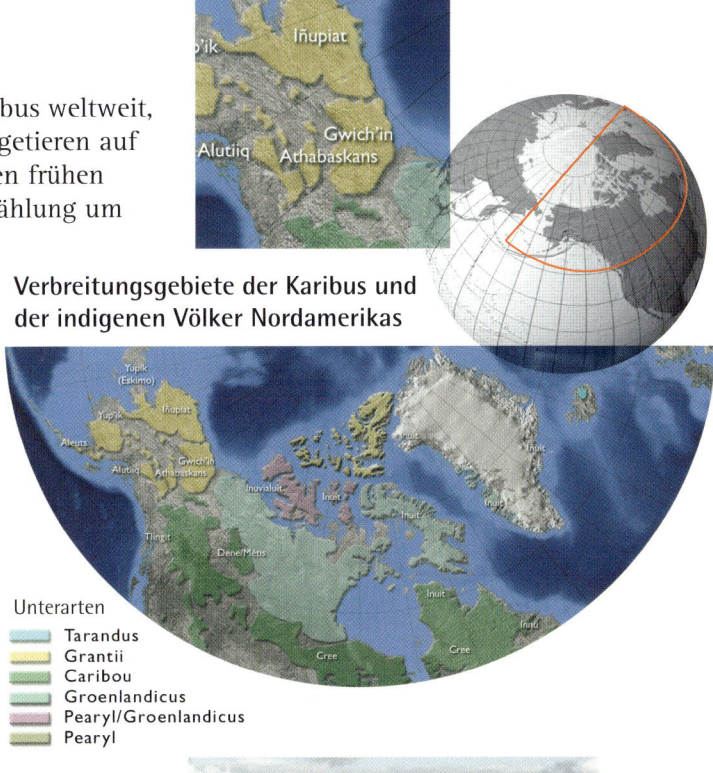

Verbreitungsgebiete der Karibus und der indigenen Völker Nordamerikas

Unterarten
- Tarandus
- Grantii
- Caribou
- Groenlandicus
- Pearyl/Groenlandicus
- Pearyl

Erträge der Porcupine-Karibuherde durch die Nutzergruppen

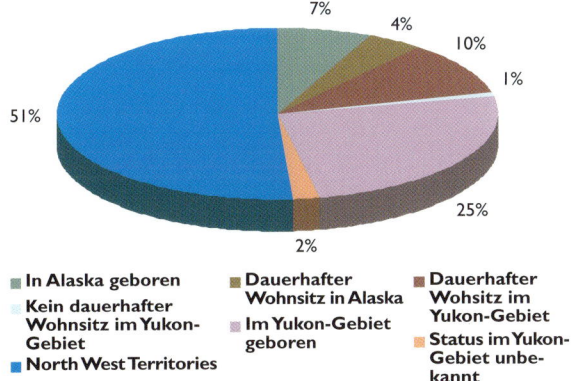

7% 4% 10% 1% 51% 25% 2%

- In Alaska geboren
- Kein dauerhafter Wohnsitz im Yukon-Gebiet
- North West Territories
- Dauerhafter Wohnsitz in Alaska
- Im Yukon-Gebiet geboren
- Dauerhafter Wohnsitz im Yukon-Gebiet
- Status im Yukon-Gebiet unbekannt

Dieses Diagramm zeigt den Jahresdurchschnittsertrag aus der Porcupine-Karibuherde in Nordwestkanada und Nordostalaska, aufgeteilt nach Nutzergruppen. Ca. 89 % der Erträge werden in Kanada gewonnen. Über 90 % des Gesamtertrags wird von Gemeinschaften der indigenen Bevölkerung gewonnen.

Die Gwich'in und die Porcupine-Karibuherde

Die Gwich'in leben seit Tausenden von Jahren in enger Beziehung mit der Porcupine-Karibu-herde. Ihre Gemeinschaften sind nach den Flüssen, Seen und weiteren Merkmalen des Landes benannt, mit dem sie eng verbunden sind. Die Vuntut- (See-)Gwich'in in Old Crow (Bevölke-rung 300) im kanadischen Yukon-Gebiet siedeln im Zentrum des Verbreitungsgebietes der Porcupine-Karibuherde, was ihnen die Möglichkeit bietet, die Karibus während ihrer Herbst- und Frühjahrswanderungen zu fangen. Der durchschnittliche Fang beträgt bis zu fünf Tiere pro Person und Jahr. Das Teilen unter den Haushalten der Gemeinschaft und mit benachbar-ten Gemeinschaften ist eine bedeutende Kulturtradition, die zudem nach alter Überzeugung den zukünftigen Jagderfolg gewährleistet.

Klimabedingte Faktoren haben Einfluss auf die Gesundheit der Karibus und die saisonale und jährliche Verteilung und Wanderung der Herde. Sie wirken sich zudem auf den Zugang der Jäger zu den Jagdgründen aus, beispielsweise durch Veränderungen im Zeitpunkt des Zufrie-rens und Aufbrechens des Flusseises und durch die Höhe der Schneedecke.

Seit vielen Generationen überquert die Porcupine-Karibuherde in jedem Frühjahr den zuge-frorenen Porcupine-Fluss auf dem Weg zu ihren Kalbungsplätzen im Arctic National Wildlife Refuge in Alaska. Seit einigen Jahren wird die Herde auf ihrer Wanderung nach Norden auf-gehalten, da tieferer Schnee und zunehmende Gefrier-Schmelz-Zyklen ihre Nahrung weniger verfügbar machen, sie mehr Zeit zum Weiden und zur Wanderung benötigen und ganz allge-mein der Gesundheitszustand der Herde beeinträchtigt ist. Gleichzeitig taut das Flusseis im Frühling eher. Wenn nun die Herde den Fluss erreicht, ist er nicht mehr zugefroren. Einige Kühe haben bereits auf der Südseite gekalbt und müssen den reißenden Fluss mit ihren neu-geborenen Kälbern durchqueren. Tausende Kälber sind schon den Fluss hinabgetrieben und verendet, so dass die Muttertiere ohne sie zu den Kalbungsplätzen weiterziehen mussten.

„Wenn ich ein Karibu wäre, wäre ich im Augenblick ziemlich ratlos."

Stephen Mills
Old Crow, Kanada

Kapitel der Studie

Sicht der Ureinwohner	Tier- u. Pflanzen-Management	Jagd, Herdenhaltung & Fischfang
3	11	12

Mögliche Auswirkungen der Klimaänderung auf die Porcupine-Karibuherde

Zustand der Klimaänderung	Auswirkung auf Lebensraum	Auswirkung auf Wanderungen	Auswirkung auf körperl. Zustand	Auswirkung auf Reproduktion	Implikationen für das Management
Frühere Schneeschmelze auf Küstenebene	Höhere Pflanzenwuchsrate	Zentrale Kalbungsplätze rücken weiter nach Norden	Kühe füllen Eiweißreserven schneller wieder auf	Höhere Wahrscheinlichkeit von Schwangerschaften	Besorgnis um Entwicklung im Nordteil des heutigen Kernkalbungsgebietes
		Geringere Nutzung der Vorgebirge zum Kalben	Höhere Wachstumsrate der Kälber		
			Geringeres Risiko, Räubern zum Opfer zu fallen	Höhere Überlebensrate der Kälber im Juni	
Wärmerer, trockenerer Sommer	Früheres Maximum der Biomasse	Wanderung aus Alaska früher in der Jahreszeit	Größere Belastung, die zu schlechterem Zustand führt	Niedrige Wahrscheinlichkeit von Schwangerschaften	Schutz von insektenarmen Gebieten wichtig
	Pflanzen werden früher hart	Stärkere Nutzung der Küstenregion während des Aufenthalts in Alaska			
	Verringerung der Mückenbrutplätze	Größere Abhängigkeit von insektenarmen Gebieten, insbesondere von Mitte bis Ende Juli			
	Signifikante Zunahme der Brunst-Aktivität				
	Größere Häufigkeit von Bränden im Winterverbreitungsgebiet				
	Weniger „Pilz"-Jahre				
Wärmerer, feuchterer Herbst	Häufigeres Vereisen	Karibus verlassen Verbreitungsgebiete mit starker Oberflächenvereisung	Unbekannt	Unbekannt	Schutz von Regionen mit flachem Schnee
Wärmerer, feuchterer Winter	Tieferer, dichterer Schnee	Vermehrte Nutzung von Regionen mit flachem Schnee	Größerer Gewichtsverlust im Winter	Mutterbindung wird früher gebrochen	
		Späteres Verlassen des Wintergebiets			
Wärmerer Frühling	Mehr Gefrier-Schmelz-Tage, Schnee bildet Eisschichten	Wanderung zu windigen Hängen	Beschleunigter Gewichtsverlust im Frühling	Höheres Risiko, Wölfen zum Opfer zu fallen, aufgrund von Nutzung windiger Hänge	Besorgnis wegen Zeitpunkt und Ort der Frühjahrs-Wanderung hinsichtlich des Jagdertrags
	Schnellere Frühlingsschmelze	Schnellere Frühjahrs-Wanderung			Niedrigere Produktivität aufgrund hoher Frühjahrs-Sterblichkeit
Gesamteffekt	Qualitätsverbesserung der Kalbungsgebiete Sommer-, Herbst- und Winter-Verbreitungsgebiete wahrscheinlich von geringerer Qualität	Jahreszeitliche Verteilung schlechter vorhersehbar, Zeitpunkt schlechter vorhersehbar	Verbesserte Juni-Verfassung aber schlechterer Spätsommer-Zustand, rascherer Gewichtsverlust im Winter und Vorfrühling	Höhere Schwangerschaftsraten, aber insgesamt geringere Überlebensquote und weniger Nachwuchs; Sterblichkeit später im Jahr (Spätwinter, Frühjahr); Herde wird wahrscheinlich kleiner.	Besorgnis, den Lebensraumschutz in Bezug auf Klimatrends einzuschätzen
	Extreme (z. B. sehr tiefer Schnee oder sehr späte Schmelze), die die Anpassung erschweren				Erfordernis, Auswirkungen der Klimaänderung auf Jagderträge einzukalkulieren
					Erfordernis, Auswirkungen des Klimas auf Muster und Zeitpunkt der Jagd zu vermitteln
					Erfordernis, Überwachungsprogramme ins Leben zu rufen

„Manchmal, wenn sie eigentlich auftauchen sollten, tauchen sie nicht auf. Mitunter erscheinen sie auch, wenn sie eigentlich gar nicht erscheinen sollten ... Es gibt 15 Dörfer in Nordostalaska und im nördlichen Yukon-Gebiet und noch einige im Nordwest Territory, wo alle von ein und derselben Karibuherde leben. Wir sind Karibu-Leute ..., und wir alle sind auf die eine Karibu-Herde angewiesen, die durch unsere Dörfer zieht."

Sarah James
Arctic Village, Alaska

Tauender Permafrost und andere Auswirkungen der Klimaänderung führen dazu, dass Süßwasser-Lebensräume verschwinden, sich umbilden und modifiziert werden, und deshalb wird es wahrscheinlich zu großen Verschiebungen der Arten und ihrer Nutzung der aquatischen Lebensräume kommen.

Süßwasser-Ökosysteme

Zu den Süßwasser-Ökosystemen in der Arktis gehören Flüsse, Seen, Tümpel und Feuchtgebiete sowie die dazugehörigen Tiere und Pflanzen. Zur Fauna zählen Fische wie Lachs, Bachforelle und Seeforelle, Wandersaibling, Kleine Maräne, Große Maräne und Äsche, Säugetiere wie Biber, Otter, Nerze und Bisamratten, Wasservögel wie Enten und Gänse sowie Fisch fressende Vögel wie Eistaucher, Fischadler und Weißkopf-Seeadler.

Die Klimaänderung wird sich direkt und indirekt auf diese Tiere und die damit verbundene Artenvielfalt auswirken. Zudem wird sie zu einem Wandel der physikalischen und chemischen Gegebenheiten in den Süßwasser-Lebensräumen führen. Von besonderer Bedeutung sind hier die Erhöhungen von Wassertemperatur und Niederschlag, das Tauen von Permafrost, Verminderungen in Dauer und Dicke von See- und Flusseis, Veränderungen im Zeitpunkt und in der Intensität der Einträge sowie erhöhte Abflussmengen von Umweltgiften, Nährstoffen und Sedimenten. Süßwasser-Ökosysteme sind auch deshalb für marine Systeme von Bedeutung, weil sie als Verbindungsglied zwischen Land- und Meeressystemen fungieren und die Einträge, die sie vom Land aufnehmen, in die marine Umwelt transportieren.

Erhöhungen der Wassertemperatur

Aufgrund der Erhöhungen der Wassertemperatur werden einige Arten wahrscheinlich nicht in den Bereichen von Bächen und Seen verbleiben können, die sie einst bewohnten. Weniger als optimale Temperaturbedingungen, kombiniert mit anderen möglichen Auswirkungen wie zum Beispiel der Wettbewerb mit Arten, die aus dem Süden einwandern, könnten die Verbreitungsgebiete einiger arktischer Süßwasser-Arten, wie Große Maräne, Wandersaibling und Kleine Maräne, erheblich schrumpfen lassen.

Tauender Permafrost

Bei steigenden Temperaturen taut gefrorener Boden, und so kann es zum Abfluss von Wasser aus Seen ins Grundwasser kommen, was schließlich den aquatischen Lebensraum in dem Gebiet auslöscht. Andererseits können durch den Zusammenbruch der Bodenoberfläche infolge tauenden Permafrosts Niederungen entstehen, in denen sich neue Feuchtgebiete und Tümpel und somit neue Lebensräume entwickeln. Wann diese Veränderungen ein Gleichgewicht erreichen, ist nicht bekannt, da aber die Süßwasser-Lebensräume verschwinden, sich umbilden und modifiziert werden, wird es wahrscheinlich zu großen Verschiebungen der Arten und ihrer Nutzung der aquatischen Habitate kommen.

Schrumpfende Tundra-Tümpel

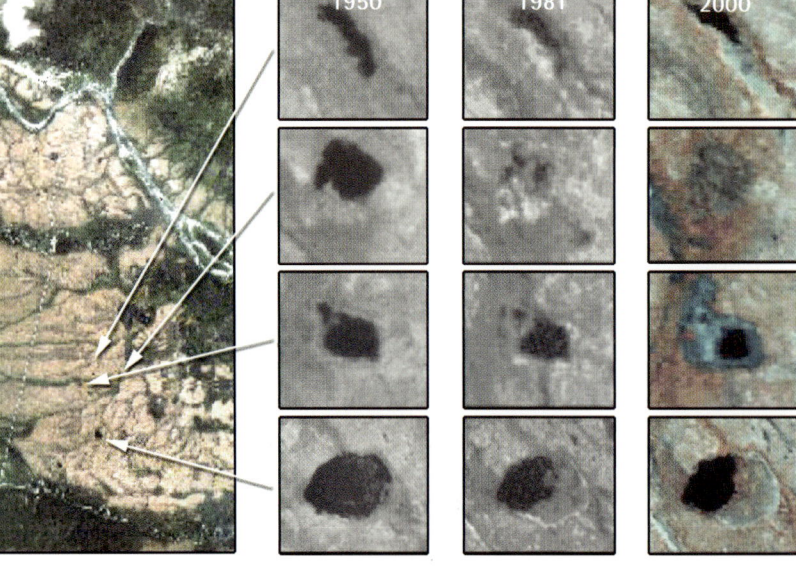

Die links abgebildeten Tümpel befinden sich auf der Seward Peninsula in Alaska. Von den 24 Tümpeln, die in dieser Region untersucht wurden, nahm bei 22 die Fläche zwischen 1951 und 2000 ab. Die Oberfläche zahlreicher Tundra-Tümpel hat abgenommen. Ein möglicher Mechanismus dieses Schrumpfungsprozesses ist ein inneres Versickern beim Tauen des flachen Permafrosts.

ACIA

Kapitel der Studie

Kryosphäre & Hydrologie	Süßwasser-Ökosysteme
6	8

Veränderungen der Eisbedeckung von Flüssen und Seen

Die Eisdecke und der zeitliche Ablauf der Frühjahrsschmelze haben großen Einfluss auf die Ökologie von Seen und Flüssen. Wenn sich der Zeitpunkt des Eisaufbruchs ändert, wird sich dies erheblich auf die Nährstoff-, Sediment- und Wasserversorgung auswirken, die wesentlich für das Gedeihen von Delta- und Überflutungsebenen ist. Der Wandel im Zeitpunkt der Eisbildung und im Eistyp beeinflusst zudem die Wassertemperatur und die Konzentration von gelöstem Sauerstoff. Die Veränderungen in Zusammensetzung und Vielfalt der Arten und im Gefüge des Nahrungsnetzes gehören zu den erwarteten Resultaten dieses Klimawechsels. Außerdem wird eine verringerte Eisbedeckung die Einwirkungszeit der UV-Strahlung und die damit verbundene Schädigung der Unterwasserlebensformen erhöhen.

In den letzten 100 Jahren sind das spätere Zufrieren und das frühere Aufbrechen von Fluss- und See-Eis zusammengekommen. Dadurch hat sich die Eissaison, je nach Standort, um eine bis drei Wochen verkürzt. Am markantesten ist dieser Trend in den westlichen Teilen Eurasiens und Nordamerikas. Er wird eine allgemeine Reduktion der Eisdecke auf den arktischen Flüssen und Seen bewirken, wobei die größten Verringerungen für die nördlichsten Landgebiete prognostiziert werden. Wann die Seen und Flüsse zufrieren und tauen, hängt stark von der Erwärmung ab, denn wenn Eis schmilzt, führt dies zu einer weiteren Erwärmung der Oberfläche, was eine stärkere Schmelze verursacht, was wiederum eine vermehrte Erwärmung bewirkt und so weiter. Längere eisfreie Perioden werden die Verdunstung erhöhen, was zu niedrigeren Wasserständen führt. Allerdings könnte dies durch eine Zunahme der Niederschläge wettgemacht werden, die aus der größeren Verfügbarkeit von ozeanischer Feuchtigkeit (dort, wo sich das Meereis zurückgezogen hat) resultiert. Dieser Wandel wird beeinflussen, ob die Treibhausgase Kohlendioxid und Methan von den nördlichen Moorlandschaften absorbiert oder freigesetzt werden. Niedrige Ebbe-und-Flut-Muster werden sich ebenso verändern wie die Konzentrationen der Sedimente, die von Flüssen in das Nordpolarmeer eingetragen werden.

Schadstoffe

Die Erwärmung wird sehr wahrscheinlich den Transport von Schadstoffen in die Arktis beschleunigen, und der erhöhte Niederschlag wird sehr wahrscheinlich die Menge an permanenten organischen Schadstoffen und Quecksilber erhöhen, die in der Region abgelagert sind. Mit dem Anstieg der Temperaturen werden auch Schnee- und Eismassen, die sich über Jahre bis Jahrzehnte angesammelt haben, schmelzen, und die darin eingelagerten Schadstoffe werden ins Schmelzwasser entweichen. Tauender Permafrost könnte auf ähnliche Weise die Schadstoffe mobilisieren. Dadurch werden in Flüssen und Tümpeln häufiger Phasen mit hohen Schadstoffkonzentrationen auftreten, die sich toxisch auf die aquatische Flora und Fauna auswirken können; auch der Transport von Umweltgiften in marine Gebiete wird dadurch möglicherweise zunehmen. Verstärkt werden diese Auswirkungen durch niedrigere Wasserstände, da mit höheren Temperaturen auch die Verdunstung steigt, (was möglicherweise durch zunehmende Niederschläge in einigen Gebieten wettgemacht wird). Die erhöhten Schadstoffkonzentrationen in arktischen Seen sammeln sich in Fischen und anderen Tieren und reichern sich immer weiter an, je weiter sie in der Nahrungskette nach oben steigen.

Daten des Aufbrechens der Eisdecke des Tanana-Flusses

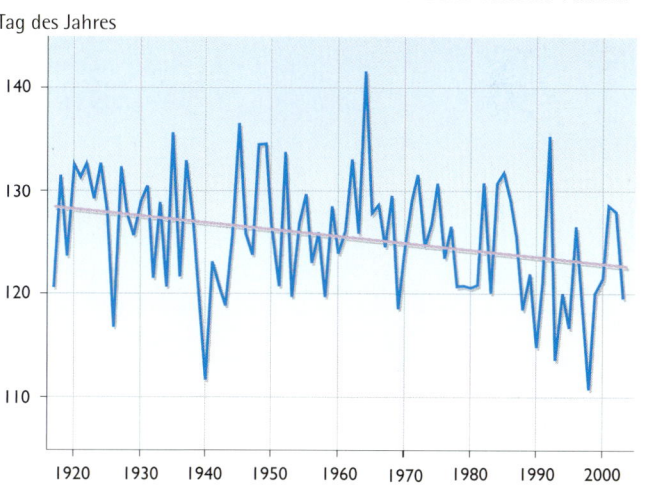

Diese Kurve zeigt die Daten für das Aufbrechen der Eisdecke des Tanana Rivers in Nenana, Alaska, in den vergangenen 80 Jahren. Obwohl es beträchtliche Schwankungen von Jahr zu Jahr gibt, besteht ein Trend zum früheren Aufbrechen von über einer Woche.

Süßwasser-Nahrungskette

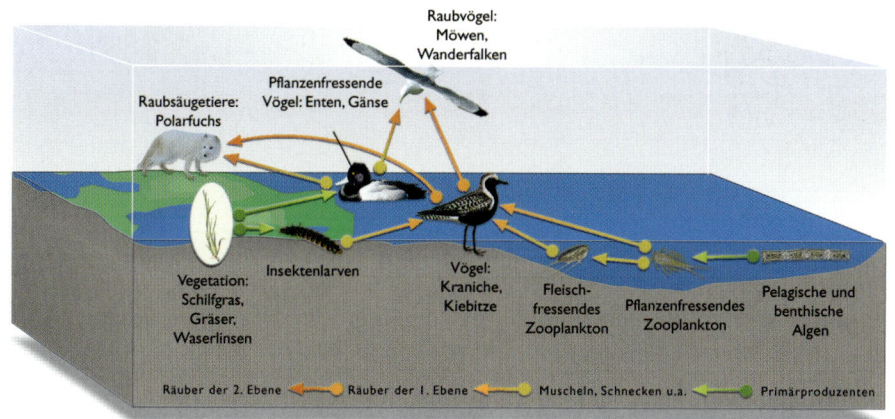

4 Vielfalt und Verbreitungsgebiete von Tierarten werden sich verändern.

Diese Veränderungen werden für den kommerziellen wie auch den Subsistenzfischfang in den Gebieten im hohen Norden potenziell verheerende Folgen haben, weil die anfälligsten Arten oft auch die einzig vorhandenen fischbaren sind.

Süßwasserfische

Der Prognose zufolge werden sich die südlichsten Arten nach Norden verschieben und mit anderen Arten um Ressourcen konkurrieren. Die Große Maräne, der Wandersaibling und die Kleine Maräne sind besonders anfällig für diese Verdrängung, da sie ganz oder überwiegend im Norden verbreitet sind. Mit dem Anstieg der Wassertemperaturen werden sich auch die Laichgründe der Kaltwasserarten nordwärts verschieben und wahrscheinlich zurückgehen. Im Zuge ihrer Wanderung nach Norden schleppen die südlichen Fischarten unter Umständen Parasiten und Krankheiten ein, an die die arktischen Fische nicht angepasst sind, wodurch für diese das Risiko des Aussterbens steigt. Diese Veränderungen werden für den kommerziellen wie auch den Subsistenzfischfang in den Gebieten im hohen Norden potenziell verheerende Folgen haben, weil die anfälligsten Arten oft auch die einzig vorhandenen fischbaren sind. In einigen südlichen Festlandgebieten der Arktis könnten die Neuankömmlinge dem Fischfang allerdings auch neue Chancen bieten, und durch die gestiegene Fruchtbarkeit einiger nördlicher Fischpopulationen aufgrund eines erhöhtem Wachstums könnten die Fangerträge bei einigen Arten steigen.

Wandersaibling

Der Wandersaibling (*Arctic char*) ist der nördlichste Süßwasserfisch der Welt. Er kommt in der gesamten Arktis vor. Einige Populationen sind in Seen eingeschlossen, wo sie sich von Mückenlarven ernähren und extrem langsam wachsen. Andere Bestände wandern im Sommer ins Meer, wo sie sich von Schalentieren und kleinen Fischen ernähren; die Saiblinge dieser Populationen wachsen schneller. Mit steigenden Wassertemperaturen in Binnengewässern, Flussmündungen und küstennahen marinen Gebieten wird sich wahrscheinlich – insbesondere in den mittleren Breiten ihrer Verbreitung - das Wachstum beider Saibling-Arten erhöhen, sofern es gleichzeitig zu einem allgemeinen Anstieg der Produktivität der Nahrungskette kommt. Dies wird wahrscheinlich die Möglichkeiten des Fischfangs verbessern, was aber vielleicht durch die Auswirkungen der Konkurrenz durch neue Fischarten aufgewogen wird. Forschungen zum Wandersaibling im Resolute Lake, Kanada, deuten darauf hin, dass steigende Temperaturen zu einer verstärkten Atmung führen, wodurch sich die Menge an Schwermetallen in den Fischen erhöht. Es wird erwartet, dass durch andere, auf der vorigen Seite beschriebene klimabedingte Veränderungen der Grad der Verseuchung zunimmt. Ferner werden die verminderte Eisbedeckung, der erhöhte Austausch zwischen den Wasserschichten und weitere erwärmungsbedingte Veränderungen laut Prognose dazu führen, dass die Seen die Schadstoffe, die in sie hineinfließen, verstärkt speichern.

Arktische Äsche

Der arktische Äsche (*Arctic grayling*) ist ein Flussfisch mit einer rund zwölfjährigen Lebensspanne. An einigen nördlichen Standorten ist sie die einzige Fischart, die in den lokalen Flüssen vorkommt. Im Toolik Lake (einem kleinen See in der Tundra Alaskas) hat

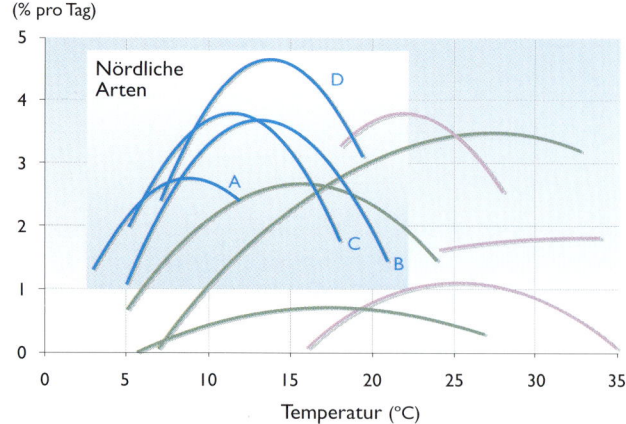

Wachstumsrate von Fischarten und Temperatur

Die Wachstumskurven (in Prozent pro Tag) für verschiedene Fischarten illustrieren, dass das Wachstum bei steigenden Temperaturen in der Regel bis zu einem gewissen Punkt zunimmt und dann wieder abnimmt, wenn die Temperatur weiter ansteigt. Die nördlichen Arten (A. Wandersaibling, B. Kleine Maräne, C. Seeforelle und D. Bachforelle – alle mit Blau gekennzeichnet) gruppieren sich um die niedrigeren Temperaturen zur Linken; sie weisen eine eher steile Kurve auf, was darauf hindeutet, dass optimales Wachstum nur in einem schmalen Bereich von normalerweise niedrigen Temperaturen erzielt wird. Das lässt darauf schließen, dass die Fähigkeit zur Anpassung an ein wärmeres Klima wahrscheinlich recht begrenzt ist. Die nicht gekennzeichneten Kurven stehen für verschiedene Arten der niedrigeren Breiten.

Kapitel der Studie | Süßwasser-Ökosysteme **8**

man 25 Jahre lang Datenmaterial zur Äsche gesammelt, wobei man jedem einzelnen Fisch in dem Fließgewässer nachspürte. Die Ergebnisse zeigen, dass sich die jungen Äschen in warmem Wasser wohlfühlen, die erwachsenen Tiere hingegen schlecht gedeihen und in warmen Jahren sogar an Gewicht verlieren. Die prognostizierte Klimaerwärmung wird deshalb wahrscheinlich die Ausmerzung der Population zur Folge haben, wobei andere Arten keine Gelegenheit haben werden, auf natürlichem Wege in den See zu gelangen.

Seeforelle

Langzeitstudien prognostizieren, dass die Klimaerwärmung die Seeforelle enorm belasten wird, und zwar mit allen damit verbundenen Auswirkungen auf das Nahrungsnetz. Am markantesten werden die Folgen für die Seeforelle in kleineren Seen im südlichen Teil ihres Verbreitungsgebiets in der Arktis sein; die Effekte in größeren, nördlicheren Seen können positiv sein, zumindest kurzfristig. Langzeitstudien im Toolik Lake, Alaska, zufolge wird ein wärmeres Klima wahrscheinlich das Aussterben dieser Seeforellenpopulation bedeuten. Forschungen zufolge könnte ein Anstieg der Juli-Oberflächenwassertemperatur von 3° C bei einer einjährigen Seeforelle dazu führen, dass sie achtmal mehr Nahrung zu sich nehmen muss als derzeit erforderlich ist, nur um einen angemessenen körperlichen Zustand aufrechtzuerhalten. Dieser Bedarf übersteigt das Nahrungsangebot in dem See bei weitem.

Ferner wird erwartet, dass die prognostizierte Verbindung von höheren Temperaturen, längerer Saison mit eisfreiem Wasser und erhöhtem Phosphor im Wasser (das beim Tauen von Permafrost in die Bäche entweicht) die Vermehrung kleiner aquatischer Lebensformen, die Sauerstoff verbrauchen, erhöht. Dadurch würde die Sauerstoffkonzentration im tieferen Wasser unter das von der Seeforelle (und einigen anderen Lebewesen) benötigte Niveau fallen und der Bodenwasser-Lebensraum schrumpfen. Sollte sich das Oberflächenwasser über den für diese Fische erforderlichen Schwellenwert hinaus erwärmen, würden die Forellen in den schrumpfenden Lebensraum zwischen den ungünstigen Bedingungen nahe der Oberfläche und denen am Boden des Sees eingezwängt. Der Verlust der Seeforelle, des obersten Beutejägers in diesem System, wird wahrscheinlich kaskadenartige Effekte für das ganze Nahrungsnetz haben, und zwar mit gravierenden Folgen für das Gefüge wie auch das Funktionieren des Ökosystems.

Meeressäuger und Wasservögel

Mit der erwärmungsbedingten Veränderung werden sich die Verbreitungsgebiete der Meeressäuger und Wasservögel nach Norden ausweiten. Zudem wird die saisonale Wanderung, falls die Temperaturen hoch genug sind, wahrscheinlich im Frühling eher und im Herbst später stattfinden. Die Hauptantriebskräfte des Wandels in den Wanderungsmustern werden die Eignung der Brutgebiete und der Zugang zu Nahrung sein. So sind Feuchtgebiete im Frühjahr wichtige Brut- und Futterplätze für Enten und Gänse. Mit dem Tauen des Permafrosts werden wahrscheinlich mehr Feuchtgebiete entstehen, was die frühere Wanderung der südlichen Feuchtgebiet-Arten nach Norden fördert bzw. die Anzahl und Vielfalt der gegenwärtigen nördlichen Arten erhöht. Parallel dazu müsste jedoch auch das lokale Nahrungsangebot zu einem früheren Zeitpunkt verfügbar sein, damit diese Folgen eintreten können.

Die Säugetier- und Vogelarten, die nordwärts ziehen, werden wahrscheinlich Krankheiten und Parasiten einschleppen, die für die arktischen Arten bisher unbekannte Risiken darstellen. Eine weitere mögliche Bedrohung infolge der Wanderungsbewegung der südlichen Arten nach Norden besteht darin, dass diese die nördlichen Arten im Kampf um Lebensräume und Ressourcen besiegen können. Die nördlichen Arten pflanzen sich möglicherweise geringer fort, wenn sich der geeignete Lebensraum entweder nach Norden verschiebt oder kleiner und schwerer zugänglich wird.

⑤ Orte und Anlagen an der Küste werden erhöhter Sturmgefahr ausgesetzt.

Steigende Temperaturen verändern die arktischen Küstenlinien und für dieses Jahrhundert werden noch wesentlich größere Veränderungen infolge des reduzierten Meereises, des tauenden Permafrosts und des Meeresspiegelanstiegs prognostiziert. Durch dünneres, weniger umfangreiches Meereis entsteht mehr offenes Wasser, wodurch der Wind eine stärkere Wellenaktivität erzeugen kann, was die wellenbedingte Erosion an den arktischen Küsten verstärkt. Der Meeresspiegelanstieg und der tauende Permafrost an den Küsten verschärfen dieses Problem. In einigen Gebieten verbinden sich durch die Küstenerosion grobe Sedimente mit gefrorenem Meerwasser, was riesige Eisblöcke entstehen lässt, die Sedimente über Entfernungen von mehr als 100 km transportieren. Diese sedimentreichen Eisblöcke stellen eine Gefahr für die Schifffahrt dar und verstärken die Küstenerosion, wenn sie vom Wind weitergetrieben werden. Durch höhere Wellen entsteht ein noch größeres Risiko für diese Art von Erosionsschäden.

Erosionsanfällige arktische Küstengebiete

„Einige unserer Ansiedelungen erodieren vor unseren Augen ins Meer, weil das mehrschichtige Eis zurückgeht und stärkere Stürme eine viel größere Angriffsfläche haben."
Duane Smith
Inuit Circumpolar Conference, Kanada

🟩 Lockergesteinsküsten

🟨 Festgesteinsküsten

🟥 Weniger als 10 m über mittlerem Meeresspiegel

 Kapitel der Studie

Sicht der Ureinwohner	Kryosphäre & Hydrologie	Infrastruktur
3	6	16

Ein steigender Meeresspiegel wird sehr wahrscheinlich nicht nur in der Arktis, sondern weltweit zur Überschwemmung von Sümpfen und flachen Küstengebieten führen, die Strandererosion beschleunigen, die Küstenüberflutung verschlimmern und zur Folge haben, dass Salzwasser in Buchten, Flüsse und ins Grundwasser dringt. Der lokale Anstieg des Meeresspiegels hängt sowohl von der Ausdehnung der Meere ab als auch von tektonischen Kräften (z. B. Nachwirkungen der letzten Eiszeit), die auf die Erdkruste wirken und zur Hebung oder Senkung von örtlichen Küstenlinien führen. Das Ausmaß dieser Entwicklungen an den arktischen Küsten variiert sehr stark, obwohl die niedrig liegenden arktischen Küstenebenen sich im Allgemeinen nicht heben, was sie anfälliger für die negativen Auswirkungen eines Meeresspiegelanstiegs macht. Ein höherer Meeresspiegel an Flussmündungen und in Buchten lässt das Salzwasser weiter ins Inland vordringen. Stürme, die mit stärkeren Regenfällen an der Küste einhergehen, werden die Erosion verstärken, weil sie den Abfluss und die Menge der beweglichen Sedimente in den Küstengewässern erhöhen.

Küstenregionen mit darunter liegendem Permafrost sind besonders erosionsanfällig, weil das unter dem Meeresboden und unter der Küste liegende Eis bei Kontakt mit wärmerer Luft und wärmerem Wasser taut. Obwohl bislang kaum konkrete Beobachtungsdaten vorliegen, wird generell erwartet, dass der prognostizierte Anstieg der Luft- und Wassertemperatur, der Rückgang des Meereises und die zunehmende Höhe und Häufigkeit von Sturmfluten einen destabilisierenden Effekt auf den Permafrost an den Küsten haben und die Erosion verstärken werden. Niedrig liegende eisreiche Permafrostküsten sind folglich am anfälligsten für durch Wellen verursachte Erosion. Eine Folge dieser Erosion ist, dass mehr Sediment in Küstengewässer gelangt, mit negativen Auswirkungen für marine Ökosysteme. Eine zunehmende Permafrostdegradation an den Küsten könnte auch dazu führen, dass größere Mengen an Kohlendioxid und Methan freigesetzt werden. Die Küstenerosion wird einige Häfen, Tankerterminals und andere Industrieanlagen ebenso wie Küstenorte vor wachsende Probleme stellen. In einigen Städten und Industrieanlagen beginnt die Erwärmung, ihren Tribut zu fordern, und hat bereits so schwere Schäden verursacht, dass eine Umsiedelung bevorsteht.

In Nelson Lagoon, einem Ort in Alaska, haben die Einwohner immer stärkere Wellenbrecher entlang der Küste gebaut, nur um mitansehen zu müssen, wie diese durch immer heftigere Stürme zerstört wurden. Die Anlagen sollten das Küsteneis schützen, das wiederum als Hauptpuffer gegen die Wellenaktivität der Winterstürme diente. Aufgrund der wärmeren Winter ist der vom Küsteneis gebildete Puffer verloren gegangen, so dass die Wellen mit voller Wucht gegen die Mauern und das Dorf branden. Auch die Rohrleitung, die den Ort mit Trinkwasser versorgt, geriet in Gefahr, als Sturmwellen die Erdschicht abtrugen und zu einem Bruch der Leitung führten.

Die Erosionsanfälligkeit eines Küstenstrichs ist abhängig vom Meeresspiegel, der Beschaffenheit des Küstenbodens sowie von Umweltfaktoren wie tektonischen Kräften und Wellenaktivitäten. Arktische Lockergesteinsküsten (grün) mit veränderlichen Eisanteilen im Boden sind erosionsanfälliger als Festgesteinsküsten (orange). Die abgebildeten Fotos von den Küsten der Petschora-, Laptew- und Beaufortsee zeigen instabile Umweltbedingungen. Tektonische Kräfte führen an einigen Orten zu Bodenhebungen, so etwa im kanadischen Archipel, in Grönland und Norwegen, und andernorts zu Absenkungen wie entlang der Beaufortsee und der sibirischen Küste. Gebiete (rot), die weniger als 10 m über dem mittleren Meeresspiegel liegen, sind besonders anfällig.

Die Küstenerosion wird einige Häfen, Tankerterminals und andere Industrieanlagen ebenso wie Küstenorte vor wachsende Probleme stellen.

5 Orte und Anlagen an der Küste werden erhöhter Sturmgefahr ausgesetzt.

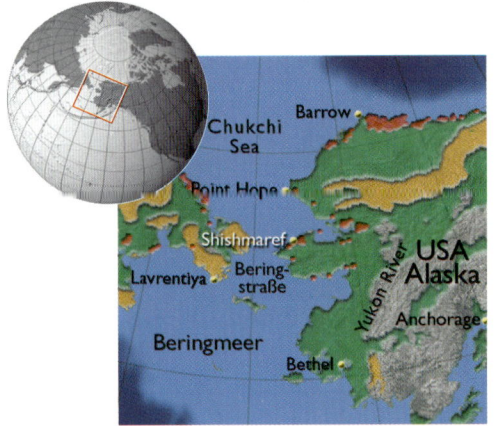

Shishmaref, Alaska, steht vor der Evakuierung

Das Dorf Shishmaref, das auf einer seit 4000 Jahren besiedelten Insel direkt vor der Küste Nordalaskas liegt, steht vor der Evakuierung. Steigende Temperaturen führen zu einem Rückgang des Meereises und lassen den Permafrost an der Küste tauen. Durch das schwindende Meereis wird die Küste von höheren Sturmfluten erreicht, und der tauende Permafrost macht sie erosionsanfälliger, wodurch Wohnhäuser, Wasserleitungen und andere Teile der Infrastruktur zerstört werden.

Das Problem der Küstenerosion hat sich in Shishmaref in den letzten Jahren dramatisch verschärft. Über ein Dutzend Häuser an der Küste mussten bereits weiter ins Land versetzt werden. Die 600 Einwohner sahen, wie das eine Ende ihres Dorfes weggerissen wurde, als in einer einzigen Sturmnacht 15 m Land verloren gingen. Durch das schwindende Meereis haben die Einwohner auch nicht mehr die Möglichkeit, wie üblich Anfang November über das Eis aufs Festland zu gelangen, um Elche und Karibus zu jagen. Die Bucht ist im Herbst jetzt ein offenes Gewässer.

„Ich bin auf dem Festland zur Schule gegangen und als ich zurückkam, war mein Haus weg. Man hatte es auf die andere Seite des Dorfes versetzt, sonst wäre es eingestürzt."

Leona Goodhope
Shishmaref, Alaska

Der Dorfälteste Clifford Weyiouanna sagt: „Die Strömungen haben sich verändert, die Eisbedingungen haben sich verändert und auch der starke Frost an der Tschuktschensee hat sich total verändert. Früher waren wir hier Ende Oktober eingefroren, heute erst gegen Weihnachten. Unter normalen Umständen müsste das Eis da draußen etwa 4 Fuß (1,2 m) dick sein. Als ich jetzt draußen war, war das Eis nur einen Fuß (0,3 m) dick."

Die Dorfbewohner schätzen, dass sie in den letzten 40 Jahren Hunderte von Quadratmetern Land verloren haben. Robert Iyatunguk, Erosionskoordinator des Dorfes, erklärt, dass der Rückgang des Meereises das Dorf anfälliger für immer stärkere Unwetter mache. „Jeder hier merkt, dass die Stürme häufiger werden, der Wind stärker, die Wellen höher. Bei 12–14 Fuß (ca. 4 m) hohen Wellen wird dieser Ort nach wenigen Stunden ausradiert sein. Wir sind in Panik, weil wir so viel Land verlieren. Wenn unser Flughafen überschwemmt wird, können wir eine Luftevakuierung vergessen."

Kapitel der Studie

Kryosphäre & Hydrologie	Gesundheit des Menschen	Infrastruktur
6	15	16

Starke Erosion in Tuktoyaktuk, Kanada

Tuktoyaktuk ist der wichtigste Hafen in der westkanadischen Arktis und die einzige feste Siedlung an der tief liegenden Küste der Beaufortsee. Diese Lage macht den Ort höchst anfällig für die zunehmende Küstenerosion, die durch die verringerte Ausdehnung und Dauer des Meereises, das beschleunigte Tauen des Permafrosts und den Anstieg des Meeresspiegels ausgelöst wird. Die Tuktoyaktuk-Halbinsel ist gekennzeichnet durch sandige Landzungen, vorgelagerte Inseln und mehrere Seen, die durch den tauenden Permafrost und den dadurch verursachten Zusammenbruch des Untergrundes entstanden sind („Thermokarst"-Seen). Die Erosion stellt in der Gegend von Tuktoyaktuk bereits jetzt ein ernsthaftes Problem dar, bedroht kulturelle und archäologische Stätten und hat eine Grundschule, mehrere Wohnhäuser und andere Gebäude unbewohnbar gemacht. Schutzkonstruktionen an der Küste sind immer wieder schnell durch Sturmfluten und die damit einhergehenden Wellen zerstört worden.

Bei fortschreitender Erwärmung und einem beschleunigten Anstieg des Meeresspiegels wird erwartet, dass sich die Küste weiter landeinwärts verschiebt, dass Inseln erodieren, tief liegende Gebiete häufiger überschwemmt werden und die Süßwasser-Thermokarst-Seen einbrechen und sich daraufhin in Brack- oder Salzwasserlagunen verwandeln. Durch den steigenden Meeresspiegel, das verstärkte Abtauen des Permafrosts und die länger eisfrei bleibenden Gewässer, die die Gefahr schwerer Küstenstürme erhöhen, wird sich die derzeit sehr schnell voranschreitende Klippenerosion lt. Prognose weiter beschleunigen. Versuche, die Erosion in Tuktoyaktuk unter Kontrolle zu bekommen, werden immer größere Kosten verursachen, wenn die umliegende Küste weiter zurückweicht. Der Ort könnte schließlich unbewohnbar werden.

Erosion bedroht russisches Öllager

Das Öllager in Varandei an der Petschorasee wurde auf einer vorgelagerten Insel gebaut. Der Bau und der Betrieb der Anlage haben zu Schäden an den Dünen und am Strand geführt, die das natürliche Tempo der Erosion beschleunigen. Die Küsten an der Petschorasee gelten als relativ stabil, außer an den Stellen, wo der Mensch das natürliche Gleichgewicht zerstört hat.

Dadurch ist auch dieser Ort anfälliger für Sturmfluten und die damit einhergehenden Wellen, die sich bei fortschreitender Klimaerwärmung zu einem wachsenden Problem entwickeln werden. Wie bei den anderen hier beschriebenen Orten wird prognostiziert, dass der Rückgang des Meereises, der tauende Permafrost an der Küste und der Meeresspiegelanstieg das bestehende Erosionsproblem verschlimmern werden. Der Fall zeigt beispielhaft, wie Folgen des Klimawandels mit anderen vom Menschen verursachten Belastungen zusammenwirken können. Orte, die bereits aufgrund menschlicher Aktivitäten bedroht sind, reagieren häufig anfälliger auf die Auswirkungen des Klimawandels.

6 · Rückgang des Meereises wird Schifffahrt und Zugang zu Ressourcen erleichtern.

Beobachtungen über die letzten 50 Jahre zeigen einen Rückgang der arktischen Meereisausdehnung in allen Jahreszeiten, insbesondere im Sommer. Nach Schätzungen neuerer Studien hat sich in den letzten Jahrzehnten die durchschnittliche jährliche Meereisausdehnung in der gesamten Arktis um etwa 5–10 % und die durchschnittliche Eisdicke um etwa 10–15 % verringert. Messungen mit U-Boot-Sonar im zentralen Nordpolarmeer ergaben einen vierzigprozentigen Rückgang der Eisdicke in diesem Gebiet. Zusammengenommen deuten diese Trends darauf hin, dass die Meereisdecke im Nordpolarmeer über längere Zeiträume dünner und von geringerer Ausdehnung sein wird, was bessere Schifffahrtsmöglichkeiten an den Rändern des Arktischen Beckens impliziert (obwohl diese Entwicklung nicht gleichmäßig in allen Regionen ablaufen wird).

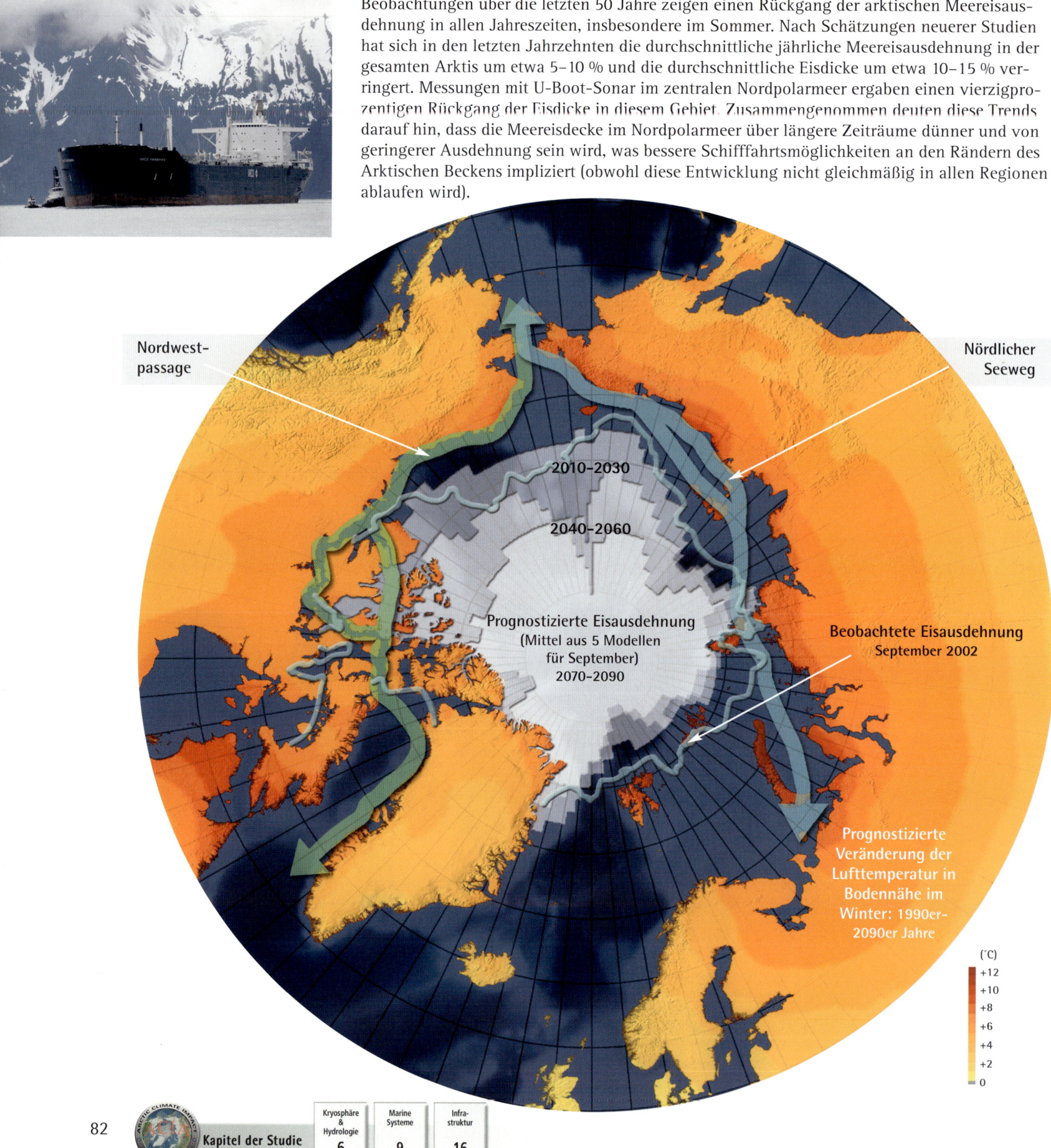

Nordwest-passage

Nördlicher Seeweg

2010–2030

2040–2060

Prognostizierte Eisausdehnung
(Mittel aus 5 Modellen
für September)
2070–2090

Beobachtete Eisausdehnung
September 2002

Prognostizierte Veränderung der Lufttemperatur in Bodennähe im Winter: 1990er-2090er Jahre

(°C)
+12
+10
+8
+6
+4
+2
0

Kapitel der Studie

Kryosphäre & Hydrologie	Marine Systeme	Infra-struktur
6	9	16

Klimamodelle prognostizieren eine Beschleunigung dieses Trends, mit ausgedehnten Schmelzphasen, die sich immer weiter in das Frühjahr und den Herbst ausdehnen werden. Modellprojektionen zufolge wird sich das Meereis im Sommer immer weiter von den meisten arktischen Landmassen zurückziehen, was neue Seewege eröffnen und die Schifffahrtssaison verlängern wird.

Die Schifffahrtssaison wird häufig als die Anzahl der Tage pro Jahre definiert, an denen schiffbare Bedingungen herrschen, was im Allgemeinen bedeutet, dass die Eiskonzentration weniger als 50 % beträgt. Die Schifffahrtssaison für den Nördlichen Seeweg wird sich laut Prognose bis 2080 von derzeit 20–30 Tagen pro Jahr auf 90–100 Tage pro Jahr ausweiten. Schiffe mit Eisbrecherausrüstung können in Gewässern mit einer Eiskonzentration von bis zu 75 % fahren, wodurch sich die Schifffahrtssaison für diese Schiffe bis 2080 auf etwa 150 Tage pro Jahr ausweiten könnte. Die Eröffnung von Schifffahrtswegen und die Verlängerung der Schifffahrtssaison könnten erhebliche Auswirkungen auf das Transportwesen und den Zugang zu natürlichen Rohstoffen haben.

Der Nördliche Seeweg

Der Nördliche Seeweg (NSR für Northern Sea Route) ist der offizielle russische Name für die saisonal eisbedeckten Seeschifffahrtswege im Norden Eurasiens, von Nowaja Semlja im Westen zur Beringstraße im Osten. Die NSR wird vom russischen Verkehrsministerium verwaltet und ist seit 1991 für den internationalen Schiffsverkehr freigegeben. Verglichen mit südlichen Routen über den Suez- oder Panamakanal bringt die NSR bei transarktischen Routen von Nordeuropa zum nordöstlichen Asien und zur Nordwestküste Nordamerikas Entfernungseinsparungen von bis zu vierzig Prozent.

Zudem macht die NSR russische Arktisregionen für Schiffe zugänglich, die nördlich von Europa oder ostwärts in die Karasee fahren und westwärts nach Europa oder Nordamerika zurückkehren. Von der Pazifikseite bietet der NSR regionalen Zugang für Schiffe, die durch die Beringstraße zu Häfen in der Laptew- und Ostsibirischen See fahren und ostwärts mit Fracht nach Asien zurückkehren. Seit 1979 halten russische Eisbrecher die westliche Region der NSR ganzjährig frei und bieten damit eine Route durch das Karator und über die Karasee bis zum Jenissej.

Die russische Arktis enthält beträchtliche Öl-, Erdgas-, Holz-, Kupfer- und Nickelvorkommen, die sich am besten über den Seeweg exportieren ließen. Die regionale ebenso wie die transarktische Schifffahrt über die NSR wird sehr wahrscheinlich von einem weiteren Rückgang des Meereises und einer verlängerten Schifffahrtssaison profitieren.

Das Satellitenbild der Eisausdehnung vom 16. September 2002 zeigt anschaulich den Meereszugang am Arktischen Becken. Durch derart geringe Eisausdehnungen im Sommerminimum entstehen weite Strecken offenen Gewässers entlang der NSR. Je weiter sich die Eisgrenze nach Norden zurückzieht, desto weiter nach Norden können Schiffe auf transarktischen Fahrten durch offene Gewässer navigieren und dadurch die flachen Schelfufergewässer und schmalen Meerengen der russischen Arktis meiden.

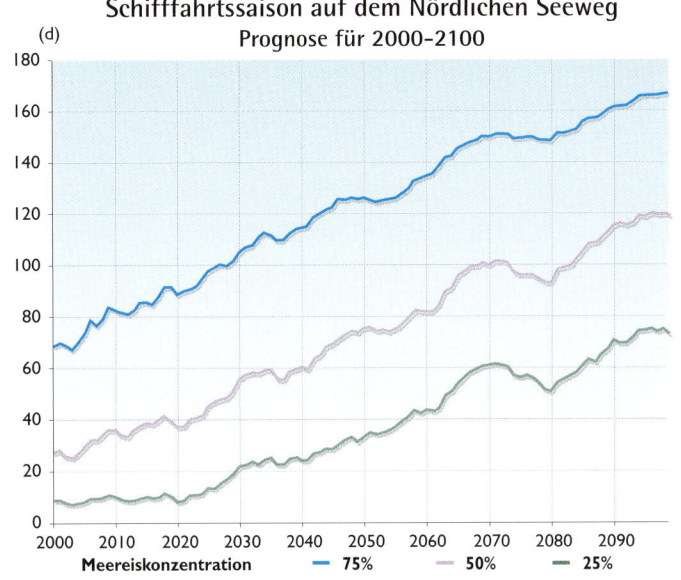

Schifffahrtssaison auf dem Nördlichen Seeweg
Prognose für 2000–2100

Meereiskonzentration — 75% — 50% — 25%

Das Diagramm zeigt den prognostizierten Anstieg der Schifffahrtstage für den Nördlichen Seeweg (NSR) als Durchschnitt aus fünf ACIA-Modellprojektionen.

Beobachtete Meereisdecke
16. September 2002

6 Rückgang des Meereises wird Schifffahrt und Zugang zu Ressourcen erleichtern.

Hoheitsrechte, Sicherheit und Umweltschutz

Da der Rückgang des arktischen Meereises neue, historisch verschlossene Seewege eröffnet, ergeben sich wahrscheinlich Fragen bezüglich der Hoheitsrechte über Schifffahrtsrouten und Meeresressourcen ebenso wie Fragen nach Sicherheit und Umweltschutz. Eine Folge der prognostizierten Zugangserweiterung für Schiffstransporte und Offshore-Erschließungen wird sein, dass neue und überarbeitete nationale und internationale Bestimmungen zu Meeressicherheit und Umweltschutz erforderlich werden. Eine weitere wahrscheinliche Folge des verbesserten Meereszugangs ist eine Zunahme potenzieller Konflikte zwischen konkurrierenden Nutzern von arktischen Wasserstraßen und Küstengewässern, z. B. im Nördlichen Seeweg und der Nordwestpassage. Kommerzieller Fischfang, Robbenjagd, die Meerestierjagd der Ureinwohner, Tourismus und Schifffahrt konkurrieren allesamt um die engen Durchgänge dieser Wasserstraßen, die auch die bevorzugten Wanderungsrouten von Meeressäugern sind.

Neue und überarbeitete nationale und internationale Bestimmungen zu Meeressicherheit und Umweltschutz werden erforderlich sein.

Der bessere Zugang zu arktischen Küstenmeeren – für Schiffstransporte, Offshore-Erschließungen, Fischfang und andere Nutzungen – wird eine Ausweitung der Dienstleistungen von nationalen und regionalen Regierungen erfordern – z. B. Hilfe für Eisbrecher, bessere Eiskarten und Wettervorhersagen, schnellere Rettung aus Gefahrensituationen und stark verbesserte Reinigungskapazitäten für ölverschmutztes Eis. Das Meereis nimmt zwar in Dicke und Umfang ab, wird aber wahrscheinlich in vielen Küstenregionen, wo vorher Festeis und relativ stabile Bedingungen vorherrschten, beweglicher und dynamischer werden. Konkurrierende Meeresnutzungen in neu zugänglichen oder nur noch teilweise mit Eis bedeckten Gebieten werden eine verstärkte Präsenz von Aufsichtsorganen notwendig machen, die auf die Einhaltung geltender Bestimmungen achten.

Bei einem erweiterten Zugang zum Nordpolarmeer werden Schiffe, die diese Region durchqueren, höheren baulichen Standards genügen müssen als Schiffe, die im offenen Meer operieren. Internationale und einzelstaatliche Sicherheits- und Umweltschutzbestimmungen für arktische Gewässer werden berücksichtigen müssen, dass jedes Schiff auf seiner Fahrt mit hoher Wahrscheinlichkeit auf Eis stoßen wird. Solche Schiffe werden höhere Bau-, Betriebs- und Wartungskosten verursachen.

Veränderungen des Meereises könnten die Schifffahrt schwieriger machen

Nicht alle teilen die verbreitete Annahme, dass sich der Rückgang des Meereises – zumindest zu Beginn des 21. Jahrhunderts – zwangsläufig als Segen für die Schifffahrt erweisen wird. Jüngste Veränderungen des Meereises könnten in der Tat die Nordwestpassage weniger vorhersagbar für die Schifffahrt machen. Studien des Canadian Ice Service zeigen, dass sich die Meereisbedingungen in der kanadischen Arktis in den letzten drei Jahrzehnten durch starke jährliche Schwankungen auszeichneten. Diese Variabilität bestand trotz der Tatsache, dass seit 1968/1969 in der gesamten Region ein allgemeiner Rückgang der Meereisausdehnung während des Septembers zu beobachten war. In der ostkanadischen Arktis war die Meereisfläche in einigen Jahren (1972, 1978, 1993 und 1996) doppelt so groß wie im ersten oder zweiten darauf folgenden Jahr. Diese signifikante Variabilität der Meereisbedingungen von einem Jahr zum anderen macht die Planung eines regelmäßigen Schiffsverkehrs auf der Nordwestpassage sehr schwierig.

Außerdem deuten Forschungsergebnisse des kanadischen Institute of Ocean Sciences darauf hin, dass die Menge des mehrjährigen Meereises, das sich in die Nordwestpassage bewegt, von Blockaden oder „Eisbrücken" in den nördlichen Kanälen und Meerengen des kanadischen Arktisarchipels begrenzt wird.

Kapitel der Studie

Infrastruktur
16

Bei einer Klimaerwärmung in der Arktis, mit höheren Temperaturen und einer längeren Schmelzphase, werden diese Brücken wahrscheinlich leichter destabilisiert (und in jedem Winter für kürzere Zeit bestehen), so dass eine schnelle Eisbewegung in den Kanälen und Meerengen zunehmen könnte. Dadurch erhöht sich möglicherweise die Menge des mehrjährigen Eises ebenso wie die Anzahl der Eisberge, die in die Seewege der Nordwestpassage gelangen, so dass zusätzliche Gefahren für die Schifffahrt entstehen. Trotz der großflächigen Reduktion des Meereises im Arktischen Becken erzeugt die ungewöhnliche Geographie des kanadischen Arktisarchipels eindeutig äußerst komplexe Meereisbedingungen und einen hohen Grad an Variabilität für die kommenden Jahrzehnte.

Ölunfälle: Ein Beispiel für die Risiken, die mit einem erweiterten Zugang verbunden sind

Mit einem besseren Zugang zu Schifffahrtsrouten und Rohstoffen wächst das Risiko damit einhergehender Umweltschäden. Ein offenkundiges Problem sind Ölteppiche und andere Industrieunfälle. Nach einer aktuellen Studie sind die Auswirkungen von Ölunfällen in einer kalten Meeresumwelt in hohen Breiten wesentlich langfristiger und gravierender als ursprünglich angenommen.

1989 lief die Exxon Valdez bei dem Versuch, einem Eisberg auszuweichen, auf ein Riff im Prince-William-Sund (Alaska). 42 Millionen Liter (11 Millionen Gallonen) Rohöl ergossen sich ins Meer. Es war das größte Tankerunglück in der Geschichte der USA, bei dem mindestens 250 000 Seevögel und Tausende von Meeressäugern umkamen. Kommerzielle Fischfanggründe und traditionell für die Nahrungssammlung genutzte Gebiete mussten aufgegeben werden. Wissenschaftler wussten, dass die unmittelbaren Folgen verheerend sein würden, doch einige sagten voraus, dass die Umwelt sich rasch erholen würde, sobald sich das Öl zersetzen und auflösen würde. Stattdessen stellte man fest, dass das Meeresleben viele Jahre unter den Folgen litt und weiterhin leidet, weil sogar winzigste Ölreste sich nachteilig auf Lebensdauer, Fortpflanzung und Wachstum von Fischen, Seevögeln und Meeressäugern auswirken und zu nachhaltigen Problemen führen.

Die aktuelle Studie ergab, dass die Strände des Prince-William-Sunds im Sommer 2003 immer noch vom Öl der Valdez durchsetzt waren. „Das Öl sickert in Hohlräume", erklärt Stanley Rice vom Labor des National Marine Fisheries Service in Juneau, Alaska. Er leitete ein Team, das im Jahr 2003 etwa 1000 Gruben an Stränden aushob. „Dort klebt das Öl noch genauso wie zwei oder drei Wochen nach dem Unfall", so Rice. „Seeotter und andere Tiere, die nach Nahrung graben, sind dem Öl und seinen schädlichen Folgen ausgesetzt." Untersuchungen von Seeottern, Kragenenten, Lachsen und Schalentieren zeigen, dass die Ölreste an manchen Stränden so viel Kohlenwasserstoffe freisetzen, dass einige Spezies noch viele Jahre unter chronischen Problemen leiden werden.

Nach Meinung von Experten ist für Unfälle in der Arktis eine umfassende Präventionsstrategie erforderlich. Neue Sicherheitsbestimmungen für Schiffe, Offshore-Bauten, Hafenanlagen und verschiedenste Aktivitäten an der Küste müssen darauf ausgerichtet sein, die Risiken von Unfällen durch strengere Bau- und Betriebsvorschriften zu verringern. Dennoch werden Unfälle in der Arktis erwartet und die Gegenmaßnahmen in eisbedeckten Gewässern werden komplexer und anspruchsvoller sein als im Prince-William-Sund oder im offenen Meer, vor allem da wirksame Gegenmaßnahmen erst noch entwickelt werden müssen.

Schlüsselergebnis #6

SCHLÜSSELERGEBNISS #7

(7) Tauender Boden wird Verkehrswege, Gebäude und die Infrastruktur schädigen.

Landtransporte

Anders als in den meisten Teilen der Welt sind die arktischen Landgebiete im Winter, wenn die Tundra gefroren ist und Eisstraßen und –brücken zur Verfügung stehen, im Allgemeinen leichter zugänglich als im Sommer, wenn die oberste Schicht des Permafrosts taut und morastiges Terrain die Fortbewegung auf dem Landweg erschwert. Viele industrielle Aktivitäten hängen davon ab, dass die Erdoberfläche gefroren ist, und viele Gemeinden sind für den Transport von Lebensmitteln und anderen Gütern auf Eisstraßen angewiesen. Steigende Temperaturen führen bereits zu einer Verkürzung der Jahreszeit, in der die Eisstraßen benutzbar sind, und verursachen auf vielen Routen wachsende Probleme. Diese werden sich laut Prognose verschärfen, wenn die Temperaturen weiterhin steigen. Die Fahrbahnqualität wird insbesondere durch Frostaufbrüche und schmelzbedingte Schwächungen beeinträchtigt, und Transportwege sind wahrscheinlich besonders anfällig für diese Effekte veränderter Klimabedingungen. Außerdem beeinflusst die Art von Wetterveränderungen, die bei einer Erwärmung prognostiziert werden (wie ein Anstieg heftiger Niederschläge) die Häufigkeit von Schlamm-, Fels- und Schneelawinen.

Folgen der Eisschmelze für Öl-, Gas- und Forstindustrie

Die Tage pro Jahr, an denen Transporte über die Tundra nach den Bestimmungen des Alaska Department of Natural Resources erlaubt sind, haben sich aufgrund der Erwärmung in den letzten 30 Jahren von über 200 auf etwa 100 verringert; das bedeutet eine Halbierung der Zeit, in der technisches Gerät für die Öl- und Ergasexploration und -gewinnung einsetzbar ist. Diese Bestimmungen zum Schutz der empfindlichen Tundra werden derzeit überprüft und möglicherweise gelockert, was Besorgnis über potenzielle Schädigungen der Tundra auslöst. Die Forstwirtschaft ist eine weitere Branche, die auf gefrorene Böden und Flüsse angewiesen ist. Höhere Temperaturen bedeuten dünneres Eis auf den Flüssen und verlängern den Zeitraum, in dem der Boden getaut ist. Dadurch verkürzt sich die Zeit, in der das Holz von den Wäldern zu den Sägemühlen transportiert werden kann, und die mit dem Holztransport verbundenen Probleme verschärfen sich.

Eine verkürzte Saison für Eisstraßen

Im Januar 2003 lag der Bau von Winterstraßen in den kanadischen Nordwestterritorien weit hinterm Zeitplan zurück. Les Shaw, Leiter des Verkehrswesens für die Fort Simpson Region, erklärte, der Bau von Winterstraßen und Eisbrücken verzögere sich aufgrund des warmen Wetters und des ausbleibenden Schnees um mehrere Wochen. Die Eisbrücke über dem Mackenzie bei Fort Providence bot ein gutes Beispiel: *„In den letzten beiden Jahren hat sich das Eis über dem Fluss zwischen Weihnachten und Neujahr gebildet, was wirklich merkwürdig ist. Normalerweise geschieht das Anfang Dezember"*, sagte Shaw. Das verursacht große Probleme für den Bergbau in dieser Region ebenso wie für die Öl- und Ergasindustrie, die zig Tonnen Versorgungsmaterial für das Jahr per LKW heranschaffen müssen und dazu auf die gefrorenen Straßen angewiesen sind.

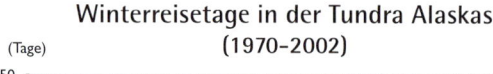
Winterreisetage in der Tundra Alaskas (1970-2002)

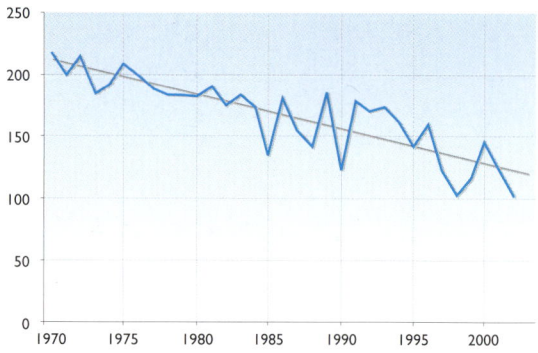

Die Anzahl der Tage, an denen die aktive Ölsuche in der Tundra nach den Bestimmungen des Ministeriums für natürliche Rohstoffe offiziell erlaubt ist, hat sich in Alaska aufgrund der Klimaerwärmung in den letzten 30 Jahren halbiert. Die Bestimmungen orientieren sich an der Härte der Tundra sowie an den Schneebedingungen und sollen die Tundra vor Schäden schützen.

Anfangs- und Enddaten für den Tundra-verkehr auf Alaskas North Slope

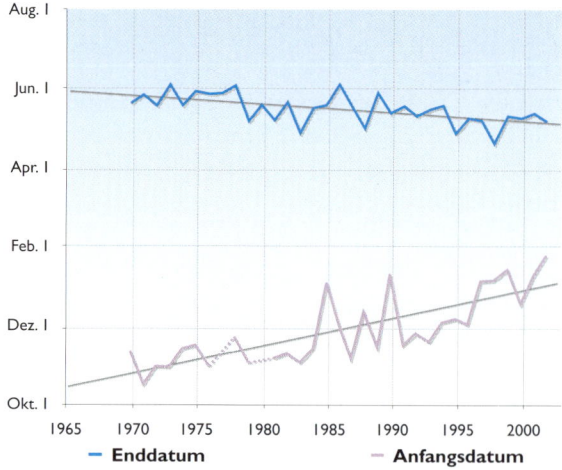

Die Anzahl der Verkehrstage für die Erdölsuche auf der Tundra Alaskas ist in den letzten Jahrzehnten geschrumpft, da die Saison später beginnt und früher endet.

Kapitel der Studie

Kryosphäre & Hydrologie	Tundra & Polarwüsten	Infrastruktur
6	7	16

Permafrostdegradation

Lufttemperatur, Schneedecke und Vegetation, die allesamt vom Klimawandel beeinflusst werden, wirken sich auf die Temperatur des gefrorenen Bodens und auf die
jahreszeitliche Tautiefe aus. Die Permafrosttemperaturen in den meisten subarktischen Landgebieten haben sich während der letzten Jahrzehnte um mehrere Zehn-
tel Celsiusgrade bis auf 2° C erhöht und die Tiefe der aktiven Schicht nimmt in
vielen Gebieten zu. Im Laufe der nächsten 100 Jahre werden sich diese Veränderungen laut Prognose fortsetzen und beschleunigen, wobei der vorhergesagte Permafrostabbau auf 10 bis 20 % des derzeitigen Permafrostgebietes stattfinden wird
und die südliche Permafrostgrenze sich voraussichtlich um mehrere Hundert Kilometer nach Norden verschieben wird.

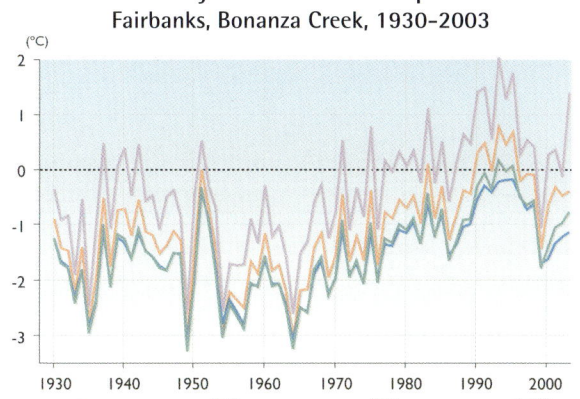

Mittlere jährliche Bodentemperatur
Fairbanks, Bonanza Creek, 1930–2003

— 1 m   — 0.5 m   — 0.3 m   — 0.08 m

Beobachtete Permafrostregionen

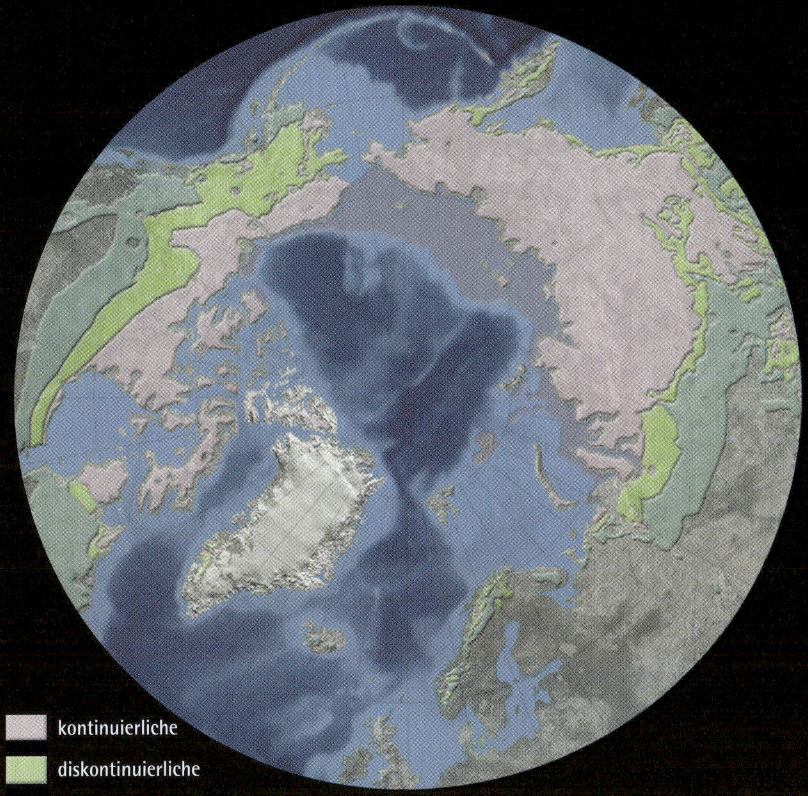

kontinuierliche

diskontinuierliche

sporadische

unterseeische

Prognostizierte Veränderung der Permafrostgrenze

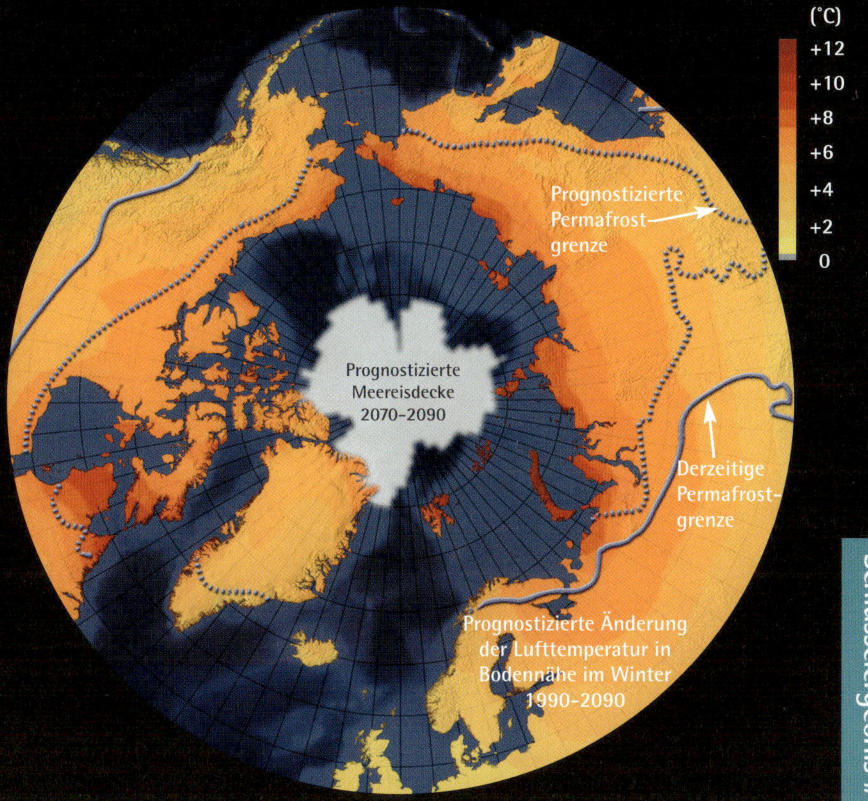

(°C)

+12
+10
+8
+6
+4
+2
0

Prognostizierte
Permafrost
grenze

Prognostizierte
Meereisdecke
2070–2090

Derzeitige
Permafrost
grenze

Prognostizierte Änderung
der Lufttemperatur in
Bodennähe im Winter
1990–2090

PERMAFROST-LEXIKON

Permafrost ist Erd-, Fels- oder Sedi-
mentboden, dessen Temperatur seit zwei
oder mehr aufeinander folgenden Jahren unter 0° C geblieben ist. Unter den
meisten Landoberflächen der Arktis liegt
Permafrost, dessen Dicke zwischen einigen Metern und mehreren Hundert
Metern variiert.

In kontinuierlichen Permafrostzonen
nimmt der Permafrost das gesamte
Gebiet ein und kann bis zu 1500 m in
die Tiefe reichen, z. B. in Teilen Sibiriens.

In sporadischen oder diskontinuierlichen Permafrostzonen nimmt der Permafrost 10 bis 90 % des Gebietes ein
und ist stellenweise nur wenige Meter
tief.

„Aktive Schicht" bezeichnet die oberste
Schicht des Permafrostes, die jedes Jahr
in der warmen Jahreszeit taut und im
Winter wieder gefriert.

„Permaforstdegradation" bedeutet,
dass ein gewisser Prozentsatz der
früheren aktiven Schicht im Winter
nicht wieder gefriert.

Unter „Thermokarst" versteht man, dass
die Erdoberfläche an bestimmten Stellen
durch den tauenden Permafrost absinkt
und einbricht. Dadurch können sich neue
Sumpfgebiete, Seen und Krater an der
Oberfläche bilden.

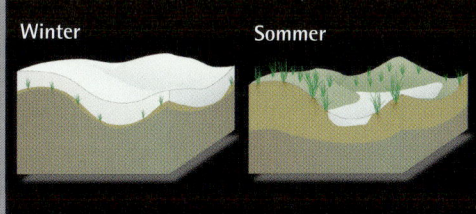

Winter   Sommer

(7) Tauender Boden wird Verkehrswege, Gebäude und die Infrastruktur schädigen.

Die prognostizierte Erwärmungsrate und ihre Folgen werden bei allen neuen Bauvorhaben berücksichtigt werden müssen.

Folgen für die Infrastruktur

Der prognostizierte Anstieg der Permafrosttemperatur und die zunehmende Tiefe der aktiven Schicht werden sehr wahrscheinlich Bodensenkungen verursachen und die Infrastruktur vor erhebliche technische Probleme stellen, z. B. bei Straßen, Gebäuden und Industrieanlagen. In vielen Fällen werden wahrscheinlich Sanierungsmaßnahmen zur Erhaltung der Bausubstanz erforderlich sein. Bei der Planung aller neuen Bauvorhaben wird man die prognostizierte Erwärmungsrate und deren Folgen berücksichtigen müssen, was tiefere Verankerungen, dickere Isolierungen und weitere kostensteigernde Maßnahmen erfordern wird.

In einigen Gebieten verursachen die Wechselwirkungen zwischen Klimaerwärmung und inadäquater Bautechnik Probleme. Das Gewicht von Gebäuden auf Permafrost ist ein kritischer Faktor; der tauende Permafrost hat im Norden Russlands bei vielen schweren, mehrstöckigen Gebäuden zu Bauschäden geführt, während die leichteren Bauwerke in Nordamerika weniger unter derartigen Problemen leiden. Aus den Bauschäden lässt sich auch die Lehre ziehen, dass Gebäude auf Permafrost ständiger Reparatur und Wartung bedürfen, was in Russland versäumt wurde. Das Problem, das man derzeit in Russland erlebt, wird voraussichtlich auch andernorts in der Arktis auftreten, wenn die Planung und Wartung von Bauwerken der künftigen Erwärmung nicht Rechnung trägt.

Tauender Permafrost und seine Gefahren für die Infrastruktur bis 2050

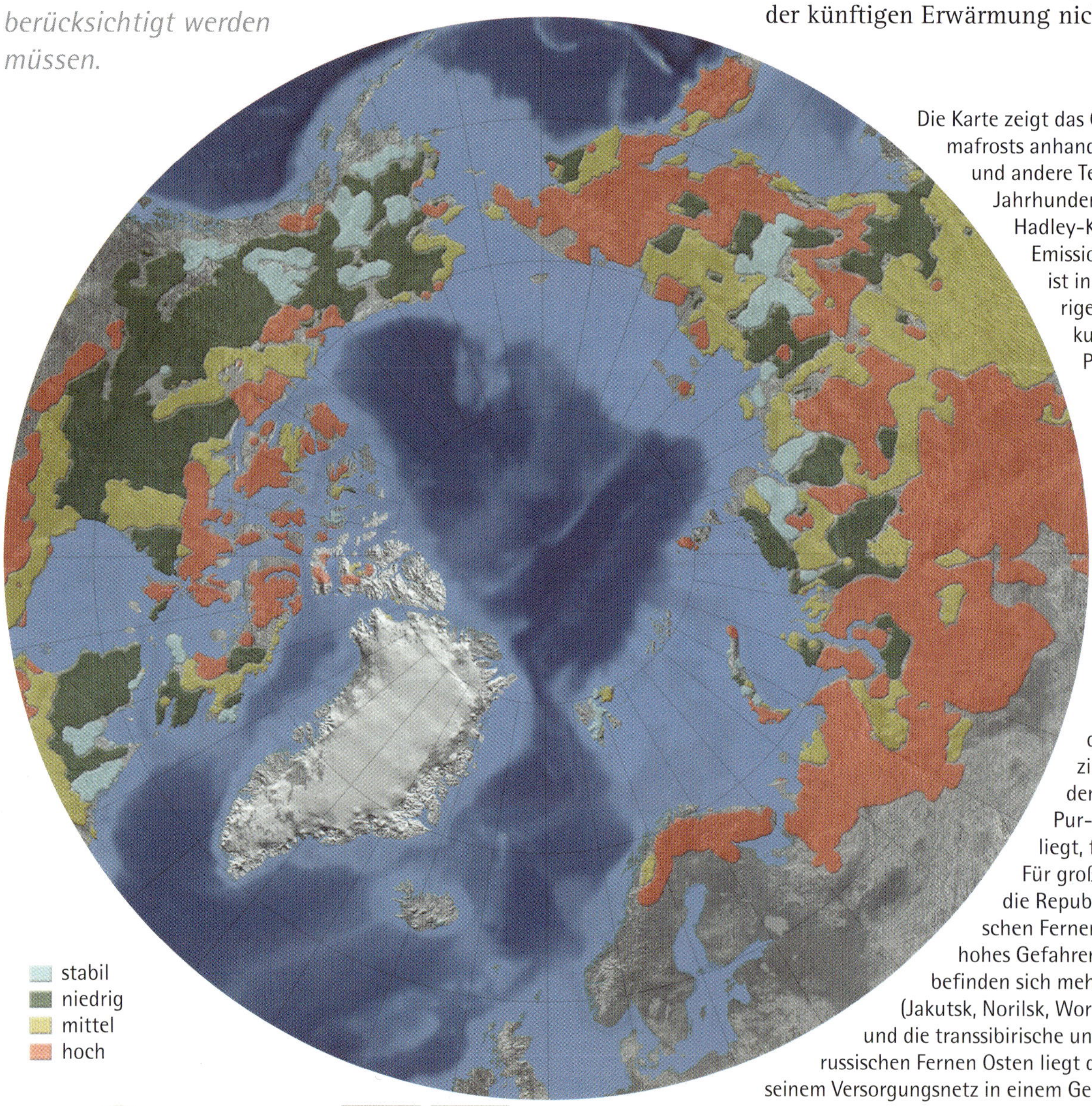

Die Karte zeigt das Gefahrenpotenzial tauenden Permafrosts anhand der Risikograde für Gebäude, Straßen und andere Teile der Infrastruktur bis Mitte dieses Jahrhunderts; die Berechnung stützt sich auf das Hadley-Klimamodell mit dem moderaten B2-Emissions-Szenario. Das Gefahrenpotenzial ist in Gebiete mit hoher, mittlerer und niedriger Anfälligkeit für taubedingte Absenkungen unterteilt. Gebiete mit stabilem Permafrost, die sich wahrscheinlich nicht verändern werden, sind ebenfalls abgebildet. Eine Zone der hohen und mittleren Risikokategorie erstreckt sich diskontinuierlich um das Nordpolarmeer, was auf eine hohe Erosionsgefahr für die Küsten hindeutet. Innerhalb dieser Abschnitte liegen auch Bevölkerungszentren (Barrow, Inuvik) und Flussmündungen an der russischen Arktisküste (Salechard, Igarka, Dudinka, Tiksi). Im Nordwesten Nordamerikas laufen Verkehrs- und Pipeline-Korridore durch Gebiete mit hohem Risikopotenzial. Das nordsibirische Gebiet, auf dem der Erdgasförderkomplex von Nadym-Pur-Taz mit angeschlossener Infrastruktur liegt, fällt ebenfalls in die Hochrisikogruppe. Für große Teile Zentralsibiriens, insbesondere die Republik Sacha (Jakutien) und den russischen Fernen Osten, ergibt sich ein mittleres oder hohes Gefahrenpotenzial. Innerhalb dieser Gebiete befinden sich mehrere große Bevölkerungszentren (Jakutsk, Norilsk, Workuta), ein ausgedehntes Straßennetz und die transsibirische und Baikal-Amur-Eisenbahnlinien. Im russischen Fernen Osten liegt das Atomkraftwerk von Bilibino mit seinem Versorgungsnetz in einem Gebiet mit hohem Gefahrenpotenzial.

- ▢ stabil
- ▢ niedrig
- ▢ mittel
- ▢ hoch

Kapitel der Studie

Tundra & Polarwüsten **7**

Infrastruktur **16**

Bauschäden durch tauenden Permafrost beeinträchtigen im Norden Russlands auch verstärkt die Infrastruktur von Industrie und Verkehrswesen. Viele Bahnstrecken sind deformiert, die Flughafenrollbahnen in mehreren Städten befinden sich in einem notdürftigen Zustand und auslaufendes Öl und andere Unfälle durch brechende Öl- und Gasleitungen haben dazu geführt, dass weite Landstriche verunreinigt und nicht mehr nutzbar sind. Als problematisch könnte sich in Zukunft auch die Schwächung von Grubenwänden im Bergbau erweisen, ebenso wie die Verunreinigung durch die Abfallhalden großer Minen, wenn gefrorene Schichten tauen und überschüssiges Wasser und Giftstoffe ins Grundwasser abgeben.

Die Auswirkungen des tauenden Permafrosts auf die Infrastruktur in diesem Jahrhundert werden in der diskontinuierlichen Permafrostzone schwer wiegender und unmittelbarer sein als in der kontinuierlichen Zone. Da es voraussichtlich Jahrhunderte dauert, bis der Boden vollständig getaut ist und die Vorteile (wie Erleichterung von Bauvorhaben in völlig getautem Boden) erst danach eintreten, werden die Konsequenzen für die nächsten 100 Jahre in erster Linie negativ sein (das heißt destruktiv und kostenintensiv).

Gebäudeschäden aufgrund tauenden Permafrosts in Tscherski, nahe der Mündung der Kolyma, Russland

Jakutsk: Zusammenbruch der Infrastruktur durch tauenden Permafrost in Russland

In der zentralsibirischen Stadt Jakutsk, die auf Permafrost errichtet ist, sind mehr als 300 Gebäude durch taubedingte Bodensenkungen beschädigt. Zu der Infrastruktur, die von dem absackenden Untergrund betroffen ist, gehören mehrere große Wohngebäude, ein Kraftwerk und eine Rollbahn auf dem Flughafen von Jakutsk. Einige machen die Klimaerwärmung für einen Großteil der derzeitigen Probleme verantwortlich, während andere überzeugt sind, dass eine bessere Bautechnik und Wartung das Schlimmste verhindert hätte.

Studien über die Folgen der Erwärmung für die Infrastruktur zeigen, dass sogar ein geringer Anstieg der Lufttemperatur die Baustabilität erheblich beeinträchtigt und dass die Sicherheit von Fundamenten bei steigender Temperatur drastisch abnimmt. Dieser Effekt kann die Lebensdauer von Bauwerken erheblich verringern oder auch zu deren Einsturz führen.

Bei einer fortgesetzten globalen Erwärmung ist mit negativen Auswirkungen auf die Infrastruktur in allen Permafrostregionen zu rechnen. Viele dieser Auswirkungen sind vorhersagbar, so dass man bautechnische Veränderungen und Korrekturen vornehmen kann, damit die Strukturen den zusätzlichen Belastungen unter veränderten klimatischen Bedingungen standhalten können. Das wird zweifellos Kosten verursachen, kann aber dramatische Zusammenbrüche der Infrastruktur, wie man sie derzeit in Jakutsk und anderen Orten der Arktis erlebt, abwenden.

Das BP-Betriebszentrum, Prudhoe Bay, Alaska, wurde wegen des tauenden Permafrosts auf Pfeilern erbaut.

Überschwemmungen und Erdrutsche

Eine weitere Gruppe von klimabedingten Problemen für die arktische Infrastruktur umfasst Überschwemmungen sowie Schlamm-, Stein- und Schneelawinen. Diese Ereignisse sind eng verbunden mit heftigen Niederschlägen, hohem Wasserabfluss aus den Flüssen und erhöhten Temperaturen, die laut Vorhersage allesamt häufiger auftreten werden, wenn der Klimawandel anhält. Berghänge werden durch tauenden Permafrost ebenfalls instabiler, und es wird erwartet, dass häufigere Erdrutsche die Folge sein werden. Einige Transportwege zu Märkten reagieren sensibel auf diese Art von Wetterereignissen, die sich bei einer anhaltenden Erwärmung voraussichtlich häufen werden. Diese Wege wird man schützen oder verbessern müssen.

7 Tauender Boden wird Verkehrswege, Gebäude und die Infrastruktur schädigen.

Folgen des tauenden Permafrosts für natürliche Ökosysteme

Zwischen klimabedingter Permafrost-Veränderung und Vegetation bestehen wichtige Wechselbeziehungen. Tauender Permafrost beeinflusst die an der Oberfläche wachsende Vegetation. Gleichzeitig spielt die Vegetation, die ihrerseits von den Folgen des Klimawandels betroffen ist, eine wichtige Rolle bei der Isolierung und Bewahrung des Permafrosts. Wälder tragen zum Beispiel zum Erhalt des Permafrosts bei, weil die Baumkronen die Sonnenstrahlung abfangen und die dicke Moosschicht auf der Oberfläche den Boden isoliert. Zusätzlich zu den vorhergesagten direkten Folgen steigender Temperaturen werden voraussichtlich auch die vorhergesagten Waldbelastungen wie Brände und Insektenbefall zur weiteren Permafrostdegradation beitragen.

In einigen nördlichen Wäldern dient der eisreiche Permafrost bestimmten Baumarten (insbesondere Schwarzfichten) zur Festigung der Bodenstruktur, in der sie wurzeln. Das Tauen dieses gefrorenen Bodens kann dazu führen, dass die Bäume sich stark neigen (so genannter „betrunkener Wald") oder ganz umstürzen. Sogar wenn eine längere, wärmere Vegetationsphase das Wachstum dieser Bäume in anderer Hinsicht möglicherweise fördert, kann tauender Permafrost durch die ungleichmäßige Absenkung der Erdoberfläche den Wurzelbereich zerstören, so dass die Bäume umstürzen und absterben. Wo die Erdoberfläche aufgrund des tauenden Permafrosts absinkt, entstehen zudem häufig die niedrigsten Punkte in der Landschaft. Diese Senken füllen sich zumindest saisonal mit Wasser, in dem die Bäume, auch wenn sie nicht umstürzen, ertrinken.

Der Verlust an Permafrost erhöht das Risiko, dass zahlreiche flache Flüsse, Tümpel und Sumpfgebiete der Arktis bei einer Klimaerwärmung trocken fallen. Bei tauendem Permafrost verbinden sich Tümpel mit dem Grundwassersystem. Sie trocknen also wahrscheinlich aus, wenn die Verluste durch Versickerung und Verdunstung größer sind als die Wiederauffüllung durch die Schneeschmelze im Frühjahr und den Niederschlag im Sommer. Arktische Feuchtgebiete reagieren stellenweise besonders sensibel darauf, wenn sich Oberflächenwasser und Grundwasser durch Permafrostabbau verbinden. In den Gebieten an der südlichen Permafrostgrenze, wo ein Temperaturanstieg den relativ warmen Permafrost höchstwahrscheinlich zum Verschwinden bringt, ist die Gefahr der Entwässerung am größten. Indigene Völker in Nunavut (ostkanadische Arktis) haben vor kurzem beobachtet, dass Flüsse, Sümpfe und Moore so stark austrocknen, dass der Zugang zu traditionellen Jagdgründen und in einigen Fällen die Fischwanderungen behindert werden. Ein hohes Risiko für eine katastrophale Entwässerung besteht auch für auf Permafrost liegende Seen, z. B. an der westlichen Arktisküste Kanadas.

Die Wasserstände vieler Flüsse und Seen in Nunavut (ostkanadische Arktis) fallen seit vier Dekaden, mit einem besonders dramatischen Abfall im letzten Jahrzehnt. Die Einheimischen sind auf diese Gewässer angewiesen, die ihnen Trinkwasser und Fische liefern. Über die Flüsse konnten sie zudem mit dem Boot in Jagdgründe gelangen, die jetzt nicht mehr erreichbar sind.

 Kapitel der Studie

Kryosphäre & Hydrologie	Tundra & Polarwüsten	Süßwasser-Ökosysteme	Wälder & Land-wirtschaft
6	7	8	14

Andernorts könnten die Erwärmung des Oberflächen-Permafrosts über gefrorenem Untergrund und der damit verbundene Zusammenbruch von Bodenoberflächen eine vermehrte
Bildung von Feuchtgebieten, Tümpeln und Abflussnetzen fördern, insbesondere in Gebieten,
die sich durch eine starke Grundeis-Konzentration auszeichnen. Dieses Abschmelzen würde
allerdings auch zu einem dramatischen Anstieg von Sedimentablagerungen in Flüssen, Seen,
Flussdeltas und Küstengewässern führen, was erhebliche Auswirkungen auf das aquatische
Leben in diesen Gewässern hätte.

Veränderungen des Wassergleichgewichts in nördlichen Feuchtgebieten sind besonders
bedeutsam, weil es sich bei den meisten Feuchtgebieten in Permafrost-Regionen um Torfland
handelt, das je nach Tiefe des Grundwasserspiegels Kohlenstoff (in Form von Kohlendioxid
oder Methan) absorbieren oder freisetzen kann. Bei den Prognosen dieser Veränderungen
bestehen viele Unsicherheiten. Nach einer Analyse würde ein Temperaturanstieg von 4° C
die Wasserspeicherung in nördlichen Torfgebieten, sogar bei anhaltender leichter Erhöhung
des Niederschlags senken, was zur Folge hätte, dass die Torfgebiete statt Kohlendioxid in die
Atmosphäre abzugeben dieses absorbieren würden. Möglich ist auch, dass das Gegenteil eintritt – Erwärmung und Austrocknung könnten dazu führen, dass die Zersetzungsrate von
organischen Stoffen schneller ansteigt als die Rate der Photosynthese, was eine Erhöhung
der Kohlendioxid-Emissionen zur Folge hätte. Eine Kombination von Temperaturanstieg und
erhöhtem Grundwasserspiegel könnte zu einem Anstieg der Methan-Emissionen führen.
Nach Prognosen, die von einer Verdopplung des vorindustriellen Kohlendioxidgehalts bis zur
Mitte dieses Jahrhunderts ausgehen, verschiebt sich die südliche Grenze dieser Torfgebiete in
Westkanada erheblich nach Norden (um etwa 200–300 km) und erfährt einen signifikanten
Wandel in Struktur und Vegetation bis hin zur Küste.

*„Um alle Inseln [im Baker-See]
ist viel weniger Wasser …
Früher war hier viel Wasser.
Wir konnten mit unseren
Außenbordmotoren und Boo-
ten durchfahren, aber jetzt
geht das Wasser überall
zurück … Mit dem Wasser
verschwinden auch die
Fische … Früher gab es hier
jede Menge Fische und sie
waren größer. Jetzt fängt man
im Prince-River oder den
anderen Fischgründen kaum
noch Saiblinge."*

L. Arngna'naaq
Baker Lake, Kanada

Schlüsselergebnis #7

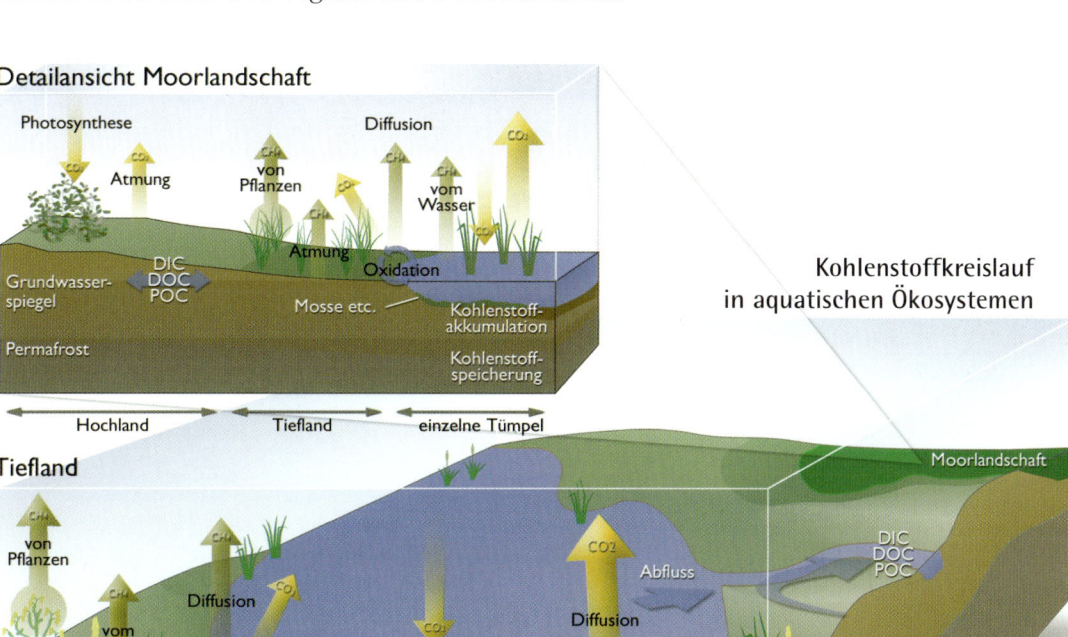

Detailansicht Moorlandschaft

Photosynthese · Diffusion · Atmung · von Pflanzen · vom Wasser · Atmung · Oxidation · DIC DOC POC · Grundwasser-spiegel · Mosse etc. · Kohlenstoff-akkumulation · Permafrost · Kohlenstoff-speicherung · Hochland · Tiefland · einzelne Tümpel

Tiefland

Moorlandschaft · von Pflanzen · vom Wasser · Diffusion · Zufluss · Oxidation · Lebewesen · Photosynthese · Atmung · Sedimentbildung · Oxidation · Abfluss · Diffusion · Atmung · DIC DOC POC · Thermokline · Boden · POC · Sediment und Lebewesen · Kohlenstoffakkumulation · Permafrost

**Kohlenstoffkreislauf
in aquatischen Ökosystemen**

Vereinfachte Schematik des
Kohlenstoff-Kreislaufs in aquatischen Ökosystemen hoher Breiten.
Während der Frühjahrsschmelze und
im Herbst, wenn die Pflanzen absterben,
setzen arktische Feuchtgebiete normalerweise Kohlenstoff in die Atmosphäre frei.
Während der Wachstumszeit der Pflanzen in
der warmen Jahreszeit nehmen sie Kohlenstoff
aus der Atmosphäre auf. Künftige Veränderungen
in der Freisetzung und Aufnahme von Kohlenstoff
werden daher von Veränderungen in Vegetation,
Temperatur und Bodenbedingungen abhängen. Auch
der Kohlenstoff-Kreislauf in Seen, Tümpeln und Flüssen wird empfindlich auf direkte und indirekte Folgen
des Klimawandels reagieren.

DIC - gelöster anorganischer Kohlenstoff
DOC - gelöster organischer Kohlenstoff
POC - partikulärer organischer Kohlenstoff

8 Die indigenen Gemeinschaften stehen vor bedeutenden Veränderungen.

In der Arktis sind zahlreiche indigene Völker beheimatet, deren Kultur und Aktivitäten von der arktischen Umwelt geprägt sind. Sie haben sich über Generationen durch sorgfältige Beobachtungen und geschickte Anpassungen ihrer traditionellen Selbstversorger-Aktivitäten und Lebensgewohnheiten auf ihre Umwelt eingestellt. Durch eine eng mit der Natur verwobene Lebensführung haben diese Völker einzigartige Kenntnisse darüber erworben, wie man die Folgen von Umweltveränderungen erkennen, deuten und bewältigen kann.

Die Überlegungen und Sichtweisen der indigenen Völker sind daher besonders wertvoll für ein Verständnis der Prozesse und Auswirkungen einer arktischen Klimaänderung. Es existiert ein reicher Wissensschatz, der auf sorgfältigen Beobachtungen und Interaktionen mit der Umwelt basiert. Wer über dieses Wissen verfügt, nutzt es, um Entscheidungen zu treffen und Prioritäten zu setzen. Die ACIA-Studie hat sich bemüht, die Erkenntnisse und Einsichten der Ureinwohner mit den Daten der wissenschaftlichen Forschung zu verbinden und diese sich ergänzenden Einschätzungen des arktischen Klimawandels zusammenzuführen.

Flexibilität und Anpassungsfähigkeit waren der Schlüssel zu dem Verhalten, mit dem sich die indigenen Völker der Arktis über viele Generationen auf Umweltveränderungen eingestellt haben. Derzeitige soziale, wirtschaftliche, politische und institutionelle Veränderungen können das Anpassungsvermögen der Völker fördern oder hemmen. Der rasche Klimawandel der letzten Jahrzehnte, in Verbindung mit anderen laufenden Veränderungen in ihrer Umwelt, stellt die Ureinwohner vor neue Herausforderungen.

Arktisweit berichten indigene Völker bereits von Auswirkungen des Klimawandels. Im kanadischen Nunavut-Territorium ist Inuit-Jägern aufgefallen, dass das Meereis dünner wird, die Zahl der Ringelrobben in einigen Gebieten zurückgeht und Insekten und Vögel auftauchen, die in ihrer Region normalerweise nicht vorkommen. Inuvialuit in der westkanadischen Arktis beobachten eine Häufung von Wirbelstürmen und Blitzen, die vorher in ihrem Gebiet sehr selten waren. Athapasken in Alaska und Kanada berichten von einschneidenden Veränderungen beim Wetter, in der Vegetation und in den Verbreitungsmustern von Tieren in den letzten fünfzig Jahren. Samische Rentierhüter in Norwegen beobachten, dass vorherrschende Winde, die ihnen zur Orientierung dienten, sich gedreht haben und immer wechselhafter werden, was Veränderungen traditioneller Routen erforderlich macht. Indigene Völker, die an ein breites Spektrum natürlicher Klimaschwankungen gewöhnt sind, bemerken jetzt Veränderungen, die beispiellos in der langen Geschichte ihrer Völker sind.

Sammelt man indigene Erkenntnisse aus der gesamten Arktis, zeichnen sich deutlich einige gemeinsame Themen ab, auch wenn es regionale und lokale Abweichungen in den Beobachtungen gibt:

Kapitel der Studie

Sicht der Ureinwohner	Jagd, Herdenhaltung & Fischfang
3	12

- Das Wetter wirkt unbeständiger und lässt sich mit traditionellen Methoden nicht mehr zuverlässig vorhersagen.
- Schneebeschaffenheit und -merkmale verändern sich.
- Es gibt mehr Regen im Winter.
- Die jahreszeitlichen Wettermuster wandeln sich.
- In vielen Seen fallen die Wasserstände.
- Es tauchen Spezies auf, die in der Arktis früher nicht vorkamen.
- Das Meereis geht zurück und ändert sich in Beschaffenheit und zeitlichem Auftreten.
- Sturmfluten führen zu einer verstärkten Küstenerosion.
- Die Sonne fühlt sich „stärker, stechend, scharf" an. Sonnenbrände und vorher völlig unbekannte Hautausschläge nehmen allgemein zu.
- Der Klimawandel vollzieht sich in einem Tempo, das die Anpassungsfähigkeit der Menschen übersteigt.
- Der Klimawandel hat vielerorts erhebliche Auswirkungen auf die menschlichen Gemeinschaften und bedroht in einigen Fällen den Fortbestand ihrer Kultur.

Viele indigene Gemeinschaften der Arktis sind in erster Linie von dem Ertrag und der Nutzung lebender Land- und Meeresressourcen abhängig. Zu den Tieren, die am häufigsten gejagt werden, gehören Meeressäuger wie Robben, Walrosse, Eisbären, Narwale und Belugas, Finn-, Grönland- und Minkwale; ferner Landsäuger wie Karibus, Rentiere, Elche und Moschusochsen; außerdem Fische wie Lachs, Saibling und Hecht sowie eine Vielzahl von Vögeln, einschließlich Enten, Gänse und Schneehühner.

„Der Fluss Virma wird jedes Jahr flacher. Heute führt er kaum noch Wasser und kann bis auf den Grund zufrieren. Früher gab es viele Fische im Fluss, aber jetzt sind sie fast alle verschwunden. Ich glaube, es liegt an der Austrocknung der Sümpfe und Moore."

Vasily Lukov
Lovozero, Russland

8 Die indigenen Gemeinschaften stehen vor bedeutenden Veränderungen.

Indigene Völker in der gesamten Arktis bewahren durch ihre Aktivitäten als Fischer, Hirten, Jäger und Sammler eine starke Verbindung zur Umwelt. Auf den lebenden Ressourcen der Arktis basiert nicht nur die Ernährung und Wirtschaft der Ureinwohner, sondern auch ihre soziale Identität, das spirituelle Leben und der Fortbestand ihrer Kultur. Reiche Mythologien, lebendige mündliche Überlieferungen, Feste und Tierzeremonien zeugen von den sozialen, wirtschaftlichen und spirituellen Beziehungen der indigenen Völker zur arktischen Umgebung. Diese Traditionen unterscheiden die Subsistenz-Jagd der Ureinwohner von der konventionellen Jagd.

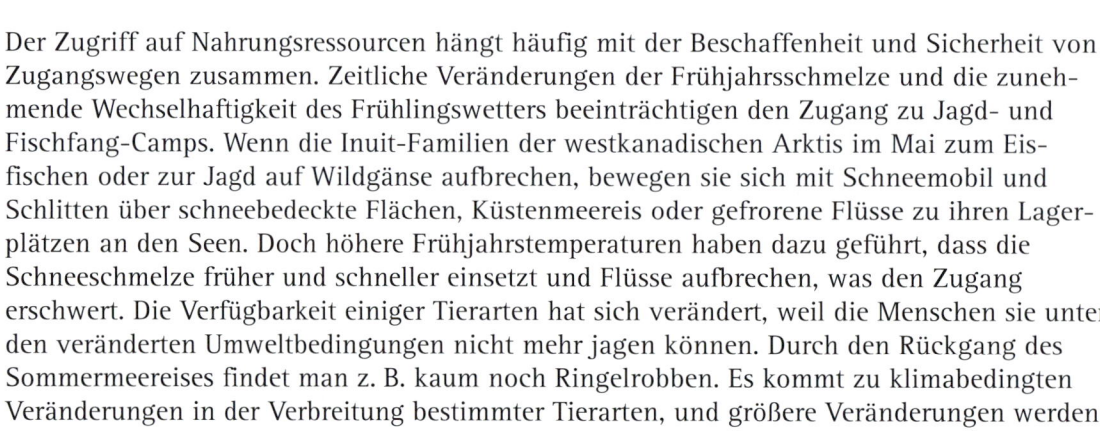

Der Zugriff auf Nahrungsressourcen hängt häufig mit der Beschaffenheit und Sicherheit von Zugangswegen zusammen. Zeitliche Veränderungen der Frühjahrsschmelze und die zunehmende Wechselhaftigkeit des Frühlingswetters beeinträchtigen den Zugang zu Jagd- und Fischfang-Camps. Wenn die Inuit-Familien der westkanadischen Arktis im Mai zum Eisfischen oder zur Jagd auf Wildgänse aufbrechen, bewegen sie sich mit Schneemobil und Schlitten über schneebedeckte Flächen, Küstenmeereis oder gefrorene Flüsse zu ihren Lagerplätzen an den Seen. Doch höhere Frühjahrstemperaturen haben dazu geführt, dass die Schneeschmelze früher und schneller einsetzt und Flüsse aufbrechen, was den Zugang erschwert. Die Verfügbarkeit einiger Tierarten hat sich verändert, weil die Menschen sie unter den veränderten Umweltbedingungen nicht mehr jagen können. Durch den Rückgang des Sommermeereises findet man z. B. kaum noch Ringelrobben. Es kommt zu klimabedingten Veränderungen in der Verbreitung bestimmter Tierarten, und größere Veränderungen werden prognostiziert. So wird die Verschiebung der Packeisgrenze nach Norden voraussichtlich das Angebot an Seevögeln und damit eine wichtige Nahrungsquelle für viele arktische Gemeinschaften einschränken.

Aus Sicht der indigenen Völker entwickelt sich die Arktis zu einer gefährdeten Umwelt, weil das Meereis weniger stabil ist, ungewöhnliche Wettermuster auftreten, die Vegetationsdecke sich verändert und einige Tierarten zu bestimmten Jahreszeiten in den traditionellen Jagdgebieten nicht mehr vorkommen. Die lokale Landschaft, das Meer und das Eis verlieren ihr vertrautes Gesicht, so dass die Menschen sich wie Fremde im eigenen Land fühlen.

Die Inuit im kanadischen Nunavut fangen kaum noch Robben

Die Ringelrobbe ist die wichtigste Nahrungsquelle für die Inuit, die sich in allen Jahreszeiten hauptsächlich von dieser Tierart ernähren. Keine andere Spezies auf dem Land oder in den Gewässern von Nunavut ist so zahlreich vertreten, dass sie den Nahrungsbedarf der Inuit decken könnte. In den letzten Jahrzehnten haben die Einheimischen beobachtet, dass die Ringelrobben weniger Junge bekommen, seit die steigenden Temperaturen zu einer Reduzierung und Destabilisierung des Meereises geführt haben. Diese Eisveränderungen beeinträchtigen auch die Jagd auf Eisbären, eine weitere wichtige Nahrungsquelle, weil Eisbären sich hauptsächlich von Ringelrobben ernähren und ebenfalls direkt von den beobachteten Eis- und Schneeveränderungen betroffen sind.

Das Jagen, Fangen und Verteilen dieser Nahrungsmittel ist der Kern der Inuit-Kultur. Eine Dezimierung der Ringelrobben und Eisbären bedroht nicht nur die Nahrungsgrundlage der Inuit, sondern ihre gesamte Lebensweise. Der prognostizierte weitere Rückgang des Meereises verheißt nichts Gutes. Klimamodelle sagen voraus, dass sich das Sommermeereis in diesem Jahrhundert um 50 % oder mehr verringern wird, und einige Modelle prognostizieren ein vollständiges Verschwinden des Meereises im Sommer. Da Ringelrobben und Eisbären in diesem Fall sehr wahrscheinlich nicht überleben würden, hätte dies gewaltige Auswirkungen auf indigene Gemeinschaften, die auf diese Tierarten angewiesen sind.

Kapitel der Studie

Sicht der Ureinwohner	Jagd, Herdenhaltung & Fischfang
3	12

Beobachtete Folgen des Klimawandels in Sachs Harbour, Kanada

Das Dorf Sachs Harbour liegt auf der Insel Banks in der westkanadischen Arktis. Die Auswirkungen des Klimawandels auf diese Gemeinschaft sind von dem Inuit Observations of Climate Change-Projekt, einer gemeinsamen Initiative der Gemeinde Sachs Harbour und dem International Institute for Sustainable Development, sehr gründlich untersucht worden. Die Inuvialuit (die Inuit der kanadischen Westarktis) haben diese Untersuchung initiiert, weil sie die einschneidenden Umweltveränderungen, die sie als Folge des Klimawandels beobachten, dokumentieren und der Weltöffentlichkeit bekannt machen wollten. Im Folgenden eine kurze Zusammenfassung einiger Ergebnisse:

1. Veränderungen der physikalischen Umwelt
- Das mehrjährige Eis bleibt im Sommer weiter von Sachs Harbour entfernt.
- Weniger Meereis im Sommer bedeutet rauere See.
- Im Winter ist der Abstand zwischen Land und offenem Wasser geringer.
- Mehr Regen im Sommer und Herbst erschwert die Fortbewegung.
- Der Permafrost ist stellenweise nicht mehr fest.
- Seen fließen wegen des tauenden Permafrosts und absinkender Böden ins Meer ab.
- Lockerer, weicher Schnee (im Gegensatz zu festem Schnee) erschwert das Reisen.

2. Vorhersagbarkeit der Umwelt
- Man kann schwer vorhersagen, wann das Eis auf den Flüssen aufbricht.
- Der Frühjahrsbeginn ist unvorhersagbar geworden.
- Wetter- und Sturmvorhersagen sind schwierig.
- Es treten mitunter „falsche" Winde auf.
- Es gibt mehr Schnee, Schneeverwehungen und „Whiteouts"

3. Sichere Fortbewegung auf Meereis
- Zu viel brüchiges Eis im Winter gefährdet die Fortbewegung.
- Unberechenbare Meereisbedingungen machen das Reisen riskant.
- Der Rückgang des mehrjährigen Eises bedeutet, dass man sich den ganzen Winter auf dem weniger sicheren einjährigen Eis bewegen muss.
- Weniger Eisbedeckung im Sommer bedeutet rauere, häufig gefährliche Stürme auf See.

4. Zugang zu Ressourcen
- Der Rückgang des mehrjährigen Eises erschwert die Robbenjagd.
- Die fehlende feste Eisdecke im Winter schränkt den Bewegungsspielraum der Jäger ein.
- Die Jagd auf Wildgänse ist schwieriger, weil die Frühjahrsschmelze sehr schnell erfolgt.
- Wärmere Sommer und mehr Regen bedeuten mehr Vegetation und mehr Nahrung für Tiere.

5. Veränderungen in Verbreitung und Zustand von Tierarten
- Die Fettschicht der Robben ist dünner.
- Man sieht bisher nicht vorgekommene Fisch- und Vogelarten.
- Die Zahl der beißenden Insekten nimmt zu; es gab früher keine Stechmücken.
- Weil kein Eis da ist, findet man im Herbst weniger Eisbären.
- Die Zwergmaräne wird jetzt in großen Mengen gefangen.

Auf den lebenden Ressourcen der Arktis basiert nicht nur die Ernährung und Wirtschaft der Ureinwohner, sondern auch ihre soziale Identität, das spirituelle Leben und der Fortbestand ihrer Kultur.

8 Die indigenen Gemeinschaften stehen vor bedeutenden Veränderungen.

Der Klimawandel vollzieht sich schneller, als die indigenen Völker ihr Wissen anpassen können, und beeinträchtigt das Leben in vielen Gemeinschaften erheblich. Unberechenbare Wetter-, Schnee- und Eisbedingungen machen das Reisen gefährlich, ja lebensbedrohlich. Die Auswirkungen des Klimawandels auf die Tierwelt, von den Karibus auf dem Land über die Fische in den Flüssen bis hin zu den Robben und Eisbären auf dem Meereis, haben nicht nur gravierende Folgen für die Nahrungsgrundlagen der Ureinwohner, sondern auch für ihre Kultur.

Das Wetter erscheint unbeständiger und weniger vorhersagbar.

Vor dem Hintergrund ihres traditionellen Wissens berichten Ureinwohner aus der ganzen Arktis, dass das Wetter unbeständiger und ungewohnter erscheint, sich unerwartet und untypisch verhält. Erfahrene Jäger und Älteste, die das Wetter mit traditionellen Methoden vorhersagen konnten, sind dazu häufig nicht mehr in der Lage. Stürme treten oft ohne jede Vorwarnung auf. Windrichtungen ändern sich plötzlich. An vielen Orten wird es zunehmend wolkiger. In einigen Gegenden kommt es immer häufiger zu Stürmen mit starkem Wind und Blitzen. Wie mehrere Älteste anmerkten, ist „das Wetter heute schwerer einzuschätzen". Das führt zu Problemen bei vielen Aktivitäten, von denen die Ureinwohner abhängig sind, von der Jagd bis zum Trocknen von Fisch.

„Heute ist das Wetter unberechenbar. Früher haben die Ältesten das Wetter vorhergesagt und immer Recht behalten, aber wenn sie es heute tun, kommt es immer irgendwie anders."
– Z. Aqqiaruq, Igloolik, Kanada 2000

„Die Wetterperioden entsprechen nicht mehr der Norm. Früher hatten wir bestimmte feste Jahreszeiten, die ausschlaggebend für das Wetter waren und die traditionellen Normen bildeten. Sie haben sich verschoben. Heute kann ich das Wetter nicht mehr mit den traditionellen Methoden vorhersagen. Heute halten wir vergeblich nach den Zeichen am Himmel Ausschau."
– Heikki Hirvasvuopio, Kakslauttanen, Finnland 2002

Schneeeigenschaften verändern sich, und der Eisregen nimmt zu.

Es wird allgemein von Veränderungen der Schnee- und Eiseigenschaften berichtet. Veränderte Windmuster lassen den Schnee fest werden. Jäger und umherziehende Gruppen können deshalb keine Iglus mehr bauen, auf die man immer noch häufig angewiesen ist, um vorübergehend oder in Notfällen Schutz zu finden. Einige Unfälle und Todesfälle werden darauf zurückgeführt, dass die Opfer von plötzlichen Stürmen überrascht wurden und keinen geeigneten Schnee finden konnten, um Schutzunterkünfte zu bauen. Durch vermehrten Eisregen und häufigere Gefrier-Schmelz-Zyklen finden Rentiere, Karibus, Moschusochsen und andere Tiere im Winter weniger Nahrung, was wiederum Auswirkungen auf die Ureinwohner hat, die von diesen Tieren abhängig sind.

„Früher gab es unterschiedliche Schneeschichten. Der Wind war nicht so stark, machte den Schnee nicht so hart wie heute. Aus diesem Schnee kann man wirklich nur schwer Unterkünfte bauen, weil er für gewöhnlich viel zu hart ist, und zwar bis auf den Grund."
– T. Qaqimat, Baker Lake, Kanada 2001

Das grönländische Wort für Wetter und Klima ist „sila". Sila bezeichnet auch das allgemeine Bewusstsein, die alles durchdringende, lebensspendende Kraft, die sich in jedem Menschen zeigt. Sila verbindet den Einzelnen mit den Rhythmen der Natur.

„Die Veränderungen sind so dramatisch, dass es im kältesten Monat des Jahres, im Dezember 2001, zu derart sintflutartigen Regenfällen in der Region von Thule kam, dass die Meereisdecke und die Landoberfläche mit einer dicken Schicht festen Eises überzogen war, was sich als sehr schlimm für die Pfoten unserer Schlittenhunde erwies."
– Uusaqqak Qujaukitsoq, Qaanaaq, Grönland 2002

„Früher gab es hier richtigen Frost, der die Flechten austrocknete, und der Schnee fiel obendrauf. Der Regen formte den Boden, der dann ordentlich gefror. Wenn es jetzt regnet, gefriert die Nässe über dem Boden, was schlecht für die Rentiere ist. Es zerstört die Flechten. Das Eis ist überall und die Rentiere kommen nicht durch. Viele sind schon gestorben, weil sie nicht mehr an die Flechten kommen."
– Niila Nikodemus, 86, ältester Rentierhirte in Purnumukka, Finnland 2002

„Erst schneit es, dann taut es - wie im Sommer. Und das immer wieder. Erst fällt eine Menge Schnee, dann wird es warm, dann friert es wieder. Heute regnet es im Winter, wie etwa letztes Neujahr. Früher hat es im Winter nie geregnet. Regen mitten im Winter? So viel Regen, dass der Schnee verschwindet? Ja, so ist es. Es regnet und der Schnee schmilzt!"
– Vladimir Lifov, Lovozero, Russland 2002

Kapitel der Studie

Sicht der Ureinwohner	Jagd, Herdenhaltung & Fischfang
3	12

Das Meereis nimmt ab und seine Qualität und sein zeitliches Auftreten verändern sich, mit weit reichenden Konsequenzen für die Meeresjäger.

Das Meereis verringert sich deutlich in Umfang und Dicke. Das Packeis ist weiter von der Küste entfernt und häufig zu dünn für eine sichere Überquerung. Durch das reduzierte Meereis werden Stürme auf See heftiger und gefährlicher für die Jäger. Meeressäuger, deren Lebensraum auf dem Meereis liegt, einschließlich Walrosse, Eisbären und Robben werden in diesem Jahrhundert erhebliche Populationseinbrüche erleben und könnten vom Aussterben bedroht sein.

„Vor langer Zeit hatten wir den ganzen Sommer lang Eis. Den ganzen Sommer sah man [mehrjähriges] Eis. Es bewegte sich in dieser Jahreszeit hin und her. Jetzt ist es verschwunden. Früher sah man, wie das alte Eis von Westen her nach Sachs kam. Jetzt nicht mehr. Jetzt ist zwischen den Inseln Victoria und Banks offenes Wasser. Das dürfte nicht sein."
– Frank Kudlak, Sachs Harbour, Kanada 1999

„Ich merke, dass die Robben nicht mehr da sind – vielleicht weil das Eis im Frühling so schnell aufbricht, vielleicht weil sie draußen auf Eisschollen treiben."
– 62-jähriger Mann, Kuujjuaq, Kanada

„Wenn viel Eis da ist, machst du dir keine großen Gedanken wegen der Stürme. Du fährst raus und bewegst dich durch die Eisschollen. Doch in den letzten Jahren gab es kein Eis mehr. Wenn es jetzt stürmt, kannst du nicht mehr raus."
– Andy Carpenter, Sachs Harbour, Kanada 1999

Saisonale Wettermuster ändern sich.

Die Völker der Arktis berichten von Veränderungen im zeitlichen Ablauf, in der Länge und Ausprägung von Jahreszeiten, einschließlich stärkerer Regenfälle in Herbst und Winter und extremerer Hitze im Sommer.

„Sila [Wetter und Klima] hat sich gewaltig verändert. Der Herbst kommt jetzt sehr spät, und der Frühling setzt sehr früh und schnell ein. Vor langer Zeit war der Sommer kurz, aber heute nicht mehr."
– Sarah Kuptana, Sachs Harbour, Kanada 1999

„Früher in meiner Kindheit war das Wetter richtig schön, jetzt ist es schlecht. Überall Mücken. Mal war es heiß, mal kalt – nicht wie jetzt. [Die Dinge geschehen] zum falschen Zeitpunkt, es ist ganz anders. Im August hat es sich immer abgekühlt, heute ist es heiß. Der Winter ist ganz kurz geworden."
– Edith Haogak, Sachs Harbour, Kanada 2000

„Das Wetter hat sich zum Schlechteren gewandelt, und für uns ist das eine schlimme Sache. Es beeinträchtigt die Mobilität bei der Arbeit. Früher hatten wir ab Oktober eine feste Eisdecke. Heute kann man erst Anfang Dezember aufs Eis raus. So sehr hat sich alles verändert."
– Arkady Khodzinsky, Lovozero, Russland 2002

Ich bedenke noch einmal

Meine kleinen Abenteuer

Meine Ängste

Die Kleinen, die so groß erschienen

Für die wichtigen Dinge

Die ich bekommen und erreichen wollte

Doch groß und bedeutsam ist nur eines –

zu erleben, wie der wundervolle Tag anbricht

und die Welt mit Licht erfüllt.

– Gedicht der Inuit

9 ## Die erhöhte UV-Strahlung hat negative Folgen für alle Lebewesen.

Die Ozonschicht absorbiert UV von der Sonne und schützt damit das Leben auf der Erde vor zu starker UV-Strahlung. Der Abbau von Ozon könnte also eine erhöhte UV-Strahlung auf der Erdoberfläche bewirken.

Ozon in der Atmosphäre

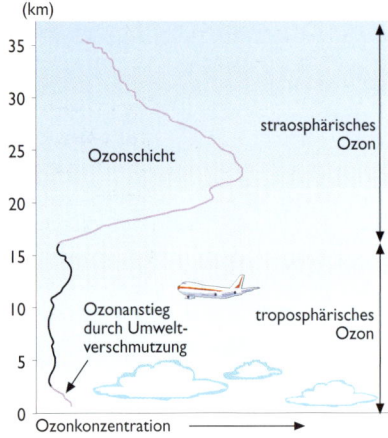

Der Großteil des Ozons befindet sich in der Stratosphäre, relativ hoch über der Erdoberfläche, wo es das Leben auf der Erde vor zu starker UV-Strahlung schützt. Durch Schadstoffe steigt die Ozonkonzentration an der Erdoberfläche. Dieses bodennahe Ozon, auch bekannt als „Smog", führt zu Atemproblemen und anderen negativen Auswirkungen auf den Menschen. Der vorliegende Bericht befasst sich mit dem Ozon in der Stratosphäre, nicht mit dem Ozon an der Erdoberfläche.

Die auf die Erdoberfläche treffende ultraviolette Strahlung (UV) ist ein wachsendes Problem in der Arktis, das hauptsächlich mit dem stratosphärischen Ozonabbau zusammenhängt – eine Folge der vom Menschen verursachten Emissionen von Fluorchlorkohlenwasserstoffen (FCKW) und anderen chemischen Substanzen in den letzten 50 Jahren. Der Ozonabbau über der Arktis hat ein beträchtliches Ausmaß erreicht und ist im Frühjahr, wenn die Natur besonders anfällig ist, am größten.

Das als Montrealer Protokoll bekannte Abkommen (und spätere Ergänzungen, die es konkretisierten) sieht zwar vor, dass die Produktion der meisten dieser ozonzerstörenden Stoffe stufenweise eingestellt wird, doch viele davon verbleiben sehr lange in der Atmosphäre, so dass die bereits freigesetzten Stoffe die Ozonschicht sehr wahrscheinlich noch jahrzehntelang weiter zerstören werden. Der Ozonabbau in der Arktis reagiert höchst sensibel auf Temperaturänderungen, was bedeutet, dass die Ozonkonzentrationen wahrscheinlich sehr stark vom Klimawandel beeinflusst werden, auch wenn die grundlegenden Abbauprozesse mit chemischen Substanzen zusammenhängen, die durch menschliche Aktivitäten entstehen.

Obwohl Prognosen über die künftige Entwicklung des Ozons große Unsicherheiten aufweisen, lässt der lange Zeitraum, den das Ozon zur Erholung braucht, den Schluss zu, dass die Arktis sehr wahrscheinlich mehrere Jahrzehnte lang erhöhten UV-Konzentrationen ausgesetzt sein wird. Höhere UV-Mengen werden wahrscheinlich negative Folgen für viele Lebewesen in der Arktis haben. Eine zu starke UV-Belastung führt beim Menschen bekanntermaßen zu Hautkrebs, Sonnenbrand, grauem Star, Hornhautschädigungen und einer Schwächung des Immunsystems. Bekannt ist auch, dass UV eine Reihe von in der Arktis verwendeten Infrastrukturmaterialien schädigt oder die Schädigung beschleunigt. Auch weit reichende Konsequenzen für natürliche Ökosysteme sind wahrscheinlich.

Viele Menschen verwechseln die Probleme des Ozonabbaus mit denen des Klimawandels. Obwohl mehrere Zusammenhänge zwischen beiden Phänomenen bestehen, werden sie von zwei unterschiedlichen Mechanismen angetrieben. Der vom Menschen verursachte Klimawandel resultiert aus der Zunahme von Kohlendioxid, Methan und anderen Treibhausgasen, die Wärme in der unteren Atmosphäre (Troposphäre) zurückhalten, was zur globalen Erwärmung führt. Der Ozonabbau resultiert aus der vom Menschen verursachten Zunahme von chlorierten chemischen Substanzen wie den Nebenprodukten von FCKW und Halonen, die über chemische Prozesse in der Stratosphäre zur Zerstörung von Ozonmolekülen führen.

Das UN-Umweltprogramm (UNEP) und die World Meterological Organisation (WMO) untersuchen regelmäßig die Veränderungen des stratosphärischen Ozons und der ultravioletten Strahlung. Die jüngste Untersuchung der UNEP/WMO wurde 2002 abgeschlossen. Die ACIA-Studie stützt sich auf diese Befunde und führt sie weiter aus.

Der Ozonabbau über der Arktis

Die Ozonschicht absorbiert UV von der Sonne und schützt damit das Leben auf der Erde vor zu starker UV-Strahlung. Der Abbau von Ozon könnte also eine erhöhte UV-Konzentration auf der Erdoberfläche bewirken. Der stärkste Abbau hat in den Polargebieten stattgefunden, was zum so genannten „Ozonloch" über der Antarktis und einem ähnlichen, wenn auch nicht ganz so gravierenden saisonalen Abbau über der Arktis geführt hat. Der Ozonabbau erstreckt sich in unterschiedlicher Stärke über den gesamten Globus, wobei das Ausmaß mit zunehmender Entfernung von den Polen im Allgemeinen abnimmt.

Der gesamte jährliche Durchschnittsverlust von Ozon über der Arktis liegt seit 1979 bei ca. 7 %. Doch dahinter verbergen sich weit größere Verluste zu bestimmten Jahreszeiten und an bestimmten Tagen, und von diesen Verlusten geht die Gefahr erheblicher biologischer Auswirkungen aus. Die stärksten Rückgänge der Ozonkonzentration sind im Frühjahr aufgetreten, mit durchschnittlichen Frühjahrs-Verlusten von 10–15 % seit 1979. Die größten monatlichen Abweichungen, 30–35 % unter normal, wurden im März 1996 und 1997 verzeichnet.

 Kapitel der Studie | Ozon & UV-Strahlung 5 | Gesundheit des Menschen 15

An einzelnen Tagen im März/April 1997 lagen die Ozonwerte 40–50 % unter normal. Größere Ozonverluste (d. h. mehr als fünfundzwanzigprozentiger Abbau), die mehrere Wochen anhielten, wurden in sieben der letzten neun Frühjahre in der Arktis beobachtet.

Bestimmende Faktoren für bodennahe UV-Strahlung

Die Ozonkonzentration hat direkten Einfluss darauf, wie viel UV die Erdoberfläche erreicht. Stark beeinflusst wird die UV-Menge auch von Wolken, Einfallswinkel der Sonnenstrahlen, Höhe über dem Meeresspiegel, dem Vorkommen winziger Teilchen in der Atmosphäre (Aerosole) und dem Reflexionsvermögen der Oberfläche. Diese Faktoren verändern sich von Tag zu Tag, Jahreszeit zu Jahreszeit und Jahr zu Jahr und verringern oder erhöhen die UV-Mengen, denen die Lebewesen auf der Erdoberfläche ausgesetzt sind. Die höchsten UV-Konzentrationen in der Arktis beobachtet man im Frühjahr und Sommer, was hauptsächlich mit dem relativ hohen Stand der Sonne zusammenhängt. Durch den niedrigen Einfallwinkel im Herbst und Winter entsteht eine Menge diffuser UV-Strahlung, die von der Atmosphäre gestreut und von Schnee und Eis reflektiert wird. Reflektierender Schnee kann die Dosis, der die Lebewesen an der Oberfläche ausgesetzt sind, um mehr als 50 % erhöhen.

Die verschiedenen Faktoren, die an der UV-Dosis beteiligt sind, können vielfältige Auswirkungen haben, von denen einige wahrscheinlich vom Klimawandel beeinflusst werden. Schnee und Eis reflektieren zum Beispiel Sonnenstrahlung nach oben, so dass Pflanzen und Tiere auf dem Eis wahrscheinlich einer geringeren Dosis ausgesetzt sein werden, wenn Schnee und Eis durch die Erwärmung schwinden. Andererseits werden Pflanzen und Tiere unterhalb von Schnee und Eis bei einem Rückgang dieser schützenden Decke einer höheren UV-Strahlung ausgesetzt sein. Der prognostizierte Rückgang der Schnee- und Eisdecke auf Flüssen, Seen und Ozeanen wird also wahrscheinlich zu einer erhöhten und schädigenden UV-Belastung für viele Lebewesen in diesen Gewässern führen. Zudem setzt die prognostizierte frühere Frühjahrsschmelze der Schnee- und Eisdecke zu jener Jahreszeit ein, in der die UV-Strahlung höchstwahrscheinlich durch den Ozonabbau erhöht wird.

Faktoren, die UV an der Oberfläche beeinflussen

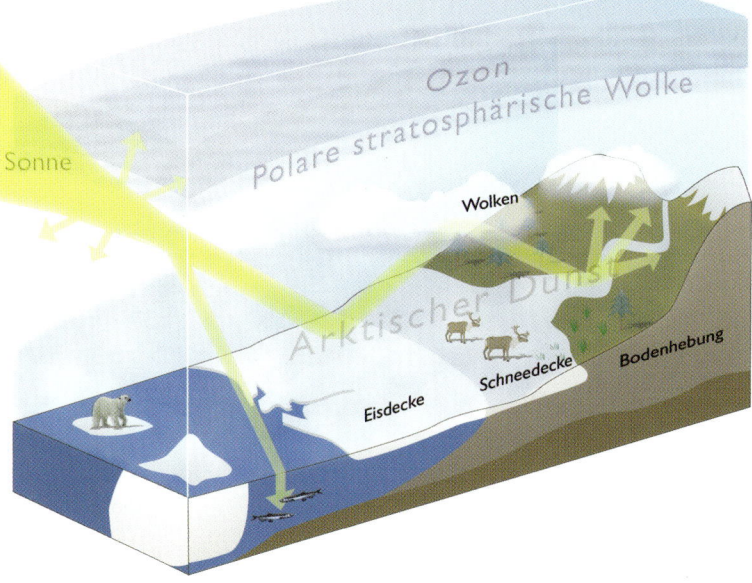

Ozonkonzentrationen, Wolken, Einfallswinkel der Sonnenstrahlen, Höhe über dem Meeresspiegel, winzige Partikel in der Atmosphäre (Aerosole) und das Reflexionsvermögen der Oberfläche (größtenteils abhängig vom Ausmaß der stark reflektierenden Schneedecke) beeinflussen alle die Menge der UV-Strahlung, die die Oberfläche erreicht.

UV-Schutz durch Ozonschicht

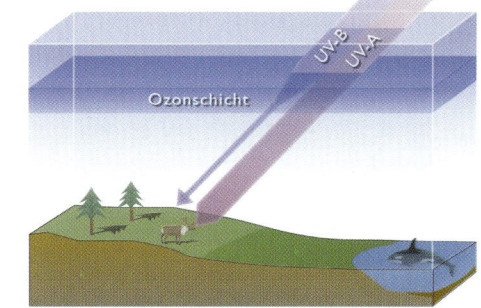

Die Ozonschicht der Stratosphäre absorbiert einen Teil der UV-Strahlung der Sonne, und zwar insbesondere UV-B-Strahlung, die dadurch in erheblich reduzierter Intensität die Erdoberfläche erreicht. UV-A und andere Arten von Solarstrahlung werden in geringerem Maß absorbiert. UV-Exposition erhöht beim Menschen das Risiko von Hautkrebs, grauem Star und einem geschwächtem Immunsystem. Auch Flora und Fauna an Land, im Meer sowie in Flüssen und Seen können durch UV-Strahlung geschädigt werden.

Weniger Ozon, mehr UV

(Dobson-Einheiten)

(UV-Index mittags)

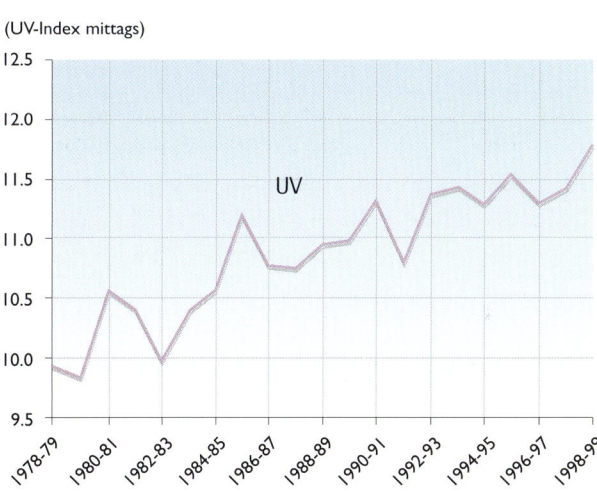

Australischer Sommer / Jahr (Dez. - Feb.)

Diese Grafik gibt die gut belegte Tatsache wieder, dass bei ansonsten gleichen Faktoren der Abbau stratosphärischen Ozons zu stärkerer UV-Strahlung an der Oberfläche führt. Auch andere Faktoren wie Wolken, Schnee und Eis beeinflussen die UV-Konzentration, und jeder dieser Faktoren kann dieses einfache Verhältnis ändern.

9 Die erhöhte UV-Strahlung hat negative Folgen für alle Lebewesen.

Zeitliche und räumliche Variationen

Der Ozonabbau und der daraus resultierende Anstieg der UV-Strahlung an der Oberfläche der Arktis sind nicht gleichmäßig um den Pol verteilt. Der Abbau schreitet auch zeitlich nicht gleichmäßig voran. In einigen Jahren nahm die Ozonschicht stark ab, in anderen nicht, was auf Schwankungen in der Dynamik und Temperatur der Stratosphäre zurückzuführen ist. Die Ozonkonzentration unterliegt einer starken natürlichen Variabilität, und neben den langfristigen Veränderungen durch menschliche Aktivitäten treten weiterhin natürliche Schwankungen auf. Ozontransporte können zu Tagen mit sehr hoher oder sehr niedriger UV-Strahlung führen. Aufgrund des Wesens des Ozonabbaus beobachtet man erhöhte UV-Werte vorwiegend im Frühjahr, wenn biologische Systeme am empfindlichsten reagieren. Erhöhte UV-Mengen, vor allem in Verbindung mit anderen Umweltbelastungen, stellen für einige arktische Spezies und Ökosysteme eine Bedrohung dar.

Da der Ozonabbau über der Arktis voraussichtlich noch mehrere Jahrzehnte andauert, wird es im Frühling wahrscheinlich weiterhin zu Phasen mit sehr niedrigen Ozonkonzentrationen kommen. Modellrechnungen ergeben einen bis zu 90-prozentigen Anstieg der Frühjahrs-UV-Mengen für 2010–2020 verglichen mit jenen von 1972–1992.

Erholung der Ozonschicht in der Arktis durch Klimawandel verzögert

Für die nächsten Jahrzehnte wird keine signifikante Verbesserung der stratosphärischen Ozonkonzentration in der Arktis erwartet. Ein Grund ist, dass die Zunahme von Treibhausgasen zwar zu einer Erwärmung der Troposphäre, aber zu einer Abkühlung der Stratosphäre führt. Das kann den Ozonabbau über den Polen verschlimmern, weil niedrigere Temperaturen den so genannten Polarwirbel oder Vortex verstärken und die Bildung von polaren Stratosphärenwolken begünstigen. Auf den Eispartikeln dieser Wolken vollziehen sich ozonzerstörende chemische Reaktionen. Außerdem isoliert der Vortex die Stratosphäre über der Arktis und verhindert, dass der Ozonverlust über der Polarregion durch Ozon aus anderen Gebieten wieder ausgeglichen wird. Deshalb wird vorhergesagt, dass der Ozonabbau und eine erhöhte UV-Strahlung über der Arktis in den kommenden Jahrzehnten anhalten werden. Gleichzeitig wird der durch die Erwärmung verursachte Rückgang der Schnee- und Eisdecke im Frühjahr wahrscheinlich dazu führen, dass empfindliche junge Pflanzen und Tiere erhöhten UV-Mengen ausgesetzt sind.

Da der Ozonabbau über der Arktis voraussichtlich noch mehrere Jahrzehnte andauert, wird

Arktisches Ozon im März

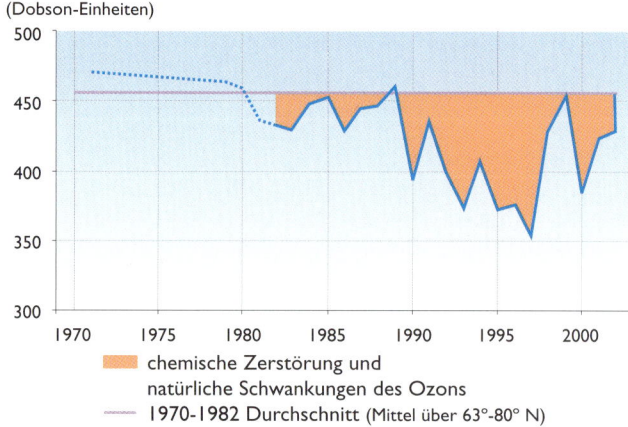

(Dobson-Einheiten)

☐ chemische Zerstörung und
natürliche Schwankungen des Ozons
— 1970-1982 Durchschnitt (Mittel über 63°-80° N)

Die Ozonkonzentration schwankt erheblich von Jahr zu Jahr. Zudem gibt es einen starken Abwärtstrend beim Ozon, der an den Polen besonders ausgeprägt ist. Diese Grafik zeigt den durchschnittlichen Ozongehalt vor Abbau (durchgezogene rote Linie) verglichen mit den Ozonkonzentrationen der letzten Jahre. Natürliche Schwankungen der meteorologischen Bedingungen beeinflussen die jährlichen Veränderungen, insbesondere in der Arktis, wo der Abbau äußerst temperaturempfindlich reagiert. Die blaue Linie gibt den mittleren Ozongehalt für den Monat März in der Arktis wieder.
Ab 1982 zeigt sich in den meisten Jahren ein signifikanter Abbau.

es im Frühling wahrscheinlich weiterhin zu Phasen mit sehr niedrigen Ozonkonzentrationen kommen. Modellrechnungen ergeben einen bis zu 90-prozentigen Anstieg der Frühjahrs-UV-Mengen für 2010–2020 verglichen mit jenen von 1972–1992. Die Modelle, die für diese Prognosen herangezogen wurden, stützen sich auf die Annahme, dass das Montrealer Protokoll mit seinen Ergänzungen vollständig eingehalten wird. Sollte der stufenweise Ausstieg aus der Produktion von ozonzerstörenden Substanzen nicht wie geplant stattfinden, wird sich die Ozonschicht wahrscheinlich langsamer erholen und die UV-Strahlung höher ausfallen als vorhergesagt.

Polare stratosphärische Wolken

Für die nächsten Jahrzehnte wird keine signifikante Verbesserung der stratosphärischen Ozonkonzentration in der Arktis prognostiziert.

Atmosphärenschichten

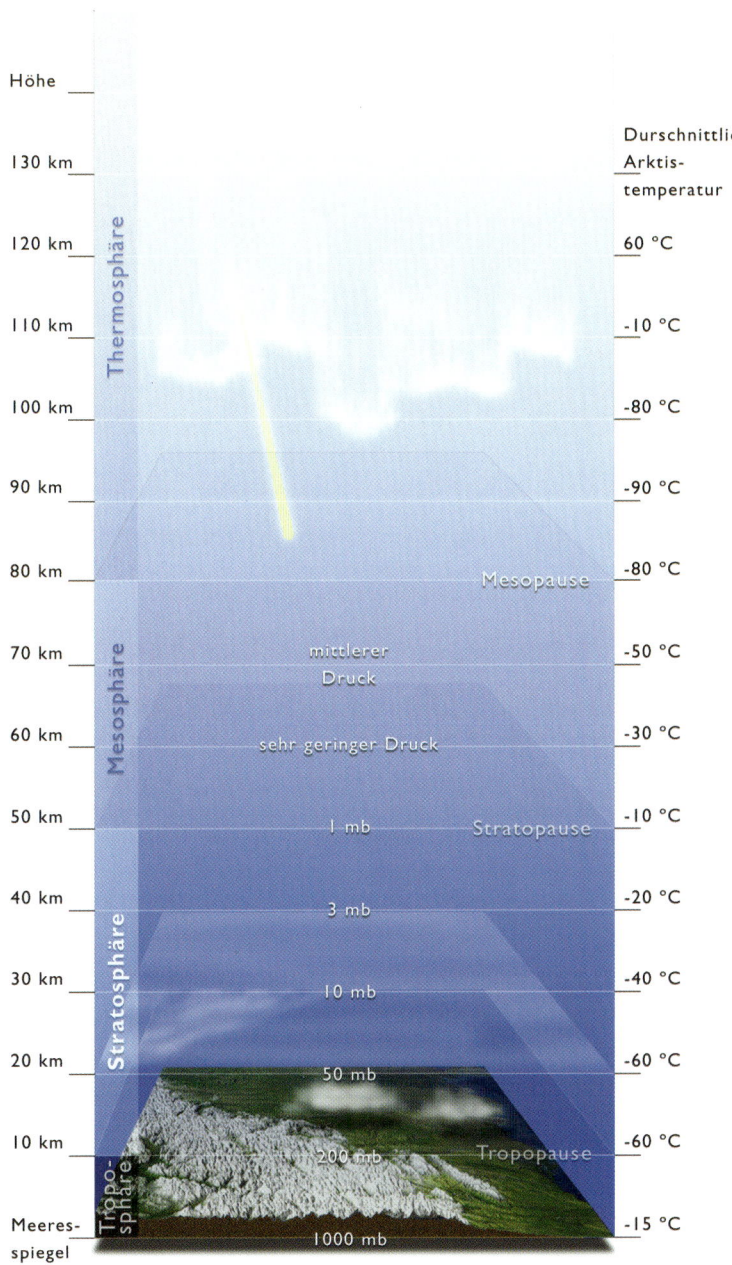

Temperaturen in der unteren Stratosphäre der Arktis

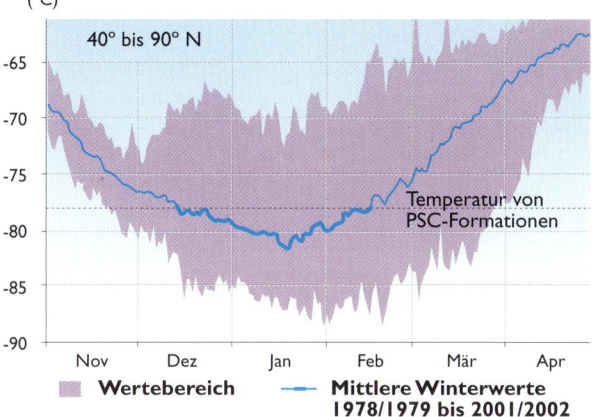

Über der Arktis liegen die Minimum-Lufttemperaturen in der unteren Stratosphäre bei –80° C im Januar und Februar. Polare stratosphärische Wolken (PSCs) bilden sich, wenn die Temperatur unter –78° C fällt. Auf den Eispartikeln dieser Wolken finden ozonzerstörende chemische Reaktionen statt. Steigende Treibhausgas-Konzentrationen erwärmen zwar die bodennahe Luft, führen aber zur Abkühlung der Stratosphäre, wodurch sich die Wolkenbildung verlängert und der Ozonabbau verstärkt wird.

9 Die erhöhte UV-Strahlung hat negative Folgen für alle Lebewesen.

Auswirkungen der UV-Strahlung auf die Menschen

Der Mensch erhält etwa die Hälfte der UV-Strahlung, der er in seinem Leben ausgesetzt ist, bis zu seinem 18. Lebensjahr. Die derzeitige Erhöhung der UV-Konzentration in der Arktis lässt den Schluss zu, dass die heutige junge Generation im Laufe ihres Lebens einer um 30 % höheren UV-Dosis ausgesetzt sein wird als irgendeine frühere Generation. Das hat weit reichende Folgen für die Bewohner der Arktis, weil UV zu Hautkrebs, Hornhautschädigungen, grauem Star, einer Schwächung des Immunsystems, Virusinfektionen, Hautalterung, Sonnenbrand und anderen Hautkrankheiten führen oder deren Ausbruch beschleunigen kann. Die Hautpigmentierung schützt zwar bis zu einem gewissen Grad gegen Hautkrebs, ist aber kein wirksamer Schutz gegen eine UV-induzierte Unterdrückung des Immunsystems. Die immunsuppressiven Wirkungen von UV spielen eine wichtige Rolle bei UV-bedingtem Hautkrebs, weil sie die Zerstörung von Krebszellen durch das Immunsystem verhindern. Es gibt Hinweise auf einen Zusammenhang zwischen UV-Exposition und Non-Hodgkin-Lymphomen und Autoimmunerkrankungen wie multipler Sklerose, wobei dieser Zusammenhang vermutlich auf den immunsuppressiven Wirkungen von UV beruht. Es ist bekannt, dass UV-Strahlung durch die Unterdrückung des Immunsystems bestimmte Viren wie etwa das Herpes-simplex-Virus aktiviert. Von daher könnten erhöhte UV-Mengen zu vermehrten Virus-erkrankungen bei arktischen Populationen führen, vor allem da durch die Klimaerwärmung möglicherweise virustragende Insektenarten in die Arktis vordringen.

Augenerkrankungen sind ein besonderes Problem in der Arktis. Die UV-Strahlung wird herkömmlicherweise auf einer flachen, horizontalen Oberfläche gemessen, aber das spiegelt nicht adäquat wider, wie UV vom Individuum aufgenommen wird. Da Menschen sich im Freien normalerweise in der Vertikalen befinden, sind sie, vor allem aufgrund des reflektierenden Schnees, einer höheren Dosis ausgesetzt als eine horizontale Oberfläche. Wird dieser Umstand bei Messungen berücksichtigt, ergibt sich, dass der Ozonabbau im Frühling aufgrund der signifikanten Schneereflexion erheblich zu den schädigenden UV-Effekten auf die Augen beitragen könnte. Beobachtungen zeigen, dass die UV-Strahlung auf vertikalen Oberflächen wie den Augen gegen Ende April höher ist als zu jeder anderen Zeit des Jahres. Diese hohen Werte deuten darauf hin, dass die aufgenommene UV-Menge genauso groß oder größer sein kann, wenn man zum Horizont schaut, als wenn man direkt nach oben schaut.

Menschen können die UV-bedingten Gesundheitsrisiken durch Sonnencremes, Sonnenbrillen, schützende Kleidung und andere präventive Maßnahmen verringern.

Zusätzlich zu den Auswirkungen auf die menschliche Gesundheit hat UV-Strahlung bekanntermaßen einen schädlichen Einfluss auf viele Materialien, die im Bauwesen und für andere Anwendungen im Freien benutzt werden. UV kann zu Strukturveränderungen bei Plastik, bei synthetischen Polymeren (z. B. in Farben) und bei natürlichen Polymeren (z. B. in Holz) führen. Eine erhöhte UV-Strahlung aufgrund des Ozonabbaus wird deshalb wahrscheinlich die Lebensdauer dieser Materialien verkürzen und zusätzliche Kosten für häufigere Farbanstriche und andere Wartungsarbeiten verursachen. Die Kombination von stark reflektierender Schneedecke, mehr Sonnenstunden im Frühling und Sommer sowie den Ozonverlusten im Frühling kann einen kumulativen Effekt auf die UV-Dosis für vertikale Oberflächen wie Gebäudemauern erzeugen, was zur Schädigung anfälliger Materialien führt. Die starken Winde und wiederholten Frost- und Tauphasen in der Arktis werden Materialprobleme, die infolge der UV-Schädigung entstehen, möglicherweise verschlimmern. Die Kosten vorzeitigen Materialersatzes bedeuten steigende Infrastrukturkosten, die wahrscheinlich auf die einzelnen Bürger verteilt werden.

Veränderungen der Oberflächen-UV-Strahlung

(% per Dekade)

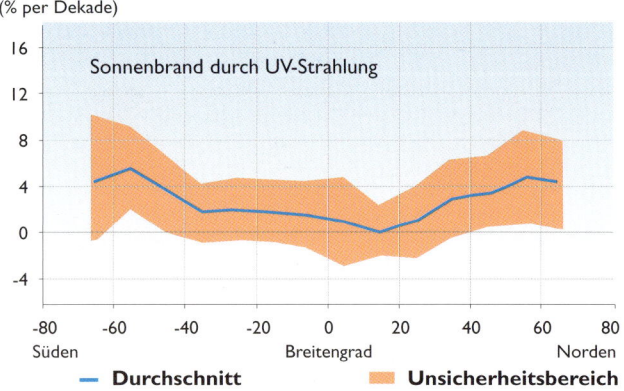

Die zu Sonnenbrand führende UV-Strahlung nimmt seit 1980 weltweit zu. Die Grafik gibt das geschätzte Ausmaß dieser Oberflächen-UV-Strahlung wieder, das sich aus beobachteten Ozonreduktionen und der an verschiedenen Orten nachgewiesenen Wechselwirkung zwischen Ozon und UV ergibt. Am stärksten nimmt die UV-Strahlung an den Polen zu, weil der Ozonverlust dort am größten ist.

Kapitel der Studie

Ozon & UV-Strahlung	Tundra & Polarwüsten	Wälder & Landwirtschaft	Gesundheit des Menschen
5	7	14	15

Auswirkungen der UV-Strahlung auf Ökosysteme

Land-Ökosysteme

Erhöhte UV-Strahlung führt zu einer Vielzahl von Auswirkungen bei Tieren und Pflanzen, auch wenn diese Auswirkungen von Spezies zu Spezies sehr unterschiedlich sind. Auf kurze Sicht werden einige Arten voraussichtlich profitieren, aber viele andere Schaden nehmen. Die langfristigen Auswirkungen sind größtenteils unbekannt. Zusätzlich zu den direkten Folgen werden Tiere indirekt durch Veränderungen der Pflanzenwelt beeinträchtigt. So machen etwa Pigmente, die den Pflanzen als UV-Schutz dienen, sie auch schlechter verdaulich für Tiere, die auf diese Nahrung angewiesen sind. Obwohl sich einige Pflanzen der stärkeren UV-Strahlung durch erhöhte Pigmentierung anpassen können, hat diese Anpassung häufig weit reichende Konsequenzen für abhängige Tiere und Ökosystemprozesse. Erhöhte UV-Werte haben zudem langfristige Auswirkungen auf Ökosystemprozesse, die den Nährstoffkreislauf verkürzen und die Produktivität verringern können.

Der arktische Frühling ist eine kritische Zeit für die Entwicklung von Tieren und Pflanzen. In früheren Zeiten war die Ozonkonzentration im Frühjahr am höchsten, was den Lebewesen den erhöhten UV-Schutz gewährte, den sie in dieser empfindlichen Phase brauchten. Seit der Ozonabbau durch vom Menschen erzeugte chemische Substanzen vor einigen Jahrzehnten zum Problem wurde, kommt es im Frühling jetzt zu den höchsten Verlusten an stratosphärischem Ozon. Das länger anhaltende Tageslicht im Frühling trägt ebenfalls zur UV-Belastung bei. Außerdem besteht eine Wechselbeziehung zwischen UV-Anstieg und Klimawandel, wie etwa beim wärmebedingten Rückgang der Schneedecke im Frühling, was die Gefahr schädlicher Auswirkungen für Pflanzen, Tiere und Ökosysteme erhöht.

Gefährdung der Birkenwälder durch UV-Auswirkungen beim Herbstspanner

Ein Beispiel für eine dokumentierte Auswirkung erhöhter UV-Strahlung, die zudem mit der Klimaerwärmung in Wechselwirkung steht, betrifft den Herbstspanner, eine Insektenart, die Birkenblätter frisst und enorme Waldschäden verursacht. Erhöhte UV-Strahlung verändert die chemische Struktur von Birkenblättern, wodurch sich deren Nährstoffwert erheblich verringert. Zum Ausgleich fressen die Raupen des Herbstspanners dreimal so viel wie üblich. Erhöhtes UV scheint zudem das Immunsystem des Herbstspanners zu verbessern. Darüber hinaus zerstört UV das Polyhydrose-Virus, das ein wichtiges Regulativ für die Raupenpopulation darstellt. Von daher wird eine höhere UV-Strahlung voraussichtlich zu größeren Raupenpopulationen und damit zu einer verstärkten Birkenentlaubung führen. Hinzu kommt, dass früher Wintertemperaturen von weniger als −36° C das Überleben der Herbstspannerlarven und damit die Population begrenzten. Wenn die Wintertemperaturen über diesen Schwellenwert steigen, werden mehr Raupen überleben. Von daher wird die beobachtete und prognostizierte Erwärmung im Winter die Herbstspanner-Population voraussichtlich weiter ansteigen lassen und somit die Schäden an den Birkenwäldern erhöhen. Die schädigenden Auswirkungen des Klimawandels werden die Auswirkungen der UV-Strahlung auf die Birkenwälder wahrscheinlich noch übertreffen.

Durch Herbstspanner zerstörter Birkenwald in Abisco, Schweden, 2004. Die Nahaufnahme zeigt eine Raupe beim Laubfraß.

9 Die erhöhte UV-Strahlung hat negative Folgen für alle Lebewesen.

Die Klimaerwärmung wird voraussichtlich den Gehalt an gelösten Substanzen in vielen arktischen Süßwassersystemen erhöhen, da die Erwärmung das Vegetationswachstum fördert.

Süßwasser-Ökosysteme

Einige Süßwasserarten wie Amphibien reagieren bekanntermaßen sehr empfindlich auf UV, auch wenn die Anfälligkeit nördlicher Spezies wenig erforscht ist. Klimabedingte Veränderungen werden für drei wichtige Faktoren prognostiziert, die das Ausmaß der UV-Belastung für Lebewesen in Süßwassersystemen beeinflussen, nämlich stratosphärisches Ozon, Schnee- und Eisbedeckung sowie in Wasser gelöste Substanzen, die als natürlicher Schutzschild gegen die Sonne wirken. Der Rückgang des stratosphärischen Ozons wird voraussichtlich noch mehrere Jahrzehnte anhalten, wodurch höhere UV-Mengen die Oberfläche erreichen können, insbesondere im Frühling.

Noch bedeutsamer für das aquatische Leben ist, dass sich durch den erwärmungsbedingten Rückgang der Schnee- und Eisdecke im Frühling deren bisherige Schutzwirkung für Pflanzen und Tiere unter Wasser verringern wird, so dass die UV-Belastung erheblich steigt. Eis und Schnee blocken einen großen Teil der UV-Strahlung ab, schon zwei Zentimeter Schnee können die Strahlungsintensität unter dem Eis etwa um den Faktor drei reduzieren. Das ist besonders wichtig in Süßwassersystemen mit niedrigen Konzentrationen von gelösten Stoffen, die gegen UV abschirmen.

Seen und Tümpel in nördlichen Arktisregionen enthalten im Allgemeinen wesentlich weniger gelöste Substanzen als jene im Süden der Region, was hauptsächlich auf die stärkere Vegetation in der Nähe der Gewässer im Süden zurückzuführen ist. Arktische Gewässer enthalten auch wenig aquatische Vegetation. Zusätzlich zu den geringen Mengen an gelösten Stoffen und dem daraus resultierenden tieferen Eindringen von UV in arktische Seen und Tümpel, sind viele dieser Süßwassersysteme relativ flach. Die durchschnittliche Tiefe von mehr als 900 Seen in Nordfinnland und etwa 80 Seen in der kanadischen Arktis beträgt weniger als 5 Meter. Deshalb sind alle Lebewesen, selbst jene am Grund der Seen, der UV-Strahlung ausgesetzt.

Einige der ersten Folgen der Erwärmung werden mit dem Verlust einer permanenten Eisdecke bei weit nördlich gelegenen Seen in Zusammenhang stehen; diese Auswirkungen zeigen sich bereits in der kanadischen Hocharktis. Bei einer Verlängerung der eisfreien Zeit werden sich diese Effekte verstärken. Allerdings wird erwartet, dass die Klimaerwärmung die Konzentration gelöster Substanzen in vielen arktischen Süßwassersystemen erhöht, weil die Erwärmung die Vegetation fördert. Außerdem könnte tauender Permafrost die aufgewühlte Sedimentmenge im Wasser erhöhen und damit zusätzlichen Schutz gegen UV bewirken. Diese Veränderungen könnten die erhöhte UV-Strahlung, die durch den Rückgang der Eis- und Schneedecke und die geringere Ozonkonzentration bedingt wird, teilweise ausgleichen.

Auswirkungen von erhöhter UV-Strahlung in Süßwasser-Ökosystemen

Ozonabbau → erhöhte UV-B-Strahlung

1. Moleküle — DNA, Photosystem II, Sonnenschutz
2. Zellen — Mutation, Photosynthese
3. Population — Wachstumsraten, Konkurrenz, Genießbarkeit
4. Gemeinschaft — Primärproduktion, Artenzusammensetzung
   Biochemische Effekte
5. Ökosystem — P/A*-Verhältnis, Produktion, Vielfalt, Nahrungsangebot

* Photosynthese/Atmung

UV-Strahlung ist das reaktivste Wellenband im solaren Spektrum und hat eine Vielzahl von Effekten, von der molekularen Ebene bis zum gesamten Ökosystem.

ACIA — Kapitel der Studie

Ozon & UV-Strahlung	Tundra & Polarwüsten	Süßwasser-Ökosysteme	Marine Systeme
5	7	8	9

Marine Ökosysteme

Phytoplankton kann durch UV negativ beeinflusst werden. Diese winzigen Pflanzen sind die Primärproduzenten mariner Nahrungsketten. Starke UV-Exposition kann die Produktivität am Anfang der Nahrungskette um etwa 20 bis 30 % verringern. Die derzeitigen UV-Werte beeinträchtigen einige Sekundärproduzenten von marinen Nahrungsketten. Ein UV-bedingtes Absterben in frühen Entwicklungsstadien, eine geringere Überlebensrate und eingeschränkte Fortpflanzungsfähigkeit sind beobachtet worden. Bei Stichproben einiger Arten, die man aus bis zu 20 Metern Tiefe gesammelt hat, wurden Schädigungen der DNA festgestellt. Ob Spezies unter starken negativen Auswirkungen leiden oder resistent sind, ist unter anderem abhängig von Jahreszeit und Ort der Fortpflanzung, vom Vorhandensein UV-filternder Substanzen und der Fähigkeit, UV-bedingte Schäden auszugleichen.

Es gibt klare Belege für schädliche Wirkungen von UV auf frühe Lebensstadien einiger Meeresfischarten. Bei einem Experiment starben zahlreiche Embryonen und Larven von Sardellen und Pazifikmakrelen, die man einer Oberflächen-UV-Strahlung aussetzte; signifikante subletale Effekte wurden ebenfalls festgestellt. Dieses Experiment ließ den Schluss zu, dass unter extremen Bedingungen 13 % der jährlichen Sardellenlarven verloren gehen könnten. Bei atlantischen Kabeljaueiern in flachen Gewässern (50 cm tief) zeigen sich ebenfalls negative Auswirkungen aufgrund von UV-Strahlung.

Die durch UV bedingten Veränderungen in der Nahrungskette werden wahrscheinlich gravierender sein als die direkten Auswirkungen auf einzelne Spezies. So reduziert UV-Strahlung, selbst in geringer Dosis, den Gehalt von wichtigen Fettsäuren in Algen, wodurch sich die verfügbare Menge an essenziellen Nährstoffen für Fischlarven verringert. Da Fischlarven und alle weiteren Glieder der Nahrungskette auf diese essenziellen Fettsäuren angewiesen sind, um sich gesund zu entwickeln, könnte ein solcher reduzierter Nährwert der Nahrungsgrundlage weit reichende und signifikante Implikationen für die allgemeine Gesundheit und Produktivität des marinen Ökosystems haben. Fische und andere Meerestiere leiden unter vielen schädlichen Auswirkungen, wenn sie UV-Strahlung ausgesetzt sind, insbesondere unter einer Schwächung des Immunsystems. Schon bei einmaliger UV-Belastung nimmt die Immunreaktion eines Fisches ab, und die Schwächung ist noch zwei Wochen später nachweisbar. Das könnte die Krankheitsanfälligkeit ganzer Populationen erhöhen. Junge Fische, die sich in einem kritischen Entwicklungsstadium befinden, reagieren wahrscheinlich sogar noch empfindlicher auf UV, was eine eingeschränkte Immunabwehr im späteren Leben zur Folge hat.

Neuere Studien schätzen, dass ein saisonaler Rückgang des stratosphärischen Ozons um 50 % die Primärproduktion in Meeressystemen um bis zu 8,5 % reduzieren könnte. Doch wie bei Süßwassersystemen werden auch Wolkendecke, Eisdecke und die Klarheit oder Trübung des Wassers das Ausmaß der UV-Strahlung stark beeinflussen.

Modellsimulationen der relativen Effekte ausgewählter Variablen auf das UV-bedingte Absterben von *Calanus finmarchicus*. Die Grafik zeigt, dass Wolken, Wassertrübung und Ozon allesamt den Prozentsatz der durch UV-Strahlung abgetöteten Embryos verringern, dass jedoch die Wassersäule die stärkste Schutzwirkung der drei Variablen hat. Zooplankton ist ein wesentlicher Bestandteil der marinen Nahrungskette.

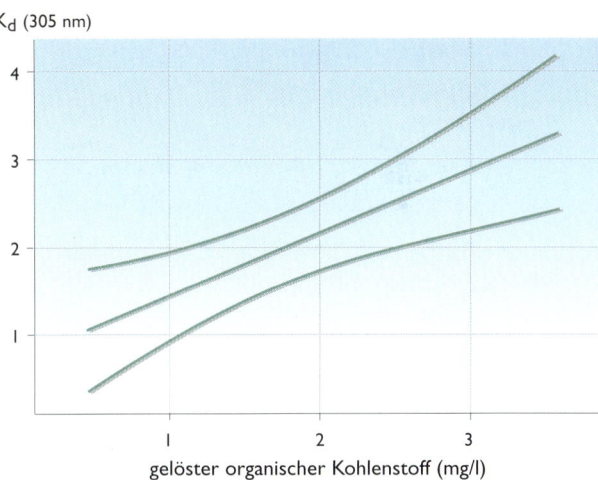

Atlantische Kabeljau-Embryos und UV

K_d (305 nm)

gelöster organischer Kohlenstoff (mg/l)

Atlantische Kabeljau-Embryos reagieren empfindlich auf UV-Strahlung. Sind sie davor geschützt (ob durch stratosphärisches Ozon, Wolken oder gelösten organischen Kohlenstoff), steigt die Überlebensrate steil an. Die Grafik zeigt den Schutzgrad, der vom organischen Stoffgehalt der Wassersäule geboten wird, wobei umso mehr Embryos überleben, je höher die Konzentration der im Wasser gelösten organischen Stoffe ist. Der Klimawandel könnte die Konzentration der im Wasser gelösten Stoffe beeinflussen.

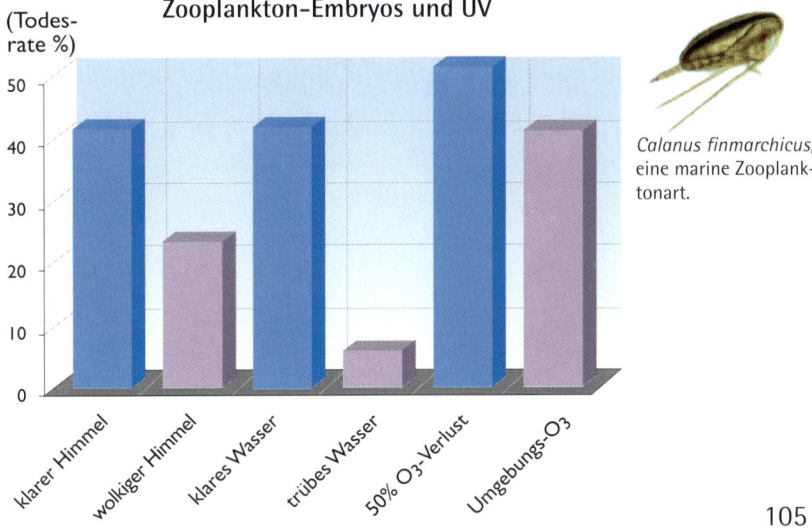

Zooplankton-Embryos und UV

(Todesrate %)

klarer Himmel · wolkiger Himmel · klares Wasser · trübes Wasser · 50% O₃-Verlust · Umgebungs-O₃

Calanus finmarchicus, eine marine Zooplanktonart.

10 Die Einflüsse wirken wechselseitig auf Menschen und Ökosysteme.

Der Klimawandel in der Arktis vollzieht sich im Zusammenhang mit vielen anderen Veränderungen, wie chemischer Umweltverschmutzung, erhöhter UV-Strahlung und Habitat-Zerstörung. Zu den gesellschaftlichen Veränderungen gehören wachsende Bevölkerungszahlen, besserer Zugang zu arktischen Regionen, technischer Fortschritt, Handelsliberalisierung, Urbanisierung, Autonomiebewegungen, zunehmender Tourismus und vieles andere mehr. All diese Veränderungen hängen miteinander zusammen, und die Folgen dieser Phänomene werden zu einem Großteil von den Wechselwirkungen zwischen ihnen abhängen. Einige dieser Veränderungen werden die Auswirkungen des Klimawandels verstärken, andere werden sie abschwächen. Einige werden die Anpassung des Menschen an den Klimawandel fördern, andere werden sie erschweren.

Wie widerstandsfähig oder anfällig Menschen auf den Klimawandel reagieren, hängt von den Gesamtbelastungen ab, denen sie ausgesetzt sind, ebenso wie von ihrer Fähigkeit, sich diesen Veränderungen anzupassen. Das Anpassungsvermögen wird von politischen, gesetzlichen, wirtschaftlichen, sozialen und anderen Faktoren maßgeblich beeinflusst. Reaktionen auf Umweltveränderungen umfassen viele Ebenen. Dazu gehören Verhaltensanpassungen beim Jagen, Herdenhüten oder Fischen ebenso wie Neuordnungen von politischen, kulturellen und spirituellen Lebensbereichen. Die Anpassung kann neue Erkenntnisse und deren Umsetzung umfassen, zum Beispiel die Anwendung neuer Erkenntnisse über Wetter- und Klimamuster. Die Menschen wechseln vielleicht ihre Jagdgründe und die Weideflächen ihrer Herden oder spezialisieren sich auf andere Tierarten. Auch neue Partnerschaften zwischen Bundesregierungen und den Verwaltungen und Organisationen indigener Völker könnten der Anpassung dienen.

Welche Umweltveränderungen die größten Belastungen erzeugen, ist bei den arktischen Gemeinschaften unterschiedlich. So sind etwa die Inuit in Nordkanada und Westgrönland extrem von Gesundheitsgefahren durch permanente organische Schadstoffe (POPs) und vom Rückgang des Meereises betroffen, während dies für die Samen in Nordnorwegen, Schweden und Finnland weniger bedeutsam ist. Den Samen bereitet der gefrierende Regen, der das Futter der Rentiere mit Eis überzieht, große Sorge ebenso wie der vordringende Straßenbau auf Weideflächen.

Wind, Flüsse und Ozeanströmungen bringen Schadstoffe in die Arktis

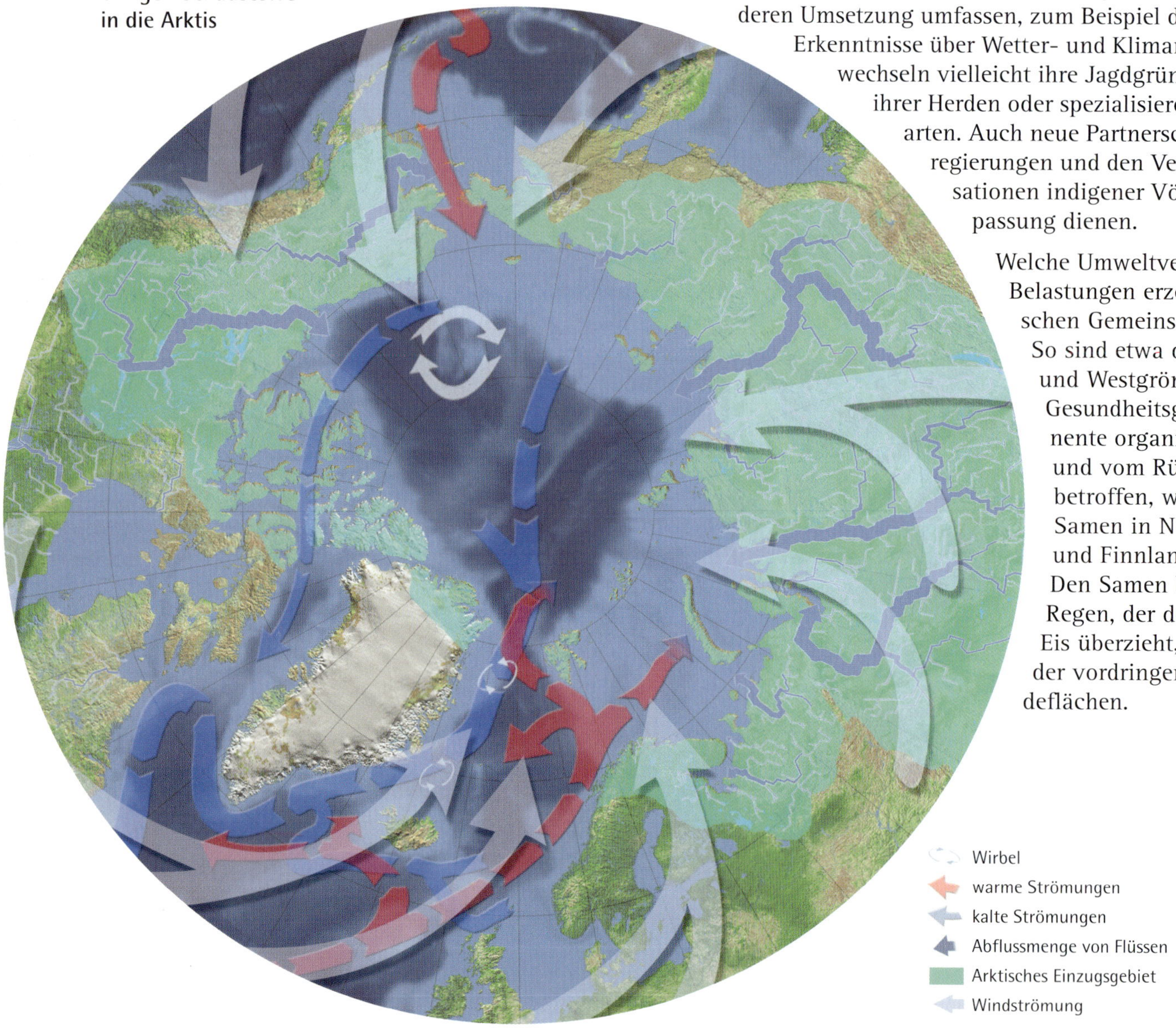

Wirbel
warme Strömungen
kalte Strömungen
Abflussmenge von Flüssen
Arktisches Einzugsgebiet
Windströmung

Die in nördlichen Industriegebieten freigesetzten Schadstoffe werden in die Arktis transportiert, wo sie in immer konzentrierterer Form die Nahrungskette hinaufwandern können.

106
ARCTIC CLIMATE IMPACT ASSESSMENT
ACIA
Kapitel der Studie

Gesundheit des Menschen	Klimawandel	Zusammenfassung & Synthese
15	17	18

Klimawandel und Schadstoffe

Schadstoffe wie die POPs und Schwermetalle, die aus anderen Regionen in die Arktis transportiert werden, gehören zu den größten Umweltbelastungen, die mit dem Klimawandel in Wechselwirkung stehen. Bestimmte arktische Tierarten, insbesondere solche, die weit oben in der marinen Nahrungskette stehen, weisen hohe Konzentrationen von POPs wie DDT und PCBs auf. Der weltweite Einsatz dieser chemischen Stoffe erreichte seinen Höhepunkt in den 1960er und 1970er Jahren. Seitdem ist die Herstellung in den meisten Staaten verboten. Doch die Schadstoffe, die vor Inkrafttreten dieser Beschränkungen freigesetzt wurden, halten sich hartnäckig in der Umwelt und werden - hauptsächlich durch Luftströmungen - von ihren industriellen und landwirtschaftlichen Ursprüngen in mittleren Breiten in die Arktis transportiert, wo sie kondensieren und sich auf Partikeln, Schneeflocken oder direkt auf der Erdoberfläche niederschlagen.

Die POPs reichern sich immer stärker an, je weiter sie in der Nahrungskette nach oben gelangen, was zu hohen Schadstoffbelastungen bei Eisbären, Polarfüchsen und verschiedenen Seehunden, Walen, Fischen, Seevögeln und Raubvögeln führt. Arktisbewohner, die sich von diesen Tieren ernähren, sind also potenziell gesundheitsgefährdenden Mengen dieser Schadstoffe ausgesetzt. Bei Blutproben von Personen aus verschiedenen arktischen Ansiedelungen, zum Beispiel in Ostkanada, Grönland und Ostsibirien, hat man besorgniserregende Werte gemessen und dabei starke regionale Unterschiede festgestellt.

Bei den Schwermetallen bereitet vor allem das Quecksilber in Teilen der Arktis große Sorge. Quecksilber von weit entfernten Ursprungsorten lagert sich auf dem Schnee der Arktis ab, wo es in die Umwelt freigesetzt wird, wenn der Schnee im Frühling schmilzt, also zu Beginn der Fortpflanzungs- und schnellen Wachstumsphase von Tieren und Pflanzen, die dann besonders empfindlich sind. Kohle- und Müllverbrennung sowie industrielle Prozesse sind die Hauptquellen von globalen Quecksilberemissionen. Die derzeitige Quecksilberkonzentration stellt ein Gesundheitsrisiko für einige Menschen und Tiere der Arktis dar. Da Quecksilber sehr langlebig ist, steigt die Belastung in der Region trotz eingeschränkter Emissionen in Europa und Nordamerika weiterhin an.

Schadstoffe werden vom Wind transportiert und lagern sich durch Niederschläge auf dem Land und dem Meer ab. Die Temperatur beeinflusst, wie sich die Schadstoffe auf Luft, Land und Wasser verteilen. Der Klimawandel und die damit einhergehenden Veränderungen bei Windmustern, Niederschlag und Temperatur können also die Wege des Schadstoffeintritts sowie die Ablagerungsorte und -mengen in der Arktis verändern. Ein ausgedehnteres Abschmelzen von mehrjährigem Meereis und Gletschern führt zur schnellen Freisetzung von großen Schadstoffmengen, die jahre- oder jahrzehntelang im Eis gebunden waren.

Durch den Klimawandel könnten sich noch andere Eintrittswege für Schadstoffe in die Arktis ergeben. Neuere Ergebnisse deuten darauf hin, dass die Lachswanderungen erheblichen klimabedingten Schwankungen unterworfen sind und dass der Pazifiklachs möglicherweise auf Veränderungen reagiert, indem er nordwärts in arktische Flüsse zieht. Diese Lachse sammeln und erhöhen Schadstoffe im Pazifik und transportieren die Stoffe in die Arktis. Einige Seen nehmen unter Umständen mehr POPs durch Fische auf als aus der Atmosphäre. Auf ähnliche Weise könnten auch durch veränderte Routen von Zugvögeln Schadstoffe in bestimmte Wassereinzugsgebiete transportiert werden und sich dort ansammeln. Norwegische Forscher, die den Ellasjoen-See untersuchten, stellten z. B. fest, dass Seevögel den Schadstoffen (in diesem Fall POPs) als wichtiges Transportmittel von Meeres- in Süßwasserumwelten dienen.

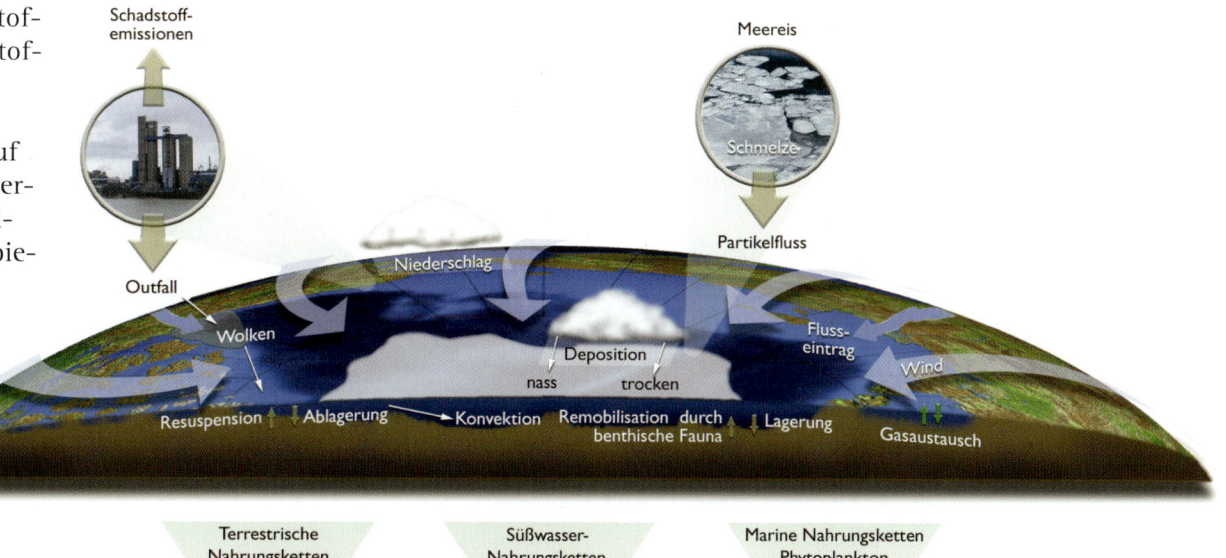

107

10 Die Einflüsse wirken wechselseitig auf Menschen und Ökosysteme.

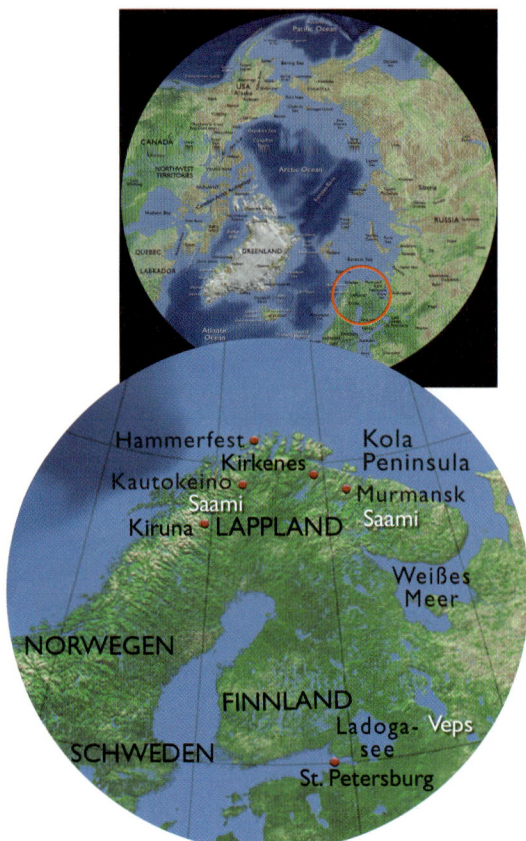

Fallstudie über wechselseitig wirkende Veränderungen: Samische Rentierhirten

Die beobachteten und prognostizierten Temperatur und Niederschlagserhöhungen sowie Veränderungen im zeitlichen Ablauf der Jahreszeiten wirken sich in vielfältiger Weise auf die Rentierhaltung aus. Vermehrte Regenfälle auf Schnee und häufigere Schmelzphasen im Winter führen zur Bildung von Eiskrusten, die das Futter schwer zugänglich machen. Bei steigenden Herbsttemperaturen setzt die Zeit der Schneebedeckung möglicherweise später ein. Höhere Temperaturen und Niederschläge könnten zu häufigeren Schneefällen auf ungefrorenem Boden führen. Eine wachsende Zahl, Dichte und Verbreitung von Birken auf den Weidegebieten von Rentieren hat bereits zu einem verringerten Nahrungsangebot im Winter geführt. Das Vordringen der Waldvegetation in Tundragebiete wird die traditionellen Weideflächen wahrscheinlich weiter einschränken.

Der typische saisonale Herdenumtrieb zwischen Winter- und Sommerweiden spiegelt das Wissen der Rentierhirten um die jahreszeitlichen Veränderungen in wichtigen Ressourcen wie Futter und Wasser wider. In den warmen Wintern der 1930er Jahre, als aufgrund heftiger Niederschläge mitunter schwierige Bedingungen herrschten, trieb man die Herden z. B. früher als üblich im Frühjahr an die Küste. Auch im Umtrieb der Herden von kärgeren zu fruchtbareren Weidegründen, wozu auch „der Tauschhandel mit gutem Schnee" zwischen benachbarten Hirten gehört, spiegelt sich das umfassende Wissen um die Futterbedingungen wider. Auf jeden Fall hängt der Erfolg der Rentierhirten davon ab, dass sie sich frei bewegen können.

Eine Vielzahl von Faktoren, einschließlich der Regierungspolitik der letzten Jahrzehnte, machten es den samischen Rentierhirten schwer, sich der Klimaerwärmung und anderen Veränderungen erfolgreich anzupassen. Zu den großen Belastungen gehört das Vordringen von Straßen und von anderen Teilen der Infrastruktur auf das traditionelle Weideland der Rentiere. Eine weitere Belastung hängt mit den widerstreitenden Zielen verschiedener Gruppen

„Die Welt hat sich jetzt zu stark verändert. Man könnte sagen, die Natur ist durcheinander. Hinzu kommt, dass die Rentierhaltung heute fortwährend von unterschiedlichen politischen, sozialen und ökonomischen Seiten unter Druck gesetzt wird. Wir stehen vor echten Problemen. Eine Lebensweise, von der alles abhängig war, verändert sich jetzt."

Veiko Magga
Samischer Rentierhirte
Vuotso, Finnland

ARCTIC CLIMATE IMPACT ASSESSMENT
Kapitel der Studie

Sicht der Ureinwohner	Klimawandel
3	17

zusammen. Norwegens Bergweiden sind eine wichtige Ressource für Rentierhirten, doch die Nutzung des Weidelands wird durch Raubtiere wie Luchs, Wolf und Vielfraß erschwert, die eine große Bedrohung für Rentierkälber darstellen, aber zu den geschützten Tierarten gehören.

Weitere Veränderungen gehen von Gesetzen aus, die hauptsächlich auf die Fleischproduktion zielen und zur Züchtung großer Herden ermutigen. Da große Herden gesetzlich gefördert werden, haben sie sich von durchschnittlich etwa 100 auf 700 Tiere vergrößert. Da diese Gesetze zudem Herden begünstigen, in denen Kühe und Kälber (das Hauptschlachtvieh) dominieren, hat sich die Zusammensetzung verändert: Während eine traditionelle Herde zu etwa 40 % aus Bullen bestand, sind es jetzt nur noch 5 %. Für die traditionelle Herdenhaltung sind die Bullen wichtig, weil sie sich besser als die anderen Tiere durch tiefen oder schlechten Schnee graben können und damit das Nahrungsangebot für die gesamte Herde vergrößern. Der verringerte Anteil der Bullen könnte sich als großes Problem erweisen, wenn die durch den Klimawandel veränderten Schneebedingungen die Futtersuche für kleinere Rentiere noch schwieriger machen.

Straßenerweiterung reduziert Weideland für Rentiere

1940

1970

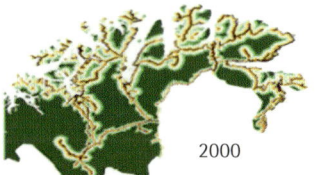

2000

Auswirkung
(Rückgang der Tier- und Pflanzenwelt)

- sehr hoch
- hoch
- gering
- sehr gering
- „Wildnis"

Der vordringende Straßenbau zwischen 1940 und 2000 in Finnland, Nordnorwegen und der damit einhergehende Verlust von Rentierweiden.

Prognostizierte Entwicklung der Infrastruktur

2000

2030

2050

Prognostizierte Entwicklung der Infrastruktur einschließlich Straßen, Gebäude und militärischer Übungsgebiete in Nordskandinavien 2000–2050. Das hier wiedergegebene Szenario stützt sich auf die historische Entwicklung der Infrastruktur, auf Verteilung und Dichte der menschlichen Bevölkerung, bestehende Infrastruktur, bekannte Standorte von Öl-, Gas-, Mineral- und Waldressourcen, Entfernung zur Küste und Vegetationsart.

10 Die Einflüsse wirken wechselseitig auf Menschen und Ökosysteme.

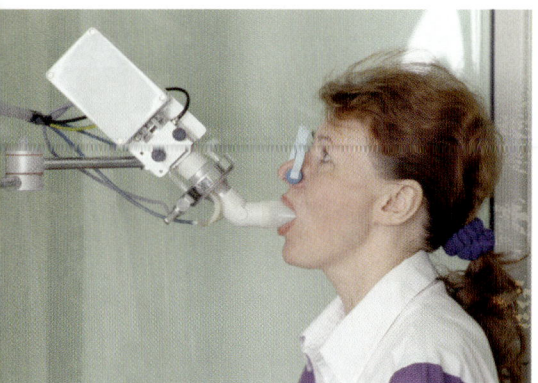

Die Gesundheit des Menschen

Der Klimawandel wird die Gesundheit der Menschen in der Arktis weiterhin beeinträchtigen. Die Auswirkungen werden sich aufgrund der regionalen Unterschiede im Klimawandel, des unterschiedlichen Gesundheitszustandes und der unterschiedlichen Anpassungsfähigkeit verschiedener Bevölkerungsgruppen von Ort zu Ort unterscheiden. Bewohner ländlicher Gebiete in kleinen, isolierten Gemeinschaften mit schwachem Versorgungssystem, wenig Infrastruktur und einer marginalen oder nicht vorhandenen öffentlichen Gesundheitsversorgung scheinen am anfälligsten zu sein. Gruppen, die ausschließlich von der Jagd und vom Fischfang leben, vor allem wenn sie auf einige wenige Tierarten angewiesen sind, werden anfällig für Veränderungen sein, die diese Tierarten beeinträchtigen (wie etwa der Rückgang des Meereises und seine Auswirkungen auf Ringelrobben und Eisbären). Alter, Lebensweise, Geschlecht, Zugang zu Ressourcen und andere Faktoren beeinflussen das individuelle und kollektive Anpassungsvermögen. Zudem ist die früher gegebene Möglichkeit, an andere Orte zu ziehen, um sich neuen klimatischen Bedingungen anzupassen, geringer geworden, seit es feste Siedlungen gibt.

Der Klimawandel wird wahrscheinlich sowohl positive als auch negative Auswirkungen auf die Gesundheit der Menschen in der Arktis haben. Zu den direkten positiven Folgen könnte eine Verringerung kältebedingter Gesundheitsschäden wie Frostbeulen oder Unterkühlung gehören sowie ein verringerter Kältestress. Die Todesrate im Winter ist höher als im Sommer, und mildere Winter könnten in einigen Regionen die Zahl der Todesfälle in den Wintermonaten reduzieren. Doch der Zusammenhang zwischen höherer Sterberate und Winterwetter ist schwer zu deuten und komplexer als der Zusammenhang zwischen Krankheits- und Todesfällen bei hohen Temperaturen. Viele Todesfälle im Winter sind zum Beispiel auf Atemwegsinfektionen wie Grippe zurückzuführen und es ist unklar, wie höhere Wintertemperaturen die Grippeübertragung beeinflussen.

Zu den direkten negativen Auswirkungen gehören wahrscheinlich größerer Hitzestress und mehr Unfälle aufgrund ungewöhnlicher Eis- und Wetterbedingungen. Zu den indirekten Folgen gehören: Auswirkungen auf die Ernährung aufgrund einer veränderten Zugänglichkeit und Verfügbarkeit von Nahrungsgrundlagen, höhere psychische und soziale Belastungen durch Veränderungen in Umwelt und Lebensstil, potenziell starke Vermehrung von Bakterien und Viren, Ausbruch von durch Mücken übertragenen Krankheiten, Veränderungen im Zugang zu hochwertigem Trinkwasser sowie Krankheiten aufgrund sanitärer Probleme. Auch Wechselwirkungen zwischen Schadstoffen, UV-Strahlung und Klimawandel könnten sich auf die Gesundheit auswirken.

Indigene Völker in einigen Teilen des zirkumpolaren Nordens berichten von Stress aufgrund vorher unbekannter starker Temperaturextreme. Das kann zu Atemproblemen führen, die wiederum die Teilnahme an körperlichen Aktivitäten einschränken können. Andererseits wird berichtet, dass die vielerorts mit dem winterlichen Erwärmungstrend verbundene Abnahme kalter Tage den positiven Effekt hat, dass man sich im Winter häufiger im Freien aufhalten kann und der Stress extremer Kälte abnimmt.

Klimabedingte Veränderungen in der Verbreitung von Fisch- und Tierarten führen sehr wahrscheinlich zu einschneidenden Veränderungen bei der Zugänglichkeit und Verfügbarkeit traditioneller Nahrungsquellen, mit erheblichen Folgen für die Gesundheit. Ein Wechsel zu einer eher westlich geprägten Ernährung erhöht bei nördlichen Bevölkerungsgruppen bekanntermaßen das Risiko von Krebs, Fettleibigkeit, Diabetes und Herz-Kreislauf-Erkrankungen. Der Rückgang von kommerziell wichtigen Spezies, wie Lachs, wird wahrscheinlich aufgrund der sinkenden Einkünfte in kleinen Gemeinden zu wirtschaftlichen und gesundheitlichen Problemen führen.

Klimastress und veränderte Tierpopulationen begünstigen auch die Ausbreitung von ansteckenden und auf den Menschen übertragbaren Krankheiten bei Tieren (z. B. das West-Nil-Virus).

Sauberes Trinkwasser und gute sanitäre Anlagen sind wichtige Gesundheitsvoraussetzungen. Zur sanitären Infrastruktur gehören Wasseraufbereitungs- und Verteilungssysteme, Abwassersammel-, Klär- und Entsorgungsanlagen sowie Feststoffsammlung und -entsorgung. Tauender Permafrost, Küstenerosion und andere klimabedingte Veränderungen, die die Trinkwasserqualität beeinträchtigen oder direkte Schäden an der Kanalisation verursachen, werden wahrscheinlich zu negativen Auswirkungen für die menschliche Gesundheit führen.

Wenn Extremereignisse wie Fluten, Stürme, Felsstürze und Lawinen zunehmen, ist mit einer steigenden Zahl von Verletzungen und Todesfällen zu rechnen. Zusätzlich zu den direkten Folgen dieser Ereignisse wirken sie sich möglicherweise indirekt, z. B. auf die Verfügbarkeit von sauberem Trinkwasser aus. Zudem könnten heftige Regenfälle zum Ausbruch von durch Mücken übertragenen Krankheiten, zu Überschwemmungskatastrophen und je nach vorhandener sanitärer Infrastruktur zur Verunreinigung von Wasservorräten führen.

Auch die seelische Gesundheit wird wahrscheinlich durch klimabedingte Veränderungen in der Arktis beeinträchtigt. Die eingeschränkten Möglichkeiten der Existenzsicherung durch Jagen, Sammeln, Fischfang oder Herdenhaltung werden wahrscheinlich durch den Verlust wichtiger kultureller Aktivitäten psychische Belastungen auslösen. Überschwemmungen, Erosion und tauender Permafrost können im Zuge des Klimawandels die Bewohnbarkeit und Infrastruktur von Siedlungen negativ beeinflussen und psychische Belastungen zur Folge haben, wenn Populationen umsiedeln müssen und Gemeinschaften zerstört werden.

Bewohner der ländlichen Arktis in kleinen, isolierten Siedlungen mit schwachem Versorgungssystem, wenig Infrastruktur und marginaler oder nicht vorhandener öffentlicher Gesundheitsversorgung scheinen am anfälligsten zu sein.

Veränderung beim West-Nil-Virus in Kanada

2001	2002	2003

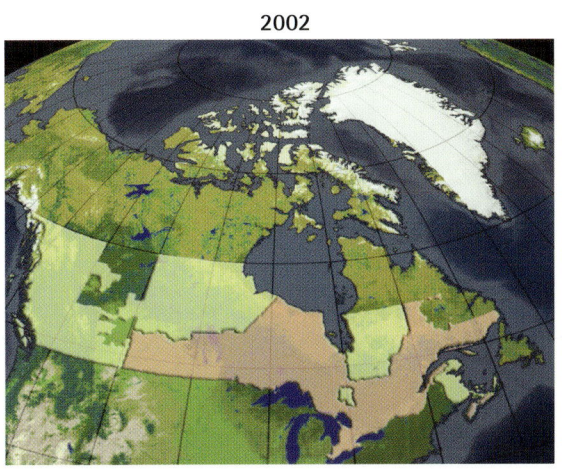
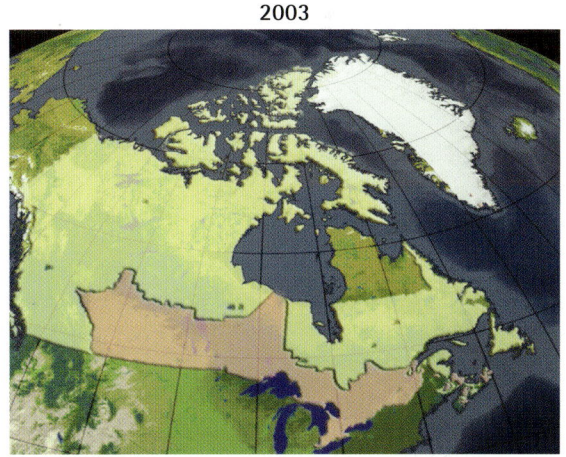

Das West-Nil-Enzephalitis-Virus ist ein aktuelles Beispiel dafür, wie weit und schnell eine Krankheit sich ausbreiten kann, wenn sie einmal in eine neue Region eingedrungen ist. Das West-Nil-Virus kann viele Vogel- und Säugetierarten (einschließlich Menschen) infizieren und wird durch Mücken übertragen. Es wurde erstmals 1999 an der Ostküste Amerikas festgestellt und verbreitete sich bis 2002 in 43 Staaten und sechs kanadischen Provinzen. Über Zugvögel gelangt das Virus in andere Regionen; innerhalb der Regionen wird es von Mücken auf andere Vögel (ebenso wie auf andere Tiere und Menschen) übertragen. Obwohl das Virus aus dem tropischen Afrika stammt, hat es sich an viele nordamerikanische Mücken angepasst und – bis jetzt – an über 110 nordamerikanische Vogelarten, von denen einige in die Arktis ziehen. Mückenarten, die das Virus bekanntermaßen übertragen, finden sich auch in der Arktis. In der Vergangenheit hat das Klima die Verbreitung einiger von Insekten übertragenen Krankheiten begrenzt, doch der Klimawandel und anpassungsfähige Krankheitserreger wie das West-Nil-Virus begünstigen eine zunehmende nördliche Ausbreitung. Einige Arktisregionen wie der Staat Alaska haben Überwachungsprogramme für das West-Nil-Virus eingeführt.

Auf West-Nil-Virus getestete tote Vögel

Positiv getestete Vögel

Zu diesen Karten

Die Karten zeigen beobachtete und prognostizierte Klimaänderungen für die vier arktischen Teilregionen im Jahresmittel und für die Winterzeit (Dezember, Januar, Februar).

Die Karten des beobachteten Temperaturwandels zeigen die Veränderung von der Mitte des 20. Jahrhunderts bis heute. Gelb bedeutet zum Beispiel, dass ein Gebiet sich in den letzten 50 Jahren um etwa 2° C erwärmt hat. Für schwarz markierte Gebiete liegen keine ausreichenden Beobachtungsdaten vor, um das Ausmaß der Veränderung zu bestimmen.

Die Karten für die künftige Entwicklung geben die prognostizierte Temperaturänderung von den 1990er bis zu 2090er Jahren wieder; sie basieren auf der Durchschnittstemperatur, die mittels der fünf ACIA-Klimamodelle errechnet wurde, die von den niedrigeren der zwei in diesem Bericht verwendeten Emissionsszenarien (B2) ausgehen. Für die orange markierten Gebiete wird prognostiziert, dass sie sich von den 1990ern bis zu den 2090ern um rund 6°C erwärmen werden.

Klimaänderungen in den ACIA-Teilregionen

Da die atmosphärischen und ozeanischen Verbindungen zur übrigen Welt je nach Teilregion variieren, gibt es Unterschiede im Klimawandel, der sich im letzten Jahrhundert in der Arktis vollzogen hat: Einige Teilregionen haben sich stärker erwärmt als andere, einige sogar leicht abgekühlt. Prognosen zufolge werden sich jedoch künftig alle Arktisregionen erwärmen, einige mehr als andere.

Die Abweichungen in den Teilregionen sind wahrscheinlich zum Teil auf Schwankungen in atmosphärischen Zirkulationsmustern zurückzuführen. Region 1 ist beispielsweise besonders anfällig für Veränderungen der Nordatlantischen Oszillation (NOA); darunter versteht man eine Schwankung in der Stärke der Winde, die ostwärts über den Nordatlantik und nach Europa ziehen. Ist dieser ostwärts gerichtete Wind stark, dringt im Winter warme Meeresluft nach Nordeuropa und in die Arktis ein, was zu einer überdurchschnittlichen Erwärmung führt. Dieses Windmuster stimmt mit der Erwärmung der eurasischen Arktis in den letzten Jahrzehnten überein und könnte mit dazu beigetragen haben. Der Zustand der Nordatlantischen Oszillation, einschließlich ihrer möglichen Reaktion auf die steigende Konzentration von Treibhausgasen, ist ein kritischer Faktor bei Prognosen über das Klima dieser Region im 21. Jahrhundert.

TEILREGION I (Ostgrönland, Island, Norwegen, Schweden, Finnland, Nordwest-Russland und angrenzende Meere)

Im Lauf der letzten 50 Jahre sind die jährlichen Durchschnittstemperaturen über Ostgrönland, Skandinavien und Nordwest-Russland um etwa 1° C angestiegen, während über Island und dem Nordatlantik eine Abkühlung von etwa 1° C stattgefunden hat. Die Oberflächen-Temperaturen über dem Nordpolarmeer und Nordatlantik sind im Winter sehr kalt geblieben, was die Erwärmung der Küstengebiete begrenzt hat. Über Inlandsgebieten sind dagegen die mittleren Wintertemperaturen um etwa 2° C in Skandinavien und um etwa 2–3° C in Nordwest-Russland angestiegen.

Bis zu den 2090er Jahren sagen die Modellsimulationen eine weitere jährliche Durchschnittserwärmung von rund 3° C für Skandinavien und Ostgrönland, von rund 2° C für Island und von ungefähr 6° C über dem zentralen Nordpolarmeer voraus. Für die mittleren Wintertemperaturen wird ein Anstieg von 3-5° C über den meisten Landgebieten und von bis zu 6° C über Nordwest-Russland prognostiziert, mit einem verstärkten Anstieg in Küstennähe, bedingt durch die Erwärmung von 6-10° C über dem nahe gelegenen Nordpolarmeer.

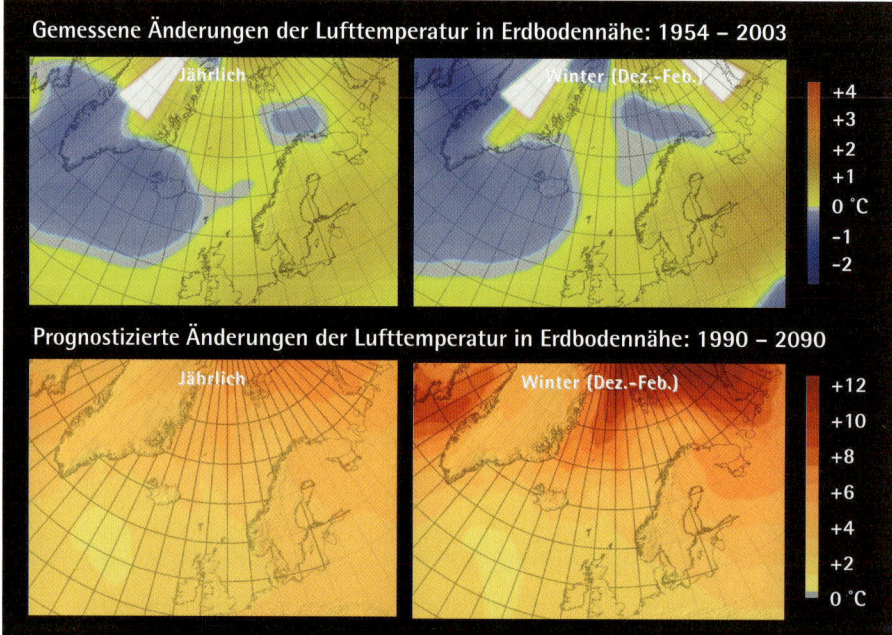

Gemessene Änderungen der Lufttemperatur in Erdbodennähe: 1954 – 2003

Prognostizierte Änderungen der Lufttemperatur in Erdbodennähe: 1990 – 2090

Nach allen Modellen wird für das zentrale Nordpolarmeer eine stärkere Erwärmung prognostiziert als für die vier Teilregionen, nämlich um bis zu 7° C im Jahresdurchschnitt und um bis zu 10° C im Winter bis zu den 2090er Jahren.

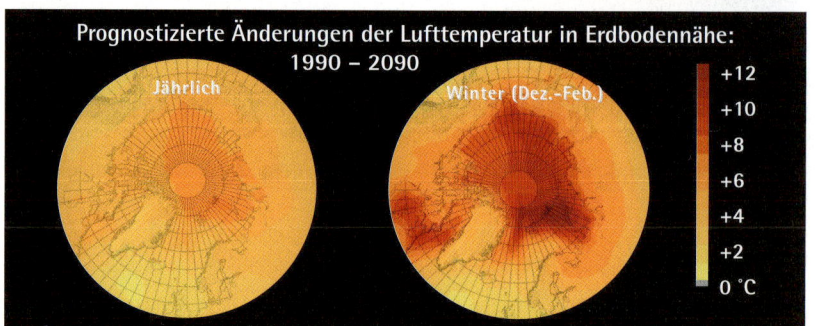

Prognostizierte Änderungen der Lufttemperatur in Erdbodennähe: 1990 – 2090

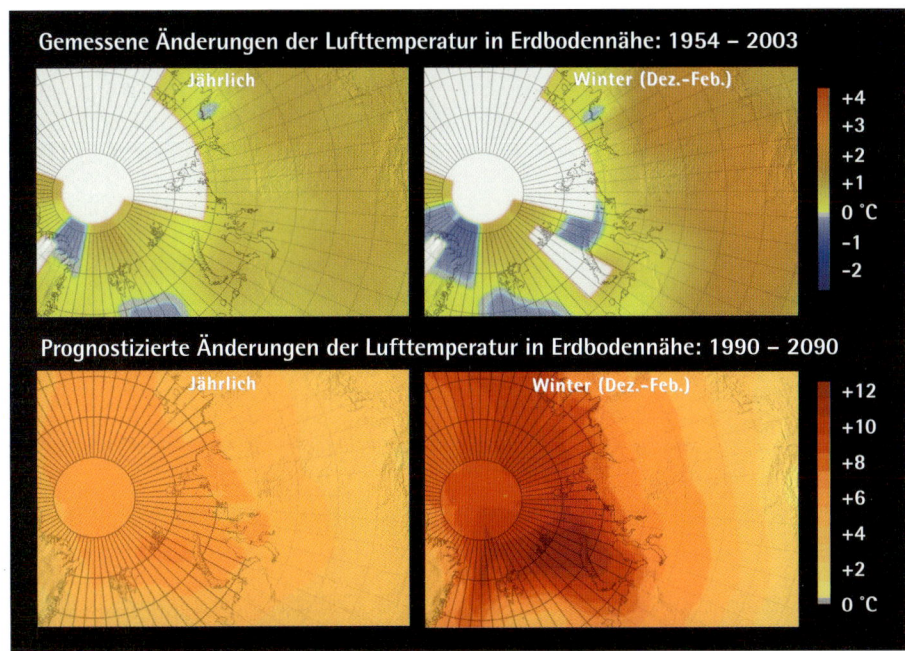

TEILREGION II (Sibirien und angrenzende Meere)

Die jährlichen Durchschnittstemperaturen über Sibirien sind in den letzten 50 Jahren um etwa 1–3°C angestiegen, wobei sich der Großteil der Erwärmung im Winter vollzog, mit einem Temperaturanstieg von etwa 3-5°C. Die stärkste Erwärmung trat in Inlandsgebieten auf, wo sie durch die geringere Dauer der Schneebedeckung intensiviert wurde.

Modellsimulationen prognostizieren eine zusätzliche jährliche Durchschnittserwärmung von etwa 3–5°C auf Land bis zu den 2090er Jahren, mit einem stärkeren Anstieg im Küstengebiet des Nordpolarmeers, für das ein Anstieg der Lufttemperaturen um etwa 5-7°C erwartet wird. Für den Winter wird ein Temperaturanstieg von 3-7°C über Land vorhergesagt, der sich in der Nähe der sibirischen Nordküste ebenfalls verstärkt, da sich die Temperatur über den angrenzenden Meeresgebieten um 10°C oder mehr erhöht.

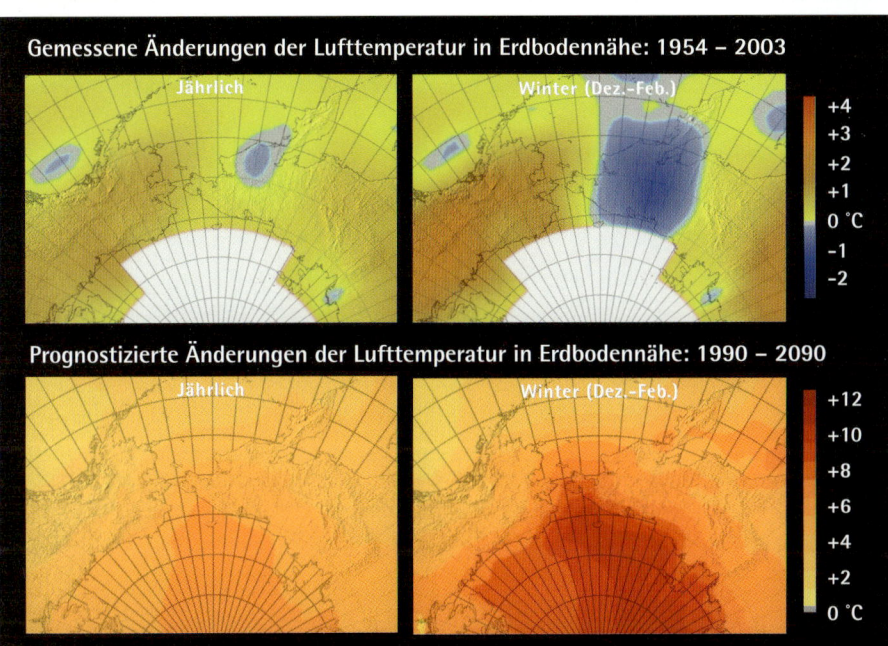

TEILREGION III (Tschukotka, Alaska, westkanadische Arktis und angrenzende Meere)

In den letzten 50 Jahren stiegen die jährlichen Durchschnittstemperaturen um etwa 2–3°C in Alaska und dem kanadischen Yukon und um 0,5°C über dem Beringmeer und dem Großteil Tschukotkas. Die größten Veränderungen traten im Winter auf, in dem die Lufttemperaturen in Oberflächennähe um etwa 3–5°C in Alaska, dem kanadischen Yukon und dem Beringmeer zunahmen, während die Winter in Tschukotka um 1–2°C kälter wurden.

Für die 2090er Jahre sagen Modellsimulationen eine jährliche Durchschnittserwärmung von 3-4°C über den Landgebieten und dem Beringmeer voraus und von etwa 6°C über dem zentralen Nordpolarmeer. Für die Wintertemperaturen wird ein Anstieg von 4–7°C über den Landgebieten und von bis zu 10°C über dem Nordpolarmeer prognostiziert.

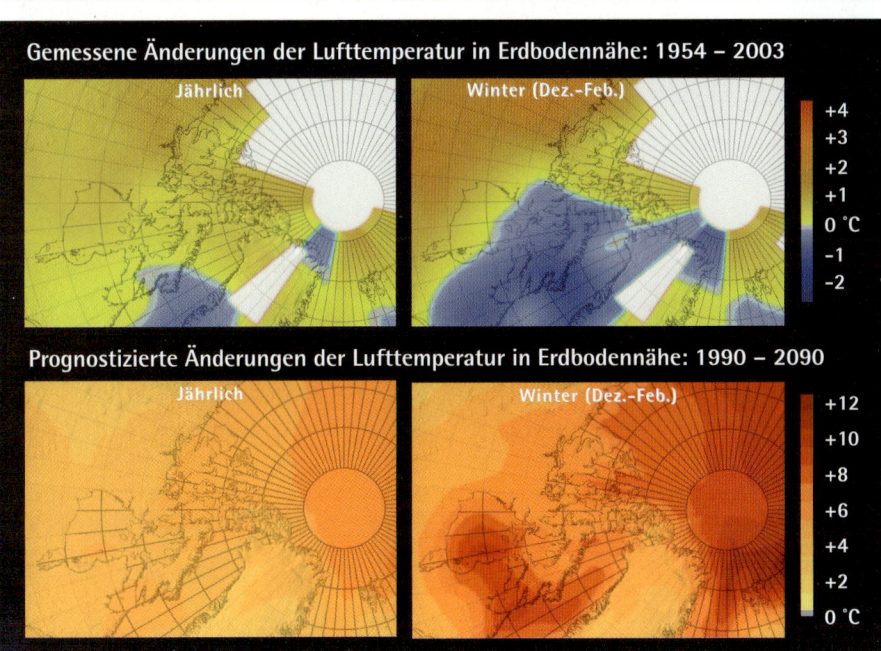

TEILREGION IV (Zentral- und ostkanadische Arktis, Westgrönland und angrenzende Meere)

In den letzten 50 Jahren stiegen die jährlichen Durchschnittstemperaturen um ungefähr 1–2°C über dem Großteil der kanadischen Arktis und dem Nordwesten Grönlands. Die Labradorsee blieb kühl und benachbarte Gebiete in Kanada und im Südwesten Grönlands kühlten sich um bis zu 1°C ab. Die Wintertemperaturen über Zentralkanada stiegen um bis zu 3-5°C an, während andere Gebiete Kanadas und Grönlands an der Labradorsee um bis zu 1–2°C abkühlten.

Bis zu den 2090er Jahren zeigt sich eine Erwärmung in der gesamten Region. Prognostiziert wird eine jährliche Durchschnittserwärmung von bis zu 3-5°C über dem kanadischen Archipel und von 5-7°C über den Ozeanen. Für die Wintertemperaturen wird ein Anstieg von 4-7°C über dem Großteil Kanadas und von 3-5°C über Grönland prognostiziert; über der Hudson Bay, der nördlichen Labradorsee und dem Nordpolarmeer rechnet man dabei aufgrund des schwindenden Meereises mit einem Anstieg von 8 bis über 10°C.

... auf die Umwelt

Folgen des schwindenden Meereises für Spezies

Eine starke Abnahme des Meereises im Sommer sowie frühere Schneeschmelze und späterer Frostbeginn werden sich in dieser Region auf vielfältige Weise auswirken. Einige Beispiele: Das geringere Reflexionsvermögen der Meeresoberfläche wird die regionale und globale Erwärmung verstärken. Der Rückgang des Meereises wird wahrscheinlich die Produktivität am Anfang der marinen Nahrungskette fördern und möglicherweise die Erträge in einigen Fischfanggebieten steigern. Andererseits wird dadurch der Lebensraum der Eisbären und der vom Eis abhängigen Robben in dieser Region derart eingeschränkt, dass die Tiere wahrscheinlich vom Aussterben bedroht sind. Einige Walarten werden voraussichtlich von einer größeren Eisfreiheit der Meere profitieren.

Waldveränderungen

Beobachtungen in dieser Region zeigen, dass sich die Baumgrenzen in Nordschweden im 20. Jahrhundert um bis zu 60 m bergauf und nach Norden verschoben haben. In den letzten Jahrzehnten schritt diese Entwicklung um einen halben Meter pro Jahr und 40 m pro Grad Celsius voran. Im russischen Teil dieser Region verschob sich die Baumgrenze dagegen nach Süden, was anscheinend mit der Umweltverschmutzung, Abholzung, Landwirtschaft und der Ausbreitung von Mooren, die zum Absterben der Bäume führen, zusammenhängt. In einigen Gebieten Finnlands und Nordschwedens hat ein häufiger schneller Wechsel von warmen und kalten Episoden im Winter zu steigenden Insektenschäden an Birken geführt.

Die prognostizierte Erwärmung wird sehr wahrscheinlich bewirken, dass sich boreale Nadelwälder und Waldlandschaften ebenso wie arktische/alpine Tundragebiete nach Norden verschieben. Das Potenzial für einen Vegetationswandel ist vielleicht am größten in Nordskandinavien, wo in der Vergangenheit große Verschiebungen in Reaktion auf eine Erwärmung stattfanden. Für dieses Gebiet wird erwartet, dass der Kiefernwald in die untere Zone der Bergbirken vordringt und dass sich die Birken nach Norden und in höhere Regionen verschieben, wo sie die Buschvegetation der Tundra verdrängen würden, die ihrerseits wiederum die alpine Tundra verdrängen würde. Wärmere Winter werden voraussichtlich zu vermehrten Waldschäden durch Insekten führen. Bei einigen der größeren Schmetterlinge und Falter hat man bereits beobachtet, dass sie sich nach Norden ausbreiten, und von einigen der Larven ist bekannt, dass sie lokale Baumarten entlauben.

Verlust an Bio-Vielfalt

Die wärmeren Winter und veränderten Schneebedingungen der jüngeren Vergangenheit haben in dieser Teilregion vermutlich zum Rückgang einiger Rentierpopulationen und dem beobachteten Zusammenbruch der Populationsspitzen bei Lemmingen und anderen kleinen Nagern in den letzten Jahrzehnten beigetragen. Solche Zusammenbrüche führen wiederum zu einem Rückgang der Vogel- und anderer Tierpopulationen, mit dem stärksten Rückgang bei Fleischfressern wie dem Polarfuchs und Raubvögeln wie der Schneeeule. Die Populationen dieser beiden Spezies sind bereits rückläufig, ebenso wie mehrere Vogelarten. Verbreitet sich eine Art weiter nach Norden, sind vor allem alpine Spezies in Nordnorwegen, Schweden, Finnland und Russland bedroht, weil geeignete Lebensräume vom Festland verschwinden und keine Ausweichmöglichkeiten bestehen. Die Gefahr, dass der Lebensraum des schmalen Tundrastreifens zwischen Wald und Meer verloren geht, ist besonders groß.

Für Süßwasserfischarten in dieser Region wird prognostiziert, dass sich die lokale Vielfalt anfangs erhöhen wird, wenn neue Spezies nordwärts wandern. Doch bei fortgesetzter Erwärmung in den kommenden Jahrzehnten werden die Temperaturen sehr wahrscheinlich die Wärme-Toleranzen einiger einheimischer Spezies überschreiten und damit die Artenvielfalt verringern. Das Ergebnis könnte eine vergleichbare Anzahl, aber andere Zusammensetzung von Spezies sein, weil einige Arten neu hinzukommen und andere verschwinden. Doch im Allgemeinen werden die neuen Spezies in der Arktis diejenigen sein, die aus niedrigeren Breiten stammen, während diejenigen, die verloren gehen, sehr wahrscheinlich weltweit aussterben, weil sie keine Ausweichmöglichkeiten haben. Das Ergebnis wäre ein Verlust an globaler Bio-Vielfalt.

... auf die Wirtschaft

Meeresfischerei

In dieser Region liegen einige der ertragreichsten Meeresfischgründe der Arktis. Höhere Meerestemperaturen werden wahrscheinlich zum nördlichen Vordringen einiger Fischarten führen, außerdem zu veränderten Wanderungszeiten, einer möglichen Ausweitung von Nahrungsgründen und steigenden Wachstumsraten. Unter den Bedingungen einer mäßigen Erwärmung ist es möglich, dass sich ein wertvoller Kabeljaubestand in westgrönländischen Gewässern etabliert, wenn Larven von Island herübertreiben und die Abfischung so lange begrenzt wird, bis sich ein Laichbestand gebildet hat. Andererseits wird unter diesen Bedingungen erwartet, dass die Tiefseegarnelen-Fänge um 70 % zurückgehen, da die Tiefseegarnele eine wichtige Nahrungsgrundlage für den Kabeljau ist. Eine Reihe von Fischarten aus südlicheren Gewässern wie die Makrele könnten in die Region vordringen und neue Ertragsmöglichkeiten eröffnen, obwohl die Kapelanausbeute wahrscheinlich sinken würde.

Forstwirtschaft

Die Forstwirtschaft wird bereits vom Klimawandel beeinträchtigt, und die Auswirkungen werden sich künftig wahrscheinlich noch verstärken. Der Insektenbefall im russischen Teil der Region hat besonders weit reichende Schäden verursacht. Die gemeine Kiefernbuschhornblattwespe hat mehrere Gebiete befallen, die alle größer als 5000 Hektar sind. Die Anzahl der jährlichen Schädlingsbefälle war zwischen 1989–1998 3,5-mal höher als zwischen 1956–1965, und das durchschnittliche Ausmaß der Waldschädigung hat sich verdoppelt. Während die Forstwirtschaft in einem Großteil dieser Region ein moderates Wachstum verzeichnet, ist sie in Russland aufgrund politischer und wirtschaftlicher Faktoren rückläufig. Durch die Erwärmung wird sich diese Situation wahrscheinlich auf kurze Sicht verschlimmern, weil der Insektenbefall die Holzqualität verschlechtert und der tauende Boden die Infrastruktur und den Transport im Winter beeinträchtigt.

... auf das Leben der Menschen

Rentierhaltung

Die Rentierhaltung bei den Samen und anderen indigenen Völkern ist eine wichtige wirtschaftliche und kulturelle Aktivität in dieser Region, und die Rentierhirten sind besorgt über die Auswirkungen des Klimawandels. In den letzten Jahren wechselte das Herbstwetter in einigen Gebieten ständig zwischen Regen und Frost, wodurch der Boden häufig mit einer Eiskruste überzogen war, die den Rentieren den Zugang zu den darunter liegenden Flechten erschwerte. Diese Bedingungen stellen eine große Abweichung von der Norm dar und haben in einigen Jahren zu beträchtlichen Rentierverlusten geführt. Probleme ergeben sich auch aus Veränderungen der Schneebeschaffenheit. Wenn die Rentierzüchter motorisiert und auf Schneemobile angewiesen sind, müssen sie mit dem Herdenumtrieb bis zu den ersten Schneefällen warten. In einigen Jahren verzögerte sich der Umtrieb dadurch bis Mitte November. Bei einer dünnen Schneedecke erwies sich zudem das Gelände häufig als zu unwegsam. Künftige Veränderungen in Schneemenge und -beschaffenheit könnten sich äußerst nachteilig auf die Rentierhaltung und die damit verbundenen physischen, sozialen und kulturellen Lebensgrundlagen der Rentierhirten auswirken.

Sozioökonomische Veränderungen

Die Aussichten und Möglichkeiten, die mit dem Zugang zu wichtigen Natur- und Bodenschätzen verbunden sind, haben eine große Zahl von Menschen in diese Region gelockt. Die relativ intensiven industriellen Aktivitäten, insbesondere auf der Kola-Halbinsel, haben zur höchsten Bevölkerungsdichte in der nördlichen Polarregion geführt. Bei einer fortschreitenden Erwärmung werden bessere Möglichkeiten für die Landwirtschaft prognostiziert. Die Folgen des Klimawandels mit ihren Implikationen für den Zugang zu Ressourcen könnten die wirtschaftlichen Bedingungen tief greifend verändern und nachfolgend auch zu demographischen Veränderungen und einem Wandel der Gesellschaftsstruktur und der kulturellen Traditionen in der Region führen.

„Das Wetter hat sich zum Schlechteren gewandelt, und für uns ist das eine schlimme Sache. Es beeinträchtigt die Mobilität bei der Arbeit. Früher hatten wir ab Oktober eine feste Eisdecke. Heute kann man erst Anfang Dezember aufs Eis raus. So sehr hat sich alles verändert."

Arkady Khodzinsky
Lovozero, Russland

115

... auf die Umwelt

Sibirische Flussläufe

Klimaveränderungen werden starke Auswirkungen auf die großen sibirischen Flüsse haben, die in die Arktis fließen. Der prognostizierte Anstieg der winterlichen Niederschläge wird den Wasserabfluss der Flüsse erhöhen; laut Prognose wird sich der Süßwassereintrag ins Nordpolarmeer in den späteren Dekaden dieses Jahrhunderts um bis zu 15 % erhöhen und der zeitliche Eintritt der höchsten Pegelstände im Frühjahr wird früher erfolgen. Durch einen erhöhten Sommer- und Winterabfluss werden mehr Nährstoffe und Sedimente ins Nordpolarmeer fließen, mit positiven wie negativen Folgen. Sumpf- und Moor-Ökosysteme an der Küste werden sich wahrscheinlich ausdehnen und zusätzlichen Lebensraum für einige Arten schaffen, aber auch mehr Methan freisetzen. Der prognostizierte Anstieg des Süßwassereintrags ins Meer wird sich wahrscheinlich stark auf Faktoren auswirken, die Ozeanströmungen und Meereis beeinflussen, mit globalen wie regionalen Konsequenzen. Außerdem wird die erhöhte Wasserzufuhr im Küstenbereich wahrscheinlich in den meisten Teilen der Region das weiträumige Abtauen des Küsten- und Untersee-Permafrosts beschleunigen.

Niederschlag und Böden

Der erwartete Anstieg des Niederschlags wird im Allgemeinen dazu führen, dass nicht gefrorene Böden feuchter werden und im Winter der Eisgehalt der oberen Bodenschichten zunimmt. Obwohl im Winter wahrscheinlich mehr Schnee fällt, wird sich die Zeit der Schneebedeckung durch die Erwärmung und den damit einhergehenden erhöhten Niederschlag voraussichtlich verkürzen. Der prognostizierte Anstieg der verfügbaren Feuchtigkeit wird wahrscheinlich das Pflanzenwachstum in Gegenden mit bislang begrenzter Feuchtigkeit fördern.

... auf die Wirtschaft

Öffnung des Nördlichen Seewegs

Eine möglicherweise große Auswirkung auf die Wirtschaft der Region könnte die Öffnung des Nördlichen Seewegs für die kommerzielle Schifffahrt haben. Laut Prognose wird innerhalb weniger Jahrzehnte der Zugang zu den meisten Küstengewässern der eurasischen Arktis im Sommer relativ eisfrei sein, mit einer erheblichen Ausdehnung der Schmelzprozesse gegen Ende dieses Jahrhunderts. Bei fortgesetztem Rückzug des mehrjährigen Wintermeereises in der Arktis ist es möglich, dass der gesamte eurasische Teil des Nordpolarmeeres im Winter von einjährigem Meereis dominiert wird, dass mehrjähriges Meereis im Winter immer seltener in die Küstenmeere vordringt und die offenen Wasserflächen im Sommer immer größer werden. Ein solcher Wandel wird wahrscheinlich weit reichende Auswirkungen auf die Auswahl der Routen in dieser Region haben. Gegen Ende des Jahrhunderts wird sich die Länge der Schifffahrtssaison (die Zeit, in der die Meereiskonzentration unter 50 % liegt) entlang des Nördlichen Seewegs laut Prognose von derzeit 20 bis 30 Tagen auf etwa 120 Tage pro Jahr erhöhen.

Kohle- und Mineralientransporte

Der Kohle- und Mineralienabbau ist ein wichtiger Bestandteil der russischen Wirtschaft. Der Transport von Kohle und Mineralien wird wahrscheinlich auf positive und negative Weise vom Klimawandel beeinflusst. Sibirische Bergwerke, die ihre Produkte auf dem Seeweg transportieren, werden durch das reduzierte Meereis und die längere Schifffahrtssaison sehr wahrscheinlich Kosten einsparen. Bergwerksbetriebe, die für ihre Transporte auf Straßen über Permafrost angewiesen sind, werden durch den tauenden Permafrost sehr wahrscheinlich mit höheren Wartungskosten konfrontiert sein. Die Öl- und Erdgasindustrie wird wahrscheinlich auf ähnliche Weise von dem verbesserten Meereszugang und der Verschlechterung der Landwege beeinflusst werden.

... auf das Leben der Menschen

Wasserressourcen

Der Wechsel zu einem feuchteren Klima wird den Bewohnern der Region wahrscheinlich mehr Wasserressourcen bescheren. In Permafrost-freien Gebieten wird der Grundwasserspiegel höchstwahrscheinlich dichter unter der Oberfläche liegen und die landwirtschaftliche Produktion wird laut Prognose von der höheren Feuchtigkeit profitieren. Im Frühling, wenn verstärkter Niederschlag und Wasserabfluss sehr wahrscheinlich zu höheren Flussständen führen, wird die Gefahr von Überschwemmungen zunehmen. Für den Sommer werden niedrigere Wasserstände prognostiziert, was wahrscheinlich negative Auswirkungen auf Flussschifffahrt und Wasserkraftwerke haben und die Gefahr von Waldbränden erhöhen wird.

Schäden der Infrastruktur

Die Kombination von steigenden Bodentemperaturen mit einer unzulänglichen Planung und Konstruktionstechnik für Bauten auf Permafrost hat in den letzten Jahrzehnten zu schweren Schäden der sibirischen Infrastruktur geführt. Untersuchungen in den 1990er Jahren ergaben, dass fast die Hälfte aller Gebäude in dieser Region in einem schlechten Zustand war; der Anteil der als gefährlich eingestuften Gebäude reichte dabei von 22 % in Tiksi bis zu 80 % in Workuta. Im letzten Jahrzehnt stiegen die Gebäudedeformationen auf 42 % in Norilsk, 61 % in Jakutsk und 90 % in Amderma. Um die Landtransportwege war es Anfang der 1990er Jahre ebenfalls schlecht bestellt. 10–16 % der Bahnschienen in der Permafrostzone der Baikal-Amur-Linie waren durch tauenden Permafrost deformiert; der Prozentsatz erhöhte sich bis 1998 auf 46 %. Die Mehrheit der Flughafenrollbahnen in Norilsk, Magadan und anderen Städten befindet sich derzeit in einem notdürftigen Zustand. Schäden an Öl- und Gasleitungen in der Permafrostzone stellen ein besonders schwer wiegendes Problem dar; im letzten Jahr wurden 16 Brüche der Messoyakha-Norilsk-Pipeline dokumentiert. In der autonomen Region Khanty-Mansi kam es zu 1702 Unfällen mit auslaufendem Öl; aufgrund der Bodenverschmutzung durften für ein Jahr mehr als 640 Quadratkilometer Land nicht genutzt werden.

Einsparung von Heizkosten

Ein sinkender Bedarf an Heizmaterial ist ein möglicher positiver Effekt der Klimaerwärmung in dieser und anderen Teilregionen. In Osteuropa und Russland sind die meisten städtischen Gebäude mit Zentralheizungen ausgestattet, die den ganzen Winter über laufen. Unter den Bedingungen einer künftigen Erwärmung wird die Dauer der erforderlichen Heizperiode und die erforderliche Heizstoffmenge wahrscheinlich abnehmen. Die Energieeinsparungen durch einen sinkenden Heizbedarf in nördlichen Gebieten werden wahrscheinlich aufgehoben durch den Temperaturanstieg und die Verlängerung der warmen Jahreszeit im Süden der Region, wo der Bedarf an Klimaanlagen steigen wird.

Auswirkungen auf die Ureinwohner

Viele Ureinwohner dieser Region sind Rentierhirten. Große Weideflächen gehen durch die Erdölförderung und andere industrielle Aktivitäten verloren. Der Klimawandel wird wahrscheinlich zu weiteren Belastungen führen. Die Region liegt größtenteils auf gefrorenem Boden, und wenn sich der Permafrost durch die Erwärmung abbaut, werden die traditionellen Wanderungswege der Rentiere sehr wahrscheinlich zerstört. Die Erwärmung wird laut Prognose auch dazu führen, dass der Schnee früher schmilzt und das Meereis im Flussdelta des Ob später zufriert, so dass der Weg zwischen Winter- und Sommerweiden abgeschnitten wäre. Außerdem wird der Rückgang des Meereises den Zugang zur Region über den Nördlichen Seeweg (NSR) erleichtern; das wird die Entwicklung der Region wahrscheinlich vorantreiben, sich aber möglicherweise nachteilig auf die Ureinwohner und ihre traditionelle Kultur auswirken.

Der prognostizierte Anstieg des Süßwassereintrags ins Meer wird sich wahrscheinlich stark auf Faktoren auswirken, die Ozeanströmungen und Meereis beeinflussen, mit globalen wie regionalen Konsequenzen.

... auf die Umwelt

Waldveränderungen

Diese Teilregion, insbesondere Alaska und der kanadische Yukon, hat die dramatischste Erwärmung aller Teilregionen erlebt, mit weit reichenden ökologischen Folgen. Steigende Temperaturen haben in einigen Gebieten zur Ausweitung der borealen Waldzone nach Norden geführt, ferner zu einer signifikanten Zunahme der Brandhäufigkeit und -intensität sowie zu einem beispiellosen Schädlingsbefall. Eine Verstärkung dieser Trends wird vorhergesagt. Einer Prognose zufolge wird sich die pro Jahrzehnt durch Brände zerstörte Gesamtfläche verdreifachen, was eine Zerstörung der Nadelwälder zur Folge hätte und letztlich dazu führen könnte, dass die Seward-Halbinsel in Alaska, wo derzeit Tundra vorherrscht, zu einer von Laubwald dominierten Landschaft wird. Einige bewaldete Gebiete werden sich bei tauendem Permafrost wahrscheinlich in Sümpfe verwandeln. Die beobachtete 20-prozentige Zunahme der Tage mit gestiegener Temperatur hat die Produktivität der Land- und Forstwirtschaft an einigen Orten gesteigert, an anderen dagegen verringert.

Auswirkungen auf Meeresspezies

Zu den jüngsten Klimafolgen, die man im Beringmeer festgestellt hat, gehören signifikante Rückgänge bei Seevogel- und Meeressäugerpopulationen, ungewöhnliche Algenblüten, abnormal hohe Wassertemperaturen und niedrige Fangraten bei Lachsen, die in ihre Laichgebiete zurückkehren. Die Meeresfischerei im Beringmeer hat sich in den letzten Jahrzehnten zwar zu einer der ertragreichsten der Welt entwickelt, doch die Anzahl der Seelöwen ist im gleichen Zeitraum um 50 bis 80 % zurückgegangen. Die Zahl der Pelzrobbenjungen auf den Pribilof-Inseln – die wichtigste „Kinderstube" des Beringmeers – verringerte sich zwischen den 1950er und 1980er Jahren um die Hälfte. Es gab signifikante Rückgänge in den Populationen einiger Seevogelarten, wie etwa bei der Trottellumme, der Dickschnabellumme, der Dreizehenmöwe und der Klippenmöwe. Die Lachszahlen sind weit unter dem erwarteten Stand zurückgeblieben; die Fische sind von unterdurchschnittlicher Größe und ihre traditionellen Wanderungsgewohnheiten scheinen sich verändert zu haben. Für das Beringmeer werden für die Zukunft Produktivitätszuwächse am Anfang der Nahrungskette prognostiziert, ferner polwärts gerichtete Verschiebungen einiger Kaltwasserspezies und negative Auswirkungen auf Tierarten, die auf dem Eis leben.

Gefährdete Bio-Vielfalt

Diese Region zeichnet sich durch eine überaus reiche Artenvielfalt aus. Hier sind über 70 % der seltenen arktischen Pflanzenarten beheimatet, die man nirgendwo sonst auf der Welt findet. In dieser Region gibt es auch erheblich mehr bedrohte Tier- und Pflanzenarten als in irgendeiner anderen arktischen Teilregion, was die vorhandene Artenvielfalt sehr anfällig für Klimaveränderungen macht. Spezies, die auf kleine Gebiete wie die Wrangel-Insel konzentriert sind, sind besonders gefährdet, sowohl von den direkten Auswirkungen des Klimawandels als auch durch die Bedrohung durch fremde Spezies, die bei einer Klimaerwärmung einwandern und um den Lebensraum konkurrieren werden. Die nördliche Ausbreitung von Zwergbüschen und baumdominierter Vegetation auf die Wrangel-Insel könnte zum Verlust vieler Pflanzenarten führen. Es gibt eine lange Liste bedrohter Arten in dieser Region, einschließlich Wrangel-Lemminge, Schneekranich, Riesenseeadler, Zwergblässgans und Löffelstrandläufer.

... auf die Wirtschaft

Öl- und Erdgasindustrie

Man hat umfangreiche Öl- und Gasvorkommen an der Küste der Beaufortsee in Alaska sowie im Gebiet des Mackenzie und der Beaufortsee in Kanada entdeckt. Klimaauswirkungen auf die Exploration und Gewinnung von Öl und Erdgas in der Region werden künftig wahrscheinlich sowohl zu finanziellen Vorteilen als auch zu Kosten führen. Die Offshore-Ölförderung wird wahrscheinlich von der geringeren Ausdehnung und Dicke des Meereises profitieren, obwohl die technische Ausrüstung größeren Wellenstärken und Eisbewegungen standhalten muss.

Die derzeit viel genutzten Eisstraßen zu den Anlagen werden wahrscheinlich nur noch für kürzere Zeiten benutzbar und nicht mehr so sicher sein. Das gilt auch für Transporte über Schnee, wenn Menge und Dauer des Schnees abnehmen. Infolge der Erwärmung ist die Anzahl der Tage, an denen die Öl- und Gasförderung in der Tundra Alaskas offiziell erlaubt ist, bereits von 200 auf 100 Tage pro Jahr gesunken. Die Richtlinien, die sich an der Härte der Tundra und an den Schneeverhältnissen orientieren, sollen die Schädigung der Tundra begrenzen. Die auf Permafrost liegenden Gebäude, Pipelines, Flugplätze und Küstenanlagen der Öl- und Gasförderungsstätten werden durch den tauenden Untergrund sehr wahrscheinlich geschädigt werden und höhere Wartungskosten verursachen.

Fischerei

Es ist schwierig, die Auswirkungen für die lukrative Fischereiwirtschaft im Beringmeer vorherzusagen, weil neben dem Klima noch zahlreiche weitere Faktoren eine Rolle spielen, einschließlich Fischereipolitik, Marktnachfrage, Preise, Fanggewohnheiten und –techniken. Im Zuge der Klimaerwärmung wird eine starke Verschiebung von Fisch- und Muschelarten nach Norden erwartet. Das könnte eine Umsiedelung der mit dem Fischfang verbundenen Infrastruktur, z. B. von Fangschiffen, Häfen und Verarbeitungsbetrieben, erforderlich machen und Kosten verursachen. Wärmere Gewässer werden in einigen Gebieten wahrscheinlich zunächst zu einer höheren Primärproduktion führen, aber zu einem Rückgang von Kaltwasserspezies wie Lachs und Schellfisch.

... auf das Leben der Menschen

Traditionelle Existenzgrundlagen

Zu den Existenzgrundlagen der indigenen Gemeinschaften gehören das Jagen und Sammeln, Fallenstellen und Fischen. Diese Tätigkeiten leisten nicht nur einen entscheidenden Beitrag zur Ernährung und Gesundheit vieler indigener Populationen, sondern spielen darüber hinaus eine wichtige Rolle für das soziale und kulturelle Leben. Diese Existenzgrundlagen werden bereits jetzt durch vielfältige klimabezogene Faktoren bedroht, wie z. B. durch die abnehmenden und sich verschiebenden Populationen von Meeressäugern, Seevögeln und anderen Tieren sowie das schwindende und dünner werdende Meereis, das die Jagd schwieriger und gefährlicher macht. Bei der Porcupine-Karibuherde, die von besonderer Bedeutung für die indigenen Völker in Alaska und im kanadischen Yukon sowie in den Nordwest-Territorien ist, werden bereits Klimaauswirkungen beobachtet.

Lachse und andere Fischarten, die aus dem Meer stromaufwärts ziehen, um zu laichen, machen 60 % der Tierressourcen aus, von denen die Einheimischen sich ernähren. Die jüngsten Rückgänge in diesen Fischpopulationen habe direkte Folgen für die Ernährung und das wirtschaftliche Wohl der einheimischen Bevölkerung. Die durch den Klimawandel bedingten Veränderungen in Verbreitung und Anzahl von Lachsen, Heringen, Walrossen, Robben, Walen, Karibus, Elchen und verschiedenen See- und Schwimmvögeln werden wahrscheinlich erhebliche Auswirkungen auf die Verfügbarkeit von wichtigen Nahrungsquellen haben. Durch die fortgesetzte Abnahme des Sommer-Meereises werden die Populationen von Eisbären und Ringelrobben in diesem Jahrhundert wahrscheinlich vom Aussterben bedroht sein, was dramatische Folgen für die Menschen haben wird, die auf diese Tierarten angewiesen sind.

Bedrohte Infrastruktur an den Küsten

Die zunehmende Häufigkeit und Heftigkeit von Sturmfluten hat zu einer verstärkten Küstenerosion geführt, wodurch bereits mehrere Küstenorte am Beringmeer und der Beaufortsee bedroht sind. Die Bewohner haben keine andere Wahl, als eine kostspielige Umsiedelung zu planen. Sturmfluten haben zudem den natürlichen Küstenschutz durch vorgelagerte Inseln und Sandbänke verringert, die sehr anfällig für Erosion und die Zerstörungskraft der Wellen sind. Weitere Klimaauswirkungen auf die dörfliche Infrastruktur werden sich laut Prognose kontinuierlich verstärken. Die Wasserversorgung und sanitäre Infrastruktur ist vielerorts durch tauenden Permafrost gefährdet. Straßen, Gebäude, Pipelines, Stromleitungen und andere Teile der Infrastruktur sind ebenfalls durch die Küstenerosion und die Permafrostdegradation bedroht.

„Die Erwärmung, die sich im Nordpolarmeer und der arktischen Umwelt vollzieht, hat starke und spürbare Auswirkungen auf unsere Gemeinschaft. Wir müssen mitansehen, wie das Eis im Frühling schneller verschwindet, was unsere Jagdsaison für Walrosse, Robben und Wale verkürzt."

Caleb Pungowiyi
Nome, Alaska

119

Zentral- und ostkanadische Arktis, Westgrönland und angrenzende Meere

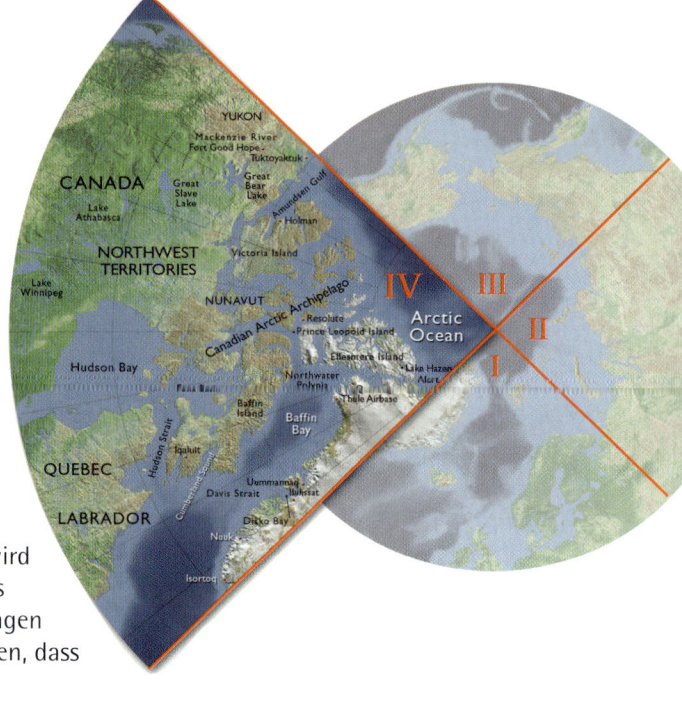

... auf die Umwelt

Ausgedehntes Tauen

Es wird prognostiziert, dass sich der maximale nördliche Rückgang des Sommer-Meereises in diesem Jahrhundert von derzeit 150 bis 200 Kilometern auf 500 bis 800 Kilometer ausweiten wird. In der Nordwestpassage wird sich die Dicke des Festeises (mit der Küste verbundenes Eis), das zurzeit etwa ein bis zwei Meter beträgt, substanziell verringern. Die grönländische Eiskappe ist in den letzten Jahren in einem Rekordtempo abgeschmolzen und wird in Zukunft wahrscheinlich erheblich zum Anstieg des Meeresspiegels ebenso wie zu möglichen Veränderungen der Ozeanzirkulation beitragen. Neuere Studien zeigen, dass die grönländische Eiskappe wahrscheinlich schneller abschmilzt, als bislang angenommen.

Bei einem fortgesetzten Anstieg der Lufttemperaturen in diesem Jahrhundert besteht im kanadischen Bereich dieser Teilregion für weite Gebiete die Gefahr tauenden Permafrosts. Die Grenze zwischen kontinuierlichem und diskontinuierlichem Permafrost wird sich laut Prognose um mehrere Hundert Kilometer polwärts verschieben, wodurch ein substanzieller Teil des Permafrosts in der derzeit diskontinuierlichen Zone verschwinden wird. In vielen Permafrostgebieten wird es wahrscheinlich auch zu ausgedehnteren Thermokarstprozessen kommen (d. h. der tauende Boden bricht ein und lässt Krater oder Seen entstehen) sowie zu einer zunehmenden Instabilität von Berghängen.

Veränderungen im Ökosystem

Für das Ökosystem werden weit reichende Folgen vorhergesagt. Durch die Verschiebung der Baumgrenze nach Norden wird die arktische Tundra sehr wahrscheinlich in einigen Gebieten um bis zu 750 Kilometer schrumpfen. In den letzten Jahrzehnten haben sich spärliche Baumbestände am Tundrarand im nordöstlichen Kanada bereits aufgefüllt, so dass Gebiete mit dichten Baumgruppen entstanden sind, die keine tundratypischen Merkmale mehr aufweisen. Es mehren sich Waldschäden durch Insekten, Brände und Baumstress, die alle mit den milden Wintern der letzten Jahre und der zunehmenden Wärme in der Wachstumszeit in Verbindung gebracht werden. Derartige Probleme mit der Waldgesundheit werden sich sehr wahrscheinlich in Reaktion auf die regionale Erwärmung verstärken und weiter ausbreiten.

Veränderungen im zeitlichen Auftreten und Angebot des Futters sowie Insekten- und Parasitenbefall werden die Karibus verstärkt belasten, was wahrscheinlich zum Rückgang der Populationen beiträgt. Wenn die Moschusochsen und Peary-Karibus der Hocharktis aufgrund der widrigen Schneebedingungen immer weniger Nahrung finden, werden die Populationen nördlich des Festlandes abnehmen und örtlich ganz aussterben. Das zersplitterte Archipelgebiet und die ausgedehnten Gletscherflächen der Hocharktis in dieser Teilregion hindern viele Landtiere daran, bei einem Klimawandel abzuwandern, was sie gefährdeter macht als auf dem Festland lebende Tiere. In Westgrönland wird der Verlust von Lebensräumen, die Verdrängung von Arten und die verzögerte Einwanderung neuer Spezies aus dem Süden zu einem Verlust der derzeitigen Artenvielfalt führen.

Wenn geeignete Wege und Habitate bestehen, werden sich die Verbreitungsgebiete vieler Fischarten in Seen und Flüssen wahrscheinlich nach Norden verschieben. Fischarten im südlichen Teil der Region wie der Atlantiklachs und der Bachsaibling werden sich höchstwahrscheinlich über küstennahe Meereswege nach Norden ausbreiten, was weiter nördlich beheimatete Spezies wie den arktischen Saibling verdrängen und zum örtlichen Aussterben einheimischer Arten führen wird. Durch die Reduktion des Meereises werden wahrscheinlich viele Meeressäugerpopulationen abnehmen. Die Verkürzung der Meereissaison wird sich nachteilig auf den Bestand der Eisbären auswirken und die Populationen verringern, vor allem an den südlichen Rändern ihres Verbreitungsgebietes. Sollte das Nordpolarmeer in mehreren aufeinander folgenden Sommern eisfrei bleiben, wird der Eisbär wahrscheinlich nahezu aussterben.

... auf die Wirtschaft

Zunehmende Schifffahrt

Eine längere Schifffahrtssaison in den kanadischen Arktisgebieten wird wahrscheinlich signifikante Vor- und Nachteile mit sich bringen, doch derzeit lässt sich über beides nur spekulieren. Wachsender Schiffsverkehr in der Nordwestpassage wird zwar neue wirtschaftliche Möglichkeiten eröffnen, aber auch die Risiken und potenziellen Umweltschäden durch Öl- und Chemieunfälle erhöhen. Auch die notwendigen Veränderungen zum Schutz von Küstenanlagen, die durch höhere Wellen, mögliche Überschwemmungen und Erosion bedroht sind, werden wahrscheinlich Kosten verursachen. Die zunehmende Sedimentbildung durch die längere Eisfreiheit der Gewässer könnte die Bagger- und Schlammräumungskosten erhöhen.

Veränderungen der Fischereiwirtschaft

Unter den Bedingungen einer allmählichen, gemäßigten Klimaerwärmung werden sich Kabeljau und Kapelan wahrscheinlich in den Norden der Region ausbreiten, während der Bestand der Tiefseegarnelen und Eismeerkrabben abnehmen wird. Viele bestehende Laichstrände des Kapelans werden möglicherweise bei einem Anstieg des Meeresspiegels verschwinden, was die Bestandsraten verringern könnte. Es wird erwartet, dass die Sterblichkeitsrate von Jungrobben steigt, wenn das Meereis dünner wird und stärkere Stürme auftreten. Die geringere Ausdehnung und Dauer des Meereises wird wahrscheinlich eine Ausweitung des Fischfangs nach Norden ermöglichen, andererseits aber die grönländischen Heilbuttfänge, die durch Festeis erfolgen, senken.

Die Erwärmung des Lebensraums und eine steigende Nährstoffzufuhr wird die Produktivität der Süßwasserfische in Flüssen und Seen anfangs wahrscheinlich erhöhen. Doch beim Überschreiten kritischer Schwellenwerte (wie Wärmetoleranzen) wird ein Bestandsrückgang bei Arten prognostiziert, die an die Arktis angepasst sind. Einige dieser Fische bilden einen Grundbestandteil der örtlichen Ernährung. Auf ähnliche Weise wird der Verlust von Lebensräumen mit geeigneten thermischen Bedingungen auch bei Arten wie der Seeforelle zu einem geringeren Wachstum und Populationsrückgängen führen, was sich auf die Sportfischerei und den lokalen Tourismus auswirken wird.

Folgen für die Infrastruktur

Die Nutzung von Eisstraßen in küstennahen Gebieten ebenso wie Landtransporte über Schnee, die derzeit eine wichtige Rolle spielen, werden bereits durch die Klimaerwärmung beeinträchtigt und werden wahrscheinlich künftig aufgrund des tauenden Bodens, der reduzierten Schneedecke und der kürzeren Eissaison weiteren Einschränkungen unterliegen. Durch höhere Lufttemperaturen wird sich wahrscheinlich die erforderliche Heizenergie für Gebäude verringern. Es wird erwartet, dass sich die Bauphase im Sommer verlängert. Zumindest für die nächsten 100 Jahre werden größtenteils negative Folgen für die bestehende Infrastruktur prognostiziert, z. B. für nördliche Pipelines, Pfeilerfundamente in Permafrost, Brücken, flussüberquerende Pipelines, Dämme, Erosionsschutzbauten oder Grubenwände im Tagebau.

... auf das Leben der Menschen

Auswirkungen auf indigene Völker

Die Gesundheit der Ureinwohner wird wahrscheinlich durch ernährungsbezogene, soziale, kulturelle und andere Auswirkungen des prognostizierten Klimawandels beeinträchtigt werden. Viele dieser Folgen zeichnen sich bereits ab. Der Klimawandel wird die Verteilung und Qualität von Tieren und anderen Ressourcen, von denen die Gesundheit und Lebensweise vieler nördlicher Gemeinschaften abhängen, beeinflussen. Eine kürzere Winterzeit, vermehrter Schneefall und eine geringere Ausdehnung und Dicke des Meereises werden die Möglichkeiten zum Jagen und Fallenstellen einschränken. Große Sorge bereitet in dieser Teilregion, dass Robben und Eisbären vom Aussterben bedroht sein könnten.

Die derzeitige soziale und wirtschaftliche Situation der indigenen Völker schränkt ihre Anpassungsfähigkeit ein. So wären die Inuit in früheren Zeiten vielleicht weitergezogen, um den abwandernden Tieren zu folgen. Da sie heute in festen Siedlungen leben, steht diese Möglichkeit nicht mehr offen. Die Folgen des Klimawandels für die indigenen Völker werden zudem von weiteren Faktoren wie Ressourcen-Regulierungen, industrieller Entwicklung und globalen Wirtschaftsbelastungen kompliziert. Das Potenzial eines verbesserten Meereszugangs zu einigen Ressourcen der Region über die Nordwestpassage wird zwar für einige Gruppen wirtschaftliche Vorteile bringen, könnte sich aber als problematisch für die indigenen Völker der Region erweisen, da die Expansion industrieller Aktivitäten kumulative Auswirkungen auf die traditionelle Lebensweise haben kann.

„Die Veränderungen sind so dramatisch, dass es im kältesten Monat des Jahres, im Dezember 2001, zu derart sintflutartigen Regenfällen in der Region von Thule kam, dass die Meereisdecke und die Landoberfläche mit einer dicken Schicht festen Eises überzogen war, was sich als sehr schlimm für die Pfoten unserer Schlittenhunde erwies."
– Uusaqqak Qujaukitsoq Qaanaaq, Grönland

Verbesserung künftiger Studien

Mit der ACIA-Studie ist erstmals versucht worden, den Klimawandel und seine Folgen für die arktische Region umfassend zu untersuchen. Damit ist diese Studie der erste Schritt in einem fortlaufenden Prozess. Sie führt die Ergebnisse von Hunderten von Wissenschaftlern aus der ganzen Welt zusammen, deren Forschungen auf die Arktis konzentriert sind. Sie schließt auch Erkenntnisse der indigenen Völker ein, die aufgrund ihrer langen Lebens- und Erfahrungsgeschichte in dieser Region einen reichen Wissensschatz erworben haben. Die Verknüpfung von wissenschaftlichen und einheimischen Sichtweisen, die noch ganz am Anfang steht, könnte zweifellos zu einem besseren Verständnis des Klimawandels und seiner Folgen beitragen. Der ACIA-Prozess und der damit verbundene Austausch haben viele neue Erkenntnisse gebracht, aber es gibt immer noch viele offene Fragen. Bei der Fortsetzung des Prozesses sollte der Schwerpunkt darauf liegen, bestehende Unsicherheiten auszuräumen, Wissenslücken, die sich im Laufe des Prozesses abgezeichnet haben, zu schließen und noch expliziter auf Probleme einzugehen, die in Wechselwirkung mit dem Klimawandel und seinen Folgen stehen.

Die selbstkritische Einschätzung der ACIA-Studie offenbart Erkenntnisse ebenso wie Defizite. Der Bericht bietet eine umfassende Untersuchung der möglichen Folgen eines Klimawandels für die gesamte arktische Umwelt. Dagegen wurden Einschätzungen der wirtschaftlichen Folgen und die Auswirkungen auf teilregionaler Ebene weniger ausführlich und eher am Rande behandelt; eine gründlichere Bewertung dieser Bereiche sollte zu den künftigen Prioritäten gehören. Studien, die sich mit den Folgen des Klimawandels im Zusammenhang mit anderen Belastungen befassen (und somit die Gesamtanfälligkeit von Gemeinschaften bewerten), wurden in die vorliegende Untersuchung nur ansatzweise miteinbezogen.

Das Verhältnis von Erkenntnissen und Wissenslücken in der ACIA-Studie variiert je nach Themenkomplex. Nicht alle Aspekte bedürfen einer umfassenden Neubewertung und nicht alle Aspekte müssen gleichzeitig bewertet werden; einige wissenschaftliche Entwicklungen und einige Umweltveränderungen brauchen mehr Zeit als andere. Für künftige Analysen schlagen wir daher drei Hauptthemen vor: regionale Folgen, sozioökonomische Folgen und Anfälligkeiten. Dazu gehört in allen Fällen eine genauere Erforschung gesellschaftlicher Auswirkungen. In jedem Bereich würde die Beteiligung von verschiedensten Experten und Interessenvertretern, insbesondere von indigenen Gemeinschaften der Arktis, dazu beitragen, dass man Wissenslücken schließen und Entscheidungsträgern auf allen Ebenen wichtige Informationen liefern könnte.

Folgen für Teilregionen: Künftige Studien sollten sich auf kleinere Regionen konzentrieren, etwa auf die lokale Ebene, wo eine Bewertung des Klimawandels und seiner Folgen den größten Wert und Nutzen für die Bewohner und ihre Aktivitäten hat.

Sozioökonomische Folgen: Zu den wichtigen Wirtschaftsbereichen der Arktis gehören Öl- und Gasförderung, Bergbau, Transportwesen, Fischerei, Forstwirtschaft und Tourismus. Die meisten dieser Bereiche werden direkt oder indirekt von einem Klimawandel und seinen Folgen betroffen sein, doch in den meisten Fällen stehen derzeit nur qualitative Informationen über wirtschaftliche Auswirkungen zur Verfügung.

Bewertung der Anfälligkeit: Anfälligkeit bezeichnet den Grad, in dem ein System anfällig gegenüber den nachteiligen Folgen von vielen sich gegenseitig beeinflussenden Stressfaktoren ist. Für eine Einschätzung der Anfälligkeit muss man nicht nur die Stressauswirkungen und ihre Wechselbeziehungen kennen, sondern auch das Anpassungsvermögen des Systems.

Um diese drei vorrangigen Forschungsschwerpunkte in Angriff zu nehmen, brauchen wir eine Reihe von Verbesserungen bei Langzeitbeobachtungen, Prozess-Studien, Klimamodellen und Analysen von gesellschaftlichen Auswirkungen.

Langzeitbeobachtung: Langfristige Zeitreihen von klimatischen und mit dem Klima verwandten Parametern sind nur von einigen wenigen Orten in der Arktis verfügbar. Die Fortsetzung einer langfristigen Dokumentation ist von entscheidender Bedeutung ebenso wie die Verbesserung und Ausweitung von Beobachtungssystemen, mit denen Schnee- und Eismerkmale, der Wasserabfluss von großen Flüssen, Meeresparameter und Veränderungen in Vegetation, Artenvielfalt und Ökosystem-Prozessen überwacht werden.

Prozess-Studien: Für viele arktische Prozesse sind weitere Untersuchungen erforderlich, sowohl in Form wissenschaftlicher Studien als auch durch eine umfassendere und systematischere Dokumentation einheimischen Wissens. Zu den Prioritäten gehören die Sammlung und Interpretation von Daten über das Klima und die physikalische Umwelt sowie Studien über die Rate und Bandbreite von Veränderungen bei Pflanzen, Tieren und Ökosystemfunktionen. Solche Studien umfassen häufig die Verknüpfung von Klimamodellen mit Modellen von ökosystemischen Prozessen und anderen Elementen des arktischen Systems.

Modelle: Wir brauchen verbesserte Modelle für das arktische Klima und seine Folgen, zum Beispiel für die Repräsentation der Vermischung von Wassermassen im Ozean und deren Verbindungen zum Meereis, für Wechselwirkungen zwischen Permafrost, Boden und Vegetation, für wichtige Rückkopplungseffekte und Extremereignisse. Notwendig ist sowohl die Verbesserung und Gültigkeit von Modellen innerhalb einzelner Wissenschaften als auch eine fachübergreifende Verbindung und Integration von Modellen. Die Entwicklung, Überprüfung und Anwendung sehr hoch aufgelöster, gekoppelter regionaler Modelle, die bessere Prognosen für regionale Klimaveränderungen ermöglichen, wären auch hilfreich, um lokalen Entscheidungsträgern nützlichere Informationen zu liefern.

Analyse der gesellschaftlichen Auswirkungen: Verbesserte Prognosen über die Auswirkungen des Klimawandels auf die Gesellschaft hängen zum Teil von den Fortschritten bei den oben erwähnten Klimamodellen ab ebenso wie von verbesserten Szenarien der Bevölkerungs- und Wirtschaftsentwicklung in der Arktis, ferner von der Entwicklung und Anwendung von Folgeszenarien, einer besseren Integration von wissenschaftlichen und indigenen Erkenntnissen und einer gründlicheren Kenntnis und Bewertung potenzieller Gegenmaßnahmen und Anpassungsstrategien für Klimaveränderungen.

Engagement in der Arktis

Eine zusätzliche Herausforderung besteht darin, die im ACIA-Prozess gewonnenen Erkenntnisse auf effiziente Weise an die arktischen Gemeinschaften zu vermitteln. Eine Vielzahl von wissenschaftlichen, staatlichen und nichtstaatlichen Organisationen sind bestrebt, die ACIA-Ergebnisse für möglichst viele Beteiligte nutzbar zu machen – angefangen bei den Menschen, die auf dem Land leben und arbeiten, bis hin zu jenen, die auf lokaler, nationaler und internationaler Ebene klimarelevante Entscheidungen treffen.

Internationale Verbindungen

Die ACIA-Studie stützt sich auf den Inhalt und die Schlussfolgerungen der vom Intergovernmental Panel on Climate Change (IPCC) veranlassten Untersuchungen, in denen die weltweit zuverlässigsten Informationen in Bezug auf den globalen Klimawandel und seine Folgen bewertet und zusammenfasst werden. Die jüngste Untersuchung des IPCC (Third Assessment Report) wurde 2001 veröffentlicht. Der nächste Bericht befindet sich im Anfangsstadium und soll 2007 vorgelegt werden. So wie sich die ACIA-Studie auf die früheren Einschätzungen des IPCC gestützt hat, wird sich der IPCC-Bericht von 2007 auf die Erkenntnisse stützen, die die ACIA-Studie über die Arktis gewonnen hat, und ausführlicher auf ihre globale Bedeutung eingehen.

Es gibt weitere nationale und internationale Initiativen, die Gelegenheit bieten, die Auswirkungen von Klimawandel und UV-Strahlung besser zu verstehen. So lassen z.B. das UN-Umweltprogramm (UNEP) und die World Meteorological Organization (WMO) regelmäßige Einschätzungen des Ozonabbaus und seiner Folgen vornehmen. Die International Conference on Arctic Research Planning II nutzt die ACIA-Befunde, um eine Forschungsagenda für die kommenden Jahrzehnte aufzustellen. Das International Polar Year (IPY), das von internationalen Wissenschaftlern für 2007/9 geplant ist, bietet eine weitere Gelegenheit, die Forschungsaufmerksamkeit auf den Klimawandel und andere wichtige Belange der Arktis zu richten. Das International Geophysical Year 1957/8 wurde zum Auslöser für die ersten systematischen Messungen des stratosphärischen Ozons und atmosphärischen Kohlendioxids und schuf so die Voraussetzungen dafür, dass der Ozonaubbau und der durch Treibhausgase bewirkte Klimawandel entdeckt wurden. Ohne diese jahrzehntelangen Beobachtungen hätte man den Abwärstrend beim stratosphärischen Ozon und den stetigen Anstieg des atmosphärischen Kohlendioxids nicht feststellen können.

Die Wissenslücken und die Notwendigkeit verbesserter Beobachtungen, die im Laufe des ACIA-Prozesses deutlich wurden, beeinflussen bereits eine Vielzahl von internationalen Forschungsprogrammen. Zu den anerkannten Hauptzielen des bevorstehenden IPY gehören die Erforschung und Bewertung derzeitiger und künftiger Klimaänderungen in den Polarregionen und die Bewertung der globalen Auswirkungen dieses Wandels. Die Resultate der ACIA-Studie können zu gezielten Forschungsanstrengungen des IPY und anderer Initiativen beitragen. Umgekehrt können andere Forschungsanstrengungen dazu beitragen, die von der ACIA-Studie ermittelten Lücken zu schließen, so dass noch genauere Einschätzungen des Klimawandels und seiner Bedeutung für die Arktis möglich werden.

Schlussbetrachtung

Wie die in diesem Bericht vorgelegten wissenschaftlichen Ergebnisse eindeutig zeigen, stellt der Klimawandel eine große und stetig wachsende Herausforderung für die Arktis und die gesamte Welt dar. Die dadurch ausgelösten Probleme sind von großer aktueller Bedeutung, doch von noch größerer Bedeutung sind sie für künftige Generationen, die das Erbe unseres heutigen Handelns oder Untätigbleibens antreten werden. Dringend notwendig sind schnelle Maßnahmen zur Emissionsbegrenzung, um den künftigen Verlauf der vom Menschen bewirkten Erwärmung zu verändern. Außerdem müssen wir Maßnahmen ergreifen, um uns allmählich an die Erwärmung, die bereits stattfindet und sich fortsetzen wird, anzupassen. Die Ergebnisse dieser ersten Arctic Climate Impact Assessment-Studie bieten Entscheidungsträgern eine wissenschaftliche Grundlage für die Planung, Gestaltung und Umsetzung von Maßnahmen, mit denen sie auf diese wichtige und weit reichende Herausforderung reagieren können.

Veränderungen bergen Risiken, aber auch Chancen.

Wie dieser Bericht gezeigt hat, wird der Klimawandel sehr wahrscheinlich zu einschneidenden Umweltveränderungen führen, die für die gesamte Arktis sowohl Risiken als auch Chancen bergen. Der starke Rückgang des Meereises im Sommer bedroht z. B. die Zukunft mehrerer vom Eis abhängiger Tierarten wie Eisbären und Robben und somit auch die Zukunft der Menschen, die auf diese Tiere angewiesen sind. Andererseits ergeben sich wahrscheinlich neue Möglichkeiten aus dem erweiterten Meereszugang zu Ressourcen, Bevölkerungszentren und weit entfernten Märkten über transarktische Schifffahrtswege.

Mögliche Überraschungen

Einige klimabedingte Veränderungen der arktischen Umwelt, deren Eintreten sehr wahrscheinlich ist, werden voraussichtlich starke Auswirkungen haben; dazu gehören der Rückgang des Meereises, die zunehmende Küstenerosion und der tauende Permafrost. Weiteren Anlass zur Sorge liefern mögliche Folgen, deren Eintreten zwar wenig wahrscheinlich erscheint, die jedoch sehr starke Auswirkungen hätten – so genannte „Überraschungen". Aufgrund der Komplexität des Erdsystems ist es möglich, dass der Klimawandel sich anders entwickelt als bei den in diesem Bericht verwendeten Szenarien, die von einer allmählichen Veränderung ausgehen. Sturmstärken und -richtungen könnten sich auf unvorhergesehene Weise ändern und Temperaturen könnten aufgrund unerwarteter Störungen des globalen Wettersystems abrupt ansteigen oder fallen. Mögliche Veränderungen in der globalen thermohalinen Zirkulation und weit reichende Konsequenzen solcher Veränderungen sind ein weiteres Beispiel für eine mögliche Klima-Überraschung. Obwohl solche Veränderungen starke Auswirkungen haben könnten, stehen zurzeit sehr wenige Informationen für die Betrachtung solcher Möglichkeiten zur Verfügung.

Unterm Strich

Trotz der Tatsache, dass nur ein relativ kleiner Prozentsatz der globalen Treibhausgasemissionen in der Arktis selbst entsteht, gehören die vom Menschen verursachten Klimaveränderungen in der Arktis zu den größten auf der ganzen Welt. Die Veränderungen, die sich bereits jetzt in den Landschaften, Gemeinschaften und einzigartigen Merkmalen der Arktis vollziehen, vermitteln also der übrigen Welt einen ersten Eindruck davon, wie sich ein globaler Klimawandel auf Umwelt und Gesellschaft auswirken wird. Wie dieser Bericht zeigt, sind der Klimawandel und seine Folgen bereits jetzt allgemein zu beobachten und zu spüren und die Auswirkungen werden sich laut Prognose noch erheblich verstärken. Sie werden auch nicht auf die Arktis beschränkt bleiben und das globale Klima, den Meeresspiegel, die Artenvielfalt und viele Bereiche menschlicher Sozial- und Ökosysteme beeinträchtigen. Von daher sollten Entscheidungsträger und Weltöffentlichkeit dem Klimawandel in der Arktis die verdiente und dringend notwendige Aufmerksamkeit schenken.

„Trends sind kein unabwendbares Schicksal."
René Dubos

Anhang 1

Die in dieser Studie benutzten Emissionsszenarien

In seinem *Special Report on Emissions Scenarios* (SRES) hat der IPCC eine Vielzahl von plausiblen Emissions-Szenarien für das 21. Jahrhundert vorgestellt, die auf verschiedenen Annahmen über künftige Größen von Bevölkerung, wirtschaftlichem Wachstum, technischem Fortschritt und anderen relevanten Faktoren beruhen. Von den sechs „beispielhaften Szenarien", die im SRES vorgestellt werden, hat sich die ACIA-Studie bei ihrer Auswahl hauptsächlich auf eines konzentriert, das leicht unterhalb des mittleren Spektrums künftiger Emissionen liegt. Dieses Szenario, als B2 bezeichnet, ist die Grundlage für die prognostizierten Klimakarten in diesem Bericht. Ein zweites Szenario, A2, das sich über der Mitte der SRES-Bandbreite bewegt, wurde ebenfalls für einige Analysen herangezogen und wird in diesen Fällen ausdrücklich erwähnt. Dass sich der vorliegende Bericht auf diese Szenarien konzentriert, spiegelt eine Reihe praktischer Einschränkungen bei der Durchführung der Studie wider und bedeutet nicht, dass diese Ergebnisse für die wahrscheinlichsten gehalten werden.

Nach allen Emissions-Szenarien des IPCC wird für das 21. Jahrhundert ein Anstieg der globalen CO_2-Konzentration, der mittleren Oberflächenlufttemperatur und des Meeresspiegels prognostiziert. Das Ausmaß der Erwärmung, das sich aus diesen Szenarien für den Zeitraum von 2000 bis 2100 ergibt, bewegt sich zwischen 1,4 und 5,8° C. Keines dieser Szenarien umfasst deutliche Maßnahmen zur Reduzierung der Treibhausgasemissionen. Andererseits enthalten die Szenarien durchaus Annahmen, die größere Veränderungen des Status quo implizieren, aber nicht aus Gründen, die mit einer gezielten Begrenzung des Klimawandels zusammenhängen, sondern mit verschiedenen anderen Faktoren, die das ermittelte Ausmaß der Treibhausgasemissionen beeinflussen.

So geht etwa das B2-Emissions-Szenario von einer Welt aus, die sich um Umweltschutz und soziale Gerechtigkeit bemüht und Lösungen umsetzt, die auf die lokale und regionale Ebene zielen. In dieser Welt wächst die Weltbevölkerung bis 2100 auf 10,4 Milliarden Menschen, die wirtschaftliche Entwicklung bewegt sich auf einem mittleren Niveau und weltweit vollzieht sich ein breit gefächerter Technologiewandel. Kohle liefert in der B2-Welt bis zum Jahr 2100 22 % der Primärenergie, und die Weltenergie wird zu 49 % aus Quellen gewonnen, die kein Kohlendioxid freisetzen.

Auch das A2-Szenario beschreibt eine Welt, die auf Selbstständigkeit und die Bewahrung lokaler Identität ausgerichtet ist, aber anders als bei B2 steht in der A2-Welt eher das wirtschaftliche Wachstum und nicht der Umweltschutz oder die soziale Gerechtigkeit im Mittelpunkt. Das Bevölkerungswachstum schreitet rapide voran und erreicht bis 2100 die 15-Milliarden-Grenze. Die wirtschaftliche Entwicklung ist hauptsächlich regional orientiert; das wirtschaftliche Wachstum pro Kopf und der Technologiewandel entwickeln sich relativ langsam und uneinheitlich. Das Welt-BIP ist in der A2-Welt von 2100 etwas höher als in B2. In der A2-Welt liefert Kohle 53 % der Primärenergie und 28 % der Weltenergie stammen aus Ressourcen, die kein Kohlendioxid freisetzen.

In anderen Emissions-Szenarien werden die Auswirkungen von Maßnahmen berücksichtigt, durch die man die Treibhausgasemissionen ausreichend verringern könnte, um ihre Konzentration in der Atmosphäre auf verschiedenen Niveaus zu stabilisieren und dadurch die Rate und das Ausmaß eines künftigen Klimawandels zu begrenzen. Diese Szenarien wurden im vorliegenden Bericht nicht berücksichtigt.

Prognosen für sechs beispielhafte Emissionsszenarien

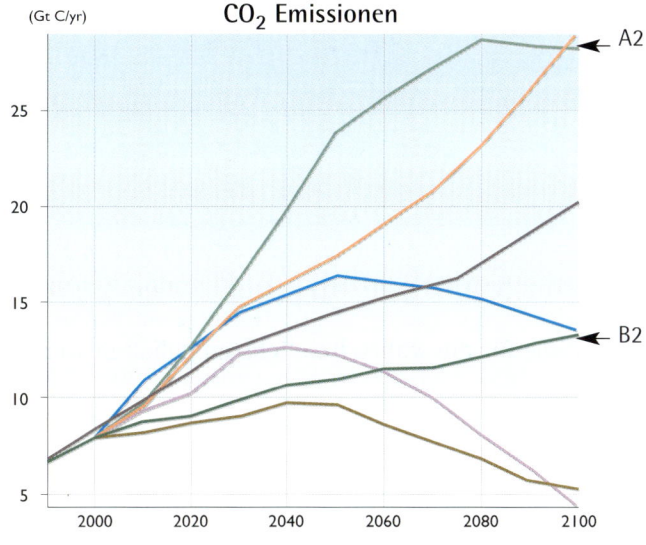

CO$_2$ Emissionen (Gt C/yr)

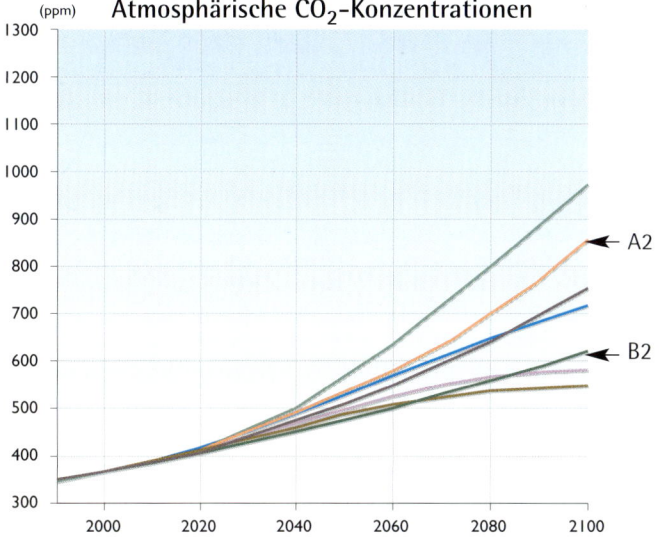

Atmosphärische CO$_2$-Konzentrationen (ppm)

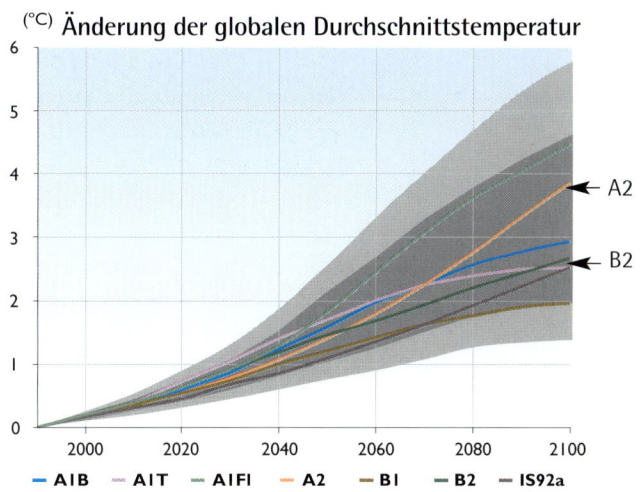

(°C) **Änderung der globalen Durchschnittstemperatur**

— AIB   — AIT   — AIFI   — A2   — BI   — B2   — IS92a

Das erste Diagramm (oben) zeigt die prognostizierten CO$_2$-Emissionen für die sechs beispielhaften SRES-Szenarien des IPCC.
Das zweite Diagramm (Mitte) zeigt die aus diesen Emissionen resultierenden atmosphärischen CO$_2$-Konzentrationen.
Das dritte Diagramm (unten) zeigt die prognostizierten Temperaturtrends, zu denen diese Konzentrationen führen würden.

Die in der ACIA-Studie verwendeten Hauptmodelle

CGCM2 – Canadian Centre for Climate Modelling and Analysis, Kanada

CSM_1.4 – National Center for Atmospheric Research, USA

ECHAM4/OPYC3 – Max Planck Institut für Meteorologie, Deutschland

GFDL-R30_c – Geophysical Fluid Dynamics Laboratory, USA

HadCM3 – Hadley Centre for Climate Prediction and Research, Großbritannien

Fünf Klimamodelle von renommierten Forschungszentren aus der ganzen Welt wurden in dieser Studie verwendet. Die Namen der Zentren und die in dieser Studie durchgängig benutzten Akronyme sind oben aufgeführt. Für alle Modelle wurde dasselbe Emissionsszenario, nämlich das in diesem Anhang beschriebene B2 genutzt. Die Klimakarten im gesamten vorliegenden Bericht basieren auf diesen Modellen, die mit dem B2-Emissions-Szenario gespeist wurden.

Anhang 2
Kapitel der wissenschaftlichen Ausgabe: Titel und Autoren

Kapitel 1:   Einleitung

Kapitel 2:   Arktisches Klima – damals und heute

Kapitel 3:   Arktis im Wandel: Die Sicht der Ureinwohner

Kapitel 4:   Künftiger Klimawandel: Modelle und Szenarien für die arktische Region

Kapitel 5:   Ozon und ultraviolette Strahlung

Kapitel 6:   Kryosphärische und hydrologische Variabilität

Kapitel 7:   Ökosysteme in der arktischen Tundra und Polarwüste

Kapitel 8:   Süßwasser-Ökosysteme und Fischerei

Kapitel 9:   Marine Systeme

Kapitel 10: Grundsätze zur Bewahrung der arktischen Bio-Vielfalt

Kapitel 11: Management und Schutz von Flora und Fauna in einer sich wandelnden arktischen Umwelt

Kapitel 12: Jagd, Herdenhaltung, Fischfang und Sammeln: Einheimische Völker und die Nutzung erneuerbarer Ressourcen in der Arktis

Kapitel 13: Fischerei und Aquakultur

Kapitel 14: Wälder, Natur-Management und Landwirtschaft

Kapitel 15: Gesundheit des Menschen

Kapitel 16: Infrastruktur: Gebäude, Versorgungssysteme und Industrieanlagen

Kapitel 17: Klimawandel im Kontext vielfältiger Stressfaktoren und Widerstandsfähigkeit

Kapitel 18: Zusammenfassung und Synthese

Kapitel 1: Einleitung

Federführender Autor
Henry Huntington, Huntington Consulting, USA

Mitwirkende Autoren
Elizabeth Bush, Environment Canada, Kanada
Terry V. Callaghan, Abisko Scientific Research Station, Schweden; Sheffield Centre for
  Arctic Ecology, Großbritannien
Vladimir M. Kattsov, Voeikov Main Geophysical Observatory, Russland
Mark Nuttall, University of Aberdeen, Schottland, Großbritannien; University of Alberta, Kanada

Kapitel 2: Arktisches Klima – damals und heute

Federführender Autor
Gordon McBean, University of Western Ontario, Kanada

Federführende Autoren
Genrikh Alekseev, Arctic and Antarctic Research Institute, Russia
Deliang Chen, Göteborg University, Schweden
Erik Førland, Norwegian Meteorological Institute, Norwegen
John Fyfe, Meteorological Service of Canada, Kanada
Pavel Y. Groisman, NOAA National Climatic Data Center, USA
Roger King, The University of Western Ontario, Kanada
Humfrey Melling, Fisheries and Oceans Canada, Kanada
Russell Vose, NOAA National Climatic Data Center, USA
Paul H. Whitfield, Meteorological Service of Canada, Kanada

Kapitel 3: Arktis im Wandel: Die Sicht der Ureinwohner

Federführende Autoren
Henry Huntington, Huntington Consulting, USA
Shari Fox, University of Colorado at Boulder, USA

Mitwirkende Autoren
Fikret Berkes, University of Manitoba, Kanada
Igor Krupnik, Smithsonian Institute, USA

Autoren der Fallstudien
Kotzebue:
Alex Whiting, Native Village of Kotzebue, USA
Aleuten und Pribilof-Inseln, Alaska:
Michael Zacharof, Aleutian International Association, USA
Greg McGlashan, St. George Tribal Ecosystem Office, USA
Michael Brubaker, Aleutian/Pribilof Islands Association, USA
Victoria Gofman, Aleut International Association, USA
Yukon:
Cindy Dickson, Arctic Athabascan Council, Kanada
Denendeh:
Chris Paci, Arctic Athabaskan Council, Kanada
Shirley Tsetta, Yellowknives Dene (N'dilo), Kanada
Sam Gargan, Deh Gah Got'ine (Fort Providence), Kanada
Chief Roy Fabian, Kattodeeche (Hay River Dene Reserve), Kanada
Chief Jerry Paulette, Smith Landing First Nation, Kanada
Vice-Chief Michael Cazon, Desh Cho First Nations, Kanada
Diane, Giroux, former Sub-Chief Deninu K-ue (Fort Resolution), Kanada
Pete King, Elder Akaitcho Territory, Kanada
Maurice Boucher, Deninu K-ue (Fort Resolution), Kanada
Louie Able, Elder Akaitcho Territory, Kanada
Jean Norin, Elder Akaitcho Territory, Kanada
Agatha Laboucan, Lutsel'Ke, Kanada

Philip Cheezie, Elder Akaitcho Territory, Kanada
Joseph Poitras, Elder, Kanada
Flora Abraham, Elder, Kanada
Bella T'selie, Sahtu Dene Council, Kanada
Jim Pierrot, Elder Sahtu, Kanada
Pual Cotchilly, Elder Sahtu, Kanada
George Lafferty, Tlicho Government, Kanada
James Rabesca, Tlicho Government, Kanada
Eddie Camille, Elder Tlicho, Kanada
John Edwards, Gwich'in Tribal Council, Kanada
John Carmicheal, Elder Gwich'in, Kanada
Woody Elias, Elder Gwich'in, Kanada
Alison de Palham, Deh Cho First Nations, Kanada
Laura Pitkanen, Deh Cho First Nations, Kanada
Leo Norwegian, Elder Deh Cho, Kanada
Nunavut :
Shari Fox, University of Colorado at Boulder, USA
Qaanaaq, Grönland:
Uusaqqak Qujaukitsoq, Inuit Circumpolar Conference, Grönland
Nuka Møller, Inuit Circumpolar Conference, Grönland
Samen:
Tero Mustonen, Tampere Polytechnic/Snowchange Project, Finnland
Mika Nieminen, Tampere Polytechnic/Snowchange Project, Finnland
Hanna Eklund, Tampere Polytechnic/Snowchange Project, Finnland
Klimawandel und Samen:
Elina Helander, University of Lapland, Finnland
Kola:
Tero Mustonen, Tampere Polytechnic/Snowchange Project, Finnland
Sergey Zavalko, Murmansk State Technical University Project, Russland
Jyrki Terva, Tampere Polytechnic/Snowchange Project, Finnland
Alexey Cherenkov, Murmansk State Technical University, Russland

Beratende Autoren
Anne Henshaw, Bowdoin College, USA
Terry Fenge, Inuit Circumpolar Conference, Kanada
Scot Nickels, Inuit Tapiriit Kanatami, Kanada
Simon Wilson, Arctic Monitoring and Assessment Programme, Norwegen

Kapitel 4: Künftiger Klimawandel: Modelle und Szenarien für die arktische Region

Federführende Autoren
Erland Källén, Stockholm University, Schweden
Vladimir M. Kattsov, Voeikov Main Geophysical Observatory, Russland

Mitwirkende Autoren
Howard Cattle, International CLIVAR Project Office, Großbritannien
Jens Christensen, Danish Meteorological Institute, Dänemark
Helge Drange, Nansen Environmental and Remote Sensing Center and Bjerknes Centre for Climate
  Research, Norwegen
Inger Hanssen-Bauer, Norwegian Meteorological Institute, Norwegen
Tómas Jóhannesen, Icelandic Meteorological Office, Island
Igor Karol, Voeikov Main Geophysical Observatory, Russland
Jouni Räisänen, University of Helsinki, Finnland
Gunilla Svensson, Stockholm University, Schweden
Stanislav Vavulin, Voeikov Main Geophysical Observatory, Russia

Beratende Autoren
Deliang Chen, Gothenburg University, Schweden
Igor Polyakov, University of Alaska, Fairbanks, USA
Annette Rinke, Alfred-Wegener-Institut für Polar- und Meeresforschung, Deutschland

Kapitel 5: Ozon und ultraviolette Strahlung

Federführende Autoren
Betsy Weatherhead, University of Colorado at Boulder, USA
Aapo Tanskanen, Finnish Meteorological Institute, Finnland
Amy Stevermer, University of Colorado at Boulder, USA

Mitwirkende Autoren
Signe Bech Andersen, Danish Meteorological Institute, Dänemark
Antti Arola, Finnish Meteorological Institute, Finnland
John Austin, University Corporation for Atmospheric Research/
  Geophysical Fluid Dynamics Laboratory, USA
Germar Bernhard, Biospherical Instruments Inc., USA
Howard Browman, Institute of Marine Research, Norwegen
Vitali Fioletov, Meteorological Service of Canada, Kanada
Volker Grewe, DLR-Institut für Physik der Atmosphäre, Deutschland
Jay Herman, NASA Goddard Space Flight Center, USA
Weine Josefsson, Swedish Meteorological and Hydrological Institute, Schweden
Arve Kylling, Norwegian Institute for Air Research, Norwegen
Esko Kyro, Finnish Meteorological Institute, Finnland
Anders Lindfors, Uppsala Astronomical Observatory, Schweden
Drew Shindell, NASA Goddard Institute for Space Studies, USA
Petteri Taalas, Finnish Meteorological Institute, Finnland
David Tarasick, Meteorological Service of Canada, Kanada

Beratende Autoren
Valery Dorokhov, Central Aerological Observatory, Russland
Bjorn Johnsen, Norwegian Radiation Protection Authority, Norwegen
Jussi Kaurola, Finnish Meteorological Institute, Finnland
Rigel Kivi, Finnish Meteorological Institute, Finnland
Nikolay Krotkov, NASA Goddard Space Flight Center, USA
Kaisa Lakkala, Finnish Meteorological Institute, Finnland
Jacqueline Lenoble, Université des Sciences et Technologies de Lille, Frankreich
David Sliney, U.S. Army Center for Health Promotion and Preventive Medicine, USA

Kapitel 6: Kryosphärische und hydrologische Variabilität

Federführender Autor
John E. Walsh, University of Alaska Fairbanks, USA

Mitwirkende Autoren
Oleg Anisimov, State Hydrological Institute, Russland
Jon Ove M. Hagen, University of Oslo, Norwegen
Thor Jakobsson, Icelandic Meteorological Office, Island
Johannes Oerlemans, University of Utrecht, Niederlande
Terry Prowse, University of Victoria, Kanada
Vladimir Romanovsky, University of Alaska Fairbanks, USA
Nina Savelieva, Pacific Oceanological Institute, Russland
Mark Serreze, University of Colorado at Boulder, USA
Alex Shiklomanov, University of New Hampshire, USA
Igor Shiklomanov, State Hydrological Institute, Russland
Steven Solomon, Geological Survey of Canada, Kanada

Beratende Autoren
Anthony Arendt, University of Alaska Fairbanks, USA
Michael N. Demuth, Natural Resources Canada, Kanada
Julian Dowdeswell, Scott Polar Research Institute, Großbritannien
Mark Dyurgerov, University of Colorado at Boulder, USA

Andrey Glazovsky, Institute of Geography, RAS, Russland
Roy M. Koerner, Geological Survey of Canada, Kanada
Niels Reeh, Technical University of Denmark, Dänemark
Oddur Siggurdsson, National Energy Authority, Hydrological Service, Island
Konrad Steffen, University of Colorado at Boulder, USA
Martin Truffer, University of Alaska Fairbanks, USA

Kapitel 7: Ökosysteme in der arktischen Tundra und Polarwüste

Federführender Autor
Terry V. Callaghan, Abisko Scientific Research Station, Schweden; Sheffield Centre for Arctic Ecology, Großbritannien

Mitwirkende Autoren
Lars Olof Björn, Lund University, Schweden
F. Stuart Chapin III, University of Alaska Fairbanks, USA
Yuri Chernov, A. N. Severtsov Institute of Evolutionary Morphology and Animal Ecology, RAS, Russland
Torben R. Christensen, Lund University, Schweden
Brian Huntley, University of Durham, Großbritannien
Rolf Ims, University of Tromsø, Norwegen
Margareta Johansson, Abisko Scientific Research Station, Schweden
Dyanna Jolly Riedlinger, Dyanna Jolly Consulting, Neuseeland
Sven Jonasson, University of Copenhagen, Dänemark
Nadya Matveyeva, Komarov Botanical Institute, RAS, Russland
Walter Oechel, San Diego State University, USA
Nicolai Panikov, Stevens Technical University, USA
Gus Shaver, Marine Biological Laboratory, USA

Beratende Autoren
Josef Elster, University of South Bohemia, Tschechische Republik
Heikki Henttonen, Finnish Forest Research Institute, Finnland
Ingibjörg S. Jónsdóttir, University of Svalbard, Norwegen
Kari Laine, University of Oulu, Finnland
Sibyll Schaphoff, Potsdam-Institut für Klimafolgenforschung, Deutschland
Stephen Sitch, Potsdam-Institut für Klimafolgenforschung, Deutschland
Erja Taulavuori, University of Oulu, Finnland
Kari Taulavuori, University of Oulu, Finnland
Christoph Zöckler, UNEP World Conservation Monitoring Centre, Großbritannien

Kapitel 8: Süßwasser-Ökosysteme und Fischerei

Federführende Autoren
Fred J. Wrona, National Water Research Institute, Kanada
Terry D. Prowse, National Water Research Institute, Kanada
James D. Reist, Fisheries and Oceans Canada, Kanada

Mitwirkende Autoren
Richard Beamish, Fisheries and Oceans Canada, Kanada
John J. Gibson, National Water Research Institute, Kanada
John Hobbie, Marine Biological Laboratory, USA
Erik Jeppesen, National Environmental Research Institute, Dänemark
Jackie King, Fisheries and Oceans Canada, Kanada
Guenter Koeck, Universität Innsbruck, Österreich
Atte Korhola, University of Helsinki, Finnland
Lucie Lévesque, National Water Research Institute, Kanada
Rob Macdonald, Fisheries and Oceans Canada, Kanada
Michael Power, University of Waterloo, Kanada
Vladimir Skvortsov, Institute of Limnology, Russland
Warwick, Vincent, Laval University, Kanada

Beratende Autoren
Robert Clark, Canadian Wildlife Service, Kanada
Brian Dempson, Fisheries and Oceans Canada, Kanada
David Lean, University of Ottawa, Kanada
Hannu Lehtonen, University of Helsinki, Finnland
Sofia Perin, University of Ottawa, Kanada
Richard Pienitz, Laval University, Kanada
Milla Rautio, Laval University, Kanada
John Smol, Queen's University, Kanada
Ross Tallman, Fisheries and Oceans Canada, Kanada
Alexander Zhulidov, Centre for Preparation and Implementation of International Projects
  on Technical Assistance, Russland

Kapitel 9: Marine Systeme
Federführender Autor
Harald Loeng, Institute of Marine Research, Norwegen

Mitwirkende Autoren
Keith Brander, International Council for the Exploration of the Sea, Dänemark
Eddy Carmack, Institute of Ocean Sciences, Kanada
Stanislav Denisenko, Zoological Institute, RAS, Russland
Ken Drinkwater, Bedford Institute of Oceanography, Kanada
Bogi Hansen, The Fisheries Laboratory, Färöer
Kit Kovacs, Norwegian Polar Institute, Norwegen
Pat Livingston, NOAA National Marine Fisheries Service, USA
Fiona McLaughlin, Institute of Ocean Sciences, Kanada
Egil Sakshaug, Norwegian University of Science and Technology, Norwegen

Beratende Autoren
Richard Bellerby, Bjerknes Centre for Climate Research, Norwegen
Howard Browman, Institute of Marine Research, Norwegen
Tore Furevik, University of Bergen, Norwegen
Jacqueline M. Grebmeier, University of Tennessee, USA
Eystein Jansen, Bjerknes Centre for Climate Research, Norwegen
Steingrimur Jónsson, Marine Research Institute, Island
Lis Lindal Jørgensen, Institute of Marine Research, Norwegen
Svend-Aage Malmberg, Marine Research Institute, Island
Svein Østerhus, Bjerknes Centre for Climate Research, Norwegen
Geir Ottersen, Institute of Marine Research, Norwegen
Koji Shimada, Japan Marine Science and Technology Center, Japan

Kapitel 10: Grundsätze zur Bewahrung der arktischen Bio-Vielfalt
Federführender Autor
Michael B. Usher, University of Stirling, Schottland, Großbritannien

Mitwirkende Autoren
Terry V. Callaghan, Abisko Scientific Research Station, Schweden; Sheffield Centre
  for Arctic Ecology, Großbritannien
Grant Gilchrist, Canadian Wildlife Service, Kanada
O. W. Heal, Durham University, Großbritannien
Glenn P. Juday, University of Alaska Fairbanks, USA
Harald Loeng, Institute of Marine Research, Norwegen
Magdalene A. K. Muir, Conservation of Arctic Flora and Fauna, Island
Pål Prestrud, Centre for Climate Research in Oslo, Norwegen

Kapitel 11: Management und Schutz von Flora und Fauna in einer sich wandelnden arktischen Umwelt

Federführender Autor
David R. Klein, University of Alaska Fairbanks, USA

Mitwirkende Autoren
Leonid M. Baskin, Institute of Ecology and Evolution, Russland
Lyudmila S. Boguslovskaya, Russian Institute of Cultural and Natural Heritage, Russland
Kjell Danell, Swedish University of Agricultural Sciences, Schweden
Anne Gunn, Government of the Northwest Territory, Kanada
David B. Irons, U. S. Fish and Wildlife Service, USA
Gary P. Kofinas, University of Alaska Fairbanks, USA
Kit M. Kovacs, Norwegian Polar Institute, Norwegen
Margarita Magomedova, Institute of Plant and Animal Ecology, Russland
Rosa H. Meehan, U. S. Fish and Wildlife Service, USA
Don E. Russell, Canadian Wildlife Service, Kanada
Patrick Valkenburg, Alaska Department of Fish and Game, USA

Kapitel 12: Jagd, Herdenhaltung, Fischfang und Sammeln: Indigene Völker und die Nutzung erneuerbarer Ressourcen in der Arktis

Federführender Autor
Mark Nuttall, University of Aberdeen, Schottland, Großbritannien; University of Alberta, Kanada

Mitwirkende Autoren
Fikret Berkes, University of Manitoba, Kanada
Bruce Forbes, University of Lapland, Finland
Gary Kofinas, University of Alaska Fairbanks, USA
Tatiana Vlassova, Russian Association of Indiginous Peoples of the North (RAIPON), Russland
George Wenzel, McGill University, Kanada

Kapitel 13: Fischerei und Aquakultur

Federführende Autoren
Hjalmar Vilhjalmsson, Marine Research Institute, Island
Alf Håkon Hoel, University of Tromsø, Norwegen

Mitwirkende Autoren
Sveinn Agnarsson, University of Iceland, Island
Ragnar Arnason, University of Iceland, Island
James E. Carscadden, Fisheries and Oceans Canada, Kanada
Arne Eide, University of Tromsø, Norwegen
David Fluharty, University of Washington, USA
Geir Hønneland, Fridtjof Nansen Institute, Norwegen
Carsten Hvingel, Greenland Institute of Natural Science, Grönland
Jakob Jakobsson, Marine Research Institute, Island
George Lilly, Fisheries and Oceans Canada, Kanada
Odd Nakken, Institute of Marine Research, Norwegen
Vladimir Radchenko, Sakhalin Research Institute of Fisheries and Oceanography, Russland
Susanne Ramstad, Norwegian Polar Institute, Norwegen
William Schrank, Memorial University of Newfoundland, Kanada
Niels Vestergaard, University of Southern Denmark, Dänemark
Thomas Wilderbuer, NOAA National Marine Fisheries Service, USA

Kapitel 14: Wälder, Natur-Management und Landwirtschaft

Federführender Autor
Glenn P. Juday, University of Alaska Fairbanks, USA

Mitwirkende Autoren
Valerie Barber, University of Alaska Fairbanks, USA
Hans Linderholm, Göteborg University, Schweden
Scott Rupp, University of Alaska Fairbanks, USA
Steve Sparrow, University of Alaska Fairbanks, USA
Eugene Vaganov, V.N. Sukachev Institute of Forest Research, RAS, Russland
John Yarie, University of Alaska Fairbanks, USA

Beratende Autoren
Edward Berg, U. S. Fish and Wildlife Service, USA
Rosanne D'Arrigo, Lamont Doherty Earth Observatory, USA
Paul Duffy, University of Alaska Fairbanks, USA
Olafur Eggertsson, Icelandic Forest Research, Island
V. V. Furyaev, V. N. Sukachev Institute of Forest Research, RAS, Russland
Edward H. (Ted) Hogg, Canadian Forest Service, Kanada
Satu Huttunen, University of Oulu, Finnland
Gordon Jacoby, Lamont Doherty Earth Observatory, USA
V. Ya. Kaplunov, V. N. Sukachev Institute of Forest Research, RAS, Russland
Seppo Kellomaki, University of Joensuu, Finnland
A.V. Kirdyanov, V. N. Sukachev Institute of Forest Research, RAS, Russland
Carol E. Lewis, University of Alaska Fairbanks, USA
Sune Linder, Swedish University of Agricultural Sciences, Schweden
M. M. Naurzbaev, V. N. Sukachev Institute of Forest Research, RAS, Russland
F. I. Pleshikov, V. N. Sukachev Institute of Forest Research, RAS, Russland
Ulf T. Runesson, Lakehead University, Kanada
Yu. V. Savva, V. N. Sukachev Institute of Forest Research, RAS, Russland
O. V. Sidorova, V. N. Sukachev Institute of Forest Research, RAS, Russland
V. D. Stakanov, V. N. Sukachev Institute of Forest Research, RAS, Russland
N. M. Tchebakova, V. N. Sukachev Institute of Forest Research, RAS, Russland
E. N. Valendik, V. N. Sukachev Institute of Forest Research, RAS, Russland
E. F. Vedrova, V. N. Sukachev Institute of Forest Research, RAS, Russland
Martin Wilmking, Lamont Doherty Earth Observatory, USA

Kapitel 15: Gesundheit des Menschen

Federführrende Autoren
Jim Berner, Alaska Native Tribal Health Consortium, USA
Christopher Furgal, Laval University, Kanada

Mitwirkende Autoren
Peter Bjerregaard, National Institute of Public Health, Dänemark
Mike Bradley, Alaska Native Tribal Health Consortium, USA
Tine Curtis, National Institute of Public Health, Dänemark
Ed De Fabo, The George Washington University, USA
Juhani Hassi, University of Oulu, Finnland
William Keatinge, Queen Mary and Westfield College, Großbritannien
Siv Kvernmo, University of Tromsø, Norwegen
Simo Nayha, University of Oulu, Finnland
Hannu Rintamaki, Finnish Institute of Occupational Health, Finnland
John Warren, Alaska Native Tribal Health Consortium, USA

Kapitel 16: Infrastruktur: Gebäude, Versorgungssysteme und Industrieanlagen

Federführender Autor
Arne Instanes, Instanes Consulting Engineers, Norwegen

Mitwirkende Autoren
Oleg Anisimov, State Hydrological Institute, Russland
Lawson Brigham, U.S. Arctic Research Commission, USA
Douglas Goering, University of Alaska Fairbanks, USA
Branko Ladanyi, École Polytechnique de Montreal, Kanada
Jan Otto Larsen, Norwegian University of Science and Technology, Norwegen
Lev N. Khrustalev, Moscow State University, Russland

Beratende Autoren
Orson Smith, University of Alaska Anchorage, USA
Amy Stevermer, University of Colorado at Boulder, USA
Betsy Weatherhead, University of Colorado at Boulder, USA
Gunter Weller, University of Alaska Fairbanks, USA

Kapitel 17: Klimawandel im Kontext vielfältiger Stressfaktoren und Widerstandsfähigkeit

Federführende Autoren
James J. McCarthy, Harvard University, USA
Marybeth Long Martello, Harvard University, USA

Mitwirkende Autoren
Robert Corell, American Meteorological Society and Harvard University, USA
Noelle Eckley, Harvard University, USA
Shari Fox, University of Colorado at Boulder, USA
Grete Hovelsrud-Broda, Centre for International Climate and Environmental Research, Norwegen
Svein Mathiesen, The Norwegian School of Veterinary Science and Nordic Sámi Institute, Norwegen
Colin Polsky, Clark University, USA
Henrik Selin, Boston University, USA
Nicholas Tyler, University of Tromsø, Norwegen

Beratende Autoren
Kirsti Strøm Bull, University of Oslo and Nordic Sámi Institute, Norwegen
Inger Maria Gaup Eira, Nordic Sámi Institute, Norwegen
Nils Isak Eira, Fossbakken, Norwegen
Siri Eriksen, Centre for International Climate and Environmental Research, Norwegen
Inger Hanssen-Bauer, Norwegian Meteorological Institute, Norwegen
Johan Klemet Kalstad, Nordic Sámi Institute, Norwegen
Christian Nelleman, Norwegian Nature Research Institute, Norwegen
Nils Oskal, Sámi University College, Norwegen
Erik S. Reinert, Hvasser, Tønsberg, Norwegen
Douglas Siegel-Causey, Harvard University, USA
Paal Vegar Storeheier, University of Tromsø, Norwegen
Johan Mathis Turi, Association of World Reindeer Herders, Norwegen

Kapitel 18: Zusammenfassung und Synthese

Federführender Autor
Gunter Weller, University of Alaska Fairbanks, USA

Mitwirkende Autoren
Elizabeth Bush, Environment Canada, Kanada
Terry V. Callaghan, Abisko Scientific Research Station, Schweden; Sheffield Centre for Arctic Ecology, Großbritannien
Robert Corell, American Meteorological Society and Harvard University, USA

Shari Fox, University of Colorado at Boulder, USA
Christopher Furgal, Laval University, Kanada
Alf Håkon Hoel, University of Tromsø, Norwegen
Henry Huntington, Huntington Consulting, USA
Erland Källén, Stockholm University, Schweden
Vladimir M. Kattsov, Voeikov Main Geophysical Observatory, Russland
David R. Klein, University of Alaska Fairbanks, USA
Harald Loeng, Institute of Marine Research, Norwegen
Marybeth Long Martello, Harvard University, USA
Michael MacCracken, Climate Institute, USA
Mark Nuttal, University of Aberdeen, Schottland, Großbritannien; University of Alberta, Kanada
Terry D. Prowse, University of Victoria, Kanada
Lars-Otto Reiersen, Arctic Monitoring and Assessment Programme, Norwegen
James D. Reist, Fisheries and Oceans Canada, Kanada
Aapo Tanskanen, Finnish Meteorological Institute, Finnland
John E. Walsh, University of Alaska Fairbanks, USA
Betsy Weatherhead, University of Colorado at Boulder, USA
Fred J. Wrona, National Hydrology Research Institute, Kanada

Akkreditierte Beobachter beim Arktischen Rat

Beobachter-Staaten:
Frankreich
Deutschland
Niederlande
Polen
Großbritannien

Internationale Organisationen:
Conference of the Parliamentarians of the Arctic Region
International Federation of Red Cross & Red Crescent Societies (IFRC)
International Union for the Conservation of Nature (IUCN)
Nordic Council of Ministers (NCM)
Northern Forum
North Atlantic Marine Mammal Commission (NAMMCO)
United Nations Economic Commission for Europe (UN-ECE)
United Nations Environment Program (UNEP)
United Nations Development Programme (UNDP)

Nichtstaatliche Organisationen:
Advisory Committee on Protection of the Seas (ACOPS)
Association of World Reindeer Herders
Circumpolar Conservation Union (CCU)
International Arctic Science Committee (IASC)
International Arctic Social Sciences Association (IASSA)
International Union for Circumpolar Health (IUCH)
International Work Group for Indigenous Affairs (IWGIA)
University of the Arctic (UArctic)
Worldwide Fund for Nature (WWF)

Externe Gutachter für „Impacts of a Warming Arctic":

Robert White, Washington Advisory Group, USA
Randy Udall, Community Office for Resource Efficiency, Aspen, Colorado, USA
Rasmus Hansson, World Wildlife Federation, Norwegen
Mary Simon, Former Ambassador for Circumpolar Affairs and Consultant, Kanada
Ted Munn, University of Toronto, Kanada
Roger G. Barry, National Snow and Ice Data Center, University of Colorado at Boulder, USA
O. W. Heal, University of Durham, Großbritannien

ASSESSMENT STEERING COMMITTEE

Vertreter von Organisationen

Robert Corell, Vorsitz	International Arctic Science Committee, USA
Pål Prestrud, stellvertr. Vorsitzender	Conservation of Arctic Flora and Fauna, Norwegen
Snorri Baldursson (bis Aug. 2000)	Conservation of Arctic Flora and Fauna, Island
Gordon McBean (ab Aug. 2000)	Conservation of Arctic Flora and Fauna, Kanada
Lars-Otto Reiersen	Arctic Monitoring and Assessment Programme, Norwegen
Hanne Petersen (bis Sept. 2001)	Arctic Monitoring and Assessment Programme, Dänemark
Yuri Tsaturov (ab Sept. 2001)	Arctic Monitoring and Assessment Programme, Russland
Bert Bolin (bis Juli 2000)	International Arctic Science Committee, Schweden
Rögnvaldur Hannesson (ab Juli 2000)	International Arctic Science Committee, Norwegen
Terry Fenge	Permanent Participants, Kanada
Jan-Idar Solbakken	Permanent Participants, Norwegen
Cindy Dickson (ab Juli 2002)	Permanent Participants, Kanada

ACIA-Sekretariat

Gunter Weller, geschäftsführender Direktor	ACIA-Sekretariat, USA
Patricia A. Anderson	ACIA-Sekretariat, USA

Federführende Autoren

Jim Berner	Alaska Native Tribal Health Consortium, USA
Terry V. Callaghan	Abisko Scientific Research Station, Schweden; Sheffield Centre for Arctic Ecology, Großbritannien
Henry Huntington	Huntington Consulting, USA
Arne Instanes	Instanes Consulting Engineers, Norwegen
Glenn P. Juday	University of Alaska Fairbanks, USA
Erland Källén	Stockholm University, Schweden
Vladimir M. Kattsov	Voeikov Main Geophysical Observatory, Russland
David R. Klein	University of Alaska Fairbanks, USA
Harald Loeng	Institute of Marine Research, Norwegen
Gordon McBean	University of Western Ontario, Kanada
James J. McCarthy	Harvard University, USA
Mark Nuttal	University of Aberdeen, Schottland, Großbritannien; University of Alberta, Kanada
James D. Reist (bis Juni 2002)	Fisheries and Oceans Canada, Kanada
Fred J. Wrona (ab Juni 2002)	National Water Research Institute, Kanada
Petteri Taalas (bis März 2003)	Finnish Meteorological Institute, Finnland
Aapo Tanskanen (ab März 2003)	Finnish Meteorological Institute, Finnland
Hjálmar Vilhjálmsson	Marine Research Institute, Island
John E. Walsh	University of Alaska Fairbanks, USA
Betsy Weatherhead	University of Colorado at Boulder, USA

Zusammenarbeit

Snorri Baldursson (Aug. 2000-Sept. 2002)	Conservation of Arctic Flora and Fauna, Island
Magdalena Muir (Sept. 2002-Mai 2004)	Conservation of Arctic Flora and Fauna, Island
Maria Victoria Gunnarsdottir (ab Mai 2004)	Conservation of Arctic Flora and Fauna, Island
Snorri Baldursson (ab Sept. 2002)	Arctic Council, Island
Odd Rogne	International Arctic Science Committee, Norwegen
Bert Bolin (bis Juli 2000)	Intergovernmental Panel on Climate Committee, Schweden
James J. McCarthy (Juni 2001-April 2003)	Intergovernmental Panel on Climate Committee, USA
John Stone (ab April 2003)	Intergovernmental Panel on Climate Committee, Kanada
John Calder	National Oceanic and Atmospheric Administration, USA
Karl Erb	National Science Foundation, USA
Hanne Petersen (ab Sept. 2001)	Dänemark

Anhang 3
Abbildungen und Fotos

Projektproduktion, Design und Layout:

Grabhorn Studio, Inc., 1316 Turquoise Trail, Cerrillos, New Mexico, 87010 United States (505) 780-2554 – grabhorn@earthlink.net

Grafiken und Abbildungen:

Alle Kartenhintergründe und Kartenbilder – ©Clifford Grabhorn/Grabhorn Studio, mit Ausnahme der unten aufgeführten.
S. 2: Erdhintergrund – NASA
S. 25: Bilder vom Meereisumfang – NASA
S. 32–33: Hintergrund zu zweidimensionalen Weltkarten – NASA
S. 54: Karte zum Fichtenborkenkäfer, Yukon – Natural Resources Canada, Karte zum Fichtenborkenkäfer, Kenai-Halbinsel – USDA Forest Service
S. 109: ©UNEP

Fotos

Cover: alle Fotos – ©Bryan und Cherry Alexander, Higher Cottage, Manston, Sturminster Newton, Dorset DT10 1EZ, England – alexander@arcticphoto.co.uk
Titelseite: ©Paul Grabhorn
Vorwort: ©Bryan und Cherry Alexander
Inhalt: alle – ©Bryan und Cherry Alexander
S. 2: Erdhintergrund – NASA
S. 4: Erdbilder – NASA
S. 6-9: alle – ©Bryan und Cherry Alexander
S. 10–11: Meeresüberschwemmung bei Shishmaref – ©Tony Weyionanna, alle anderen – ©Bryan und Cherry Alexander
S. 12: Fluss- und Schneelandschaft – ©Bryan und Cherry Alexander, Permafrost – ©Paul Grabhorn
S. 13: Flusseis und Meereis mit Schiff – ©Bryan und Cherry Alexander, Gletscher – ©Paul Grabhorn, Küstenerosion – ©Stanilas Ogorodov, Moscow University
S. 14: Waldbrand – BLM Alaska Fire Service, alle anderen – ©Bryan und Cherry Alexander
S. 15: Stratosphärenwolken – NASA, Altwaldbestand – ©Robert Ott, Tundra – ©Bryan und Cherry Alexander
S. 16–17: Garten – ©Paul Grabhorn, alle anderen – ©Bryan und Cherry Alexander
S. 20: Nebenbild Schneelandschaft – ©Bryan und Cherry Alexander, Nebenbild Meereis – NASA
S. 21: Ellesmere-Gletscher aus dem Weltall – NASA
S. 22–24: alle – ©Bryan und Cherry Alexander
S. 25: Meereis – ©Bryan und Cherry Alexander
S. 30–31: Meereis mit Pressrücken und schneebedeckte Bäume – ©Bryan und Cherry Alexander
S. 33–35: alle – ©Bryan und Cherry Alexander
S. 37–38: alle – ©Bryan und Cherry Alexander
S. 39: See und Berg – ©Paul Grabhorn, Waldwachstum, Feuerschaden, Nebenbilder Seen und Tümpel – ©Robert Ott, Tundratümpel – ©Paul Grabhorn, Phytoplankton – NASA
S. 40–41: Eisschildgebiete – ©Bryan und Cherry Alexander, McCall-Gletscher 1958 – ©Austin Post, McCall-Gletscher 2003 – ©Matt Nolan
S. 42–43: Küste v. Shishmaref – ©Tony Weyionanna, niedrig liegende Inseln – ©Paul Grabhorn, Sonnenuntergang – US Army Corps of Engineers
S. 44–45: Vogel im Flug – ©Frank Todd/B&C Alexander, alle anderen – ©Bryan und Cherry Alexander
S. 46–47: Küste von Island – ©Snorri Baldursson, Eiswüste, Halbwüste, Büschelgras-Tundra – ©Terry V. Callaghan, alle anderen – ©Bryan und Cherry Alexander
S. 48-49: Schmelztümpel in Schweden – ©Terry V. Callaghan; alle anderen – ©Bryan und Cherry Alexander
S. 50: Herbstwald – ©Robert Ott, Seengebiet – ©Bryan und Cherry Alexander

S. 52: Sibirischer Wald – ©Bryan und Cherry Alexander
S. 53: Fichten und Berg – ©Robert Ott
S. 54–55: Fichtenborkenkäfer – The National Agricultural Library Special Collections, Tannentriebwickler – ©Therese Arcand/Natural Resources Canada, Tannentriebwickler-Befall – ©Claude Monnier/Natural Resources Canada, Fichten und Berghang – ©Robert Ott
S. 56: Waldbrand – ©John McColgan/BLM Alaska Fire Service
S. 57-59: alle – ©Bryan und Cherry Alexander
S. 60: Eisalgen und Taucher – ©Rob Budd/NIWA
S. 61–65: alle – ©Bryan und Cherry Alexander
S. 66–67: Aquakultur, Färöer – ©Jens Kristian Vang
S. 69: Karibu – ©Bryan und Cherry Alexander
S. 70–71: Karibuzubereitung – ©Henry Huntington, alle anderen – ©Bryan und Cherry Alexander
S. 72: Karibu-Wanderungsgebiet – ©Bryan und Cherry Alexander, Old Crow-Treffen und Luftaufnahme – ©Paul Grabhorn
S. 73: Karibu beim Verlassen eines Flusses – ©Bryan und Cherry Alexander, fünf Bilder von Karibu-Zubereitung – ©Tookie Mercredi
S. 74: Luftbild Fluss – ©Bryan und Cherry Alexander
S. 75: Tanana – ©Robert Ott
S. 76–77: alle – ©Bryan und Cherry Alexander
S. 78–79: St. George – Nelson Lagoon
S. 80–81: Shishmaref, Sturm und Damm – ©Tony Weyionanna, Sturmwellen in Tuktoyaktu – ©Steve Solomon, Küstenerosion und Öllager – ©Stanilas Ogorodov, Moscow University
S. 82–83: alle – ©Bryan und Cherry Alexander
S. 84–85: Ölunfälle – Exxon Valdez Oil Spill Trustee Council, alle anderen – ©Bryan und Cherry Alexander
S. 86: festgefahrener LKW – ©Paul Grabhorn, Eisstraße – ©Bryan und Cherry Alexander
S. 88: ©Bryan und Cherry Alexander
S. 89: beschädigtes Gebäude – ©Vladimir E. Romanovsky, BP-Gebäude – ©Bryan und Cherry Alexander, Lawine –
S. 90–91: alle – ©Paul Grabhorn
S. 92–93: Trommelbild – ©Henry Huntington, alle anderen – ©Bryan und Cherry Alexander
S. 94–97: alle – ©Bryan und Cherry Alexander
S. 98: Stratosphärenwolken – NASA
S. 100: Eislandschaft – ©Henry Huntington, Pflanzen – ©Paul Grabhorn
S. 101: Stratosphärenwolken – NASA
S. 102: beide – ©Bryan und Cherry Alexander
S. 103: Nistender Vogel – ©Bryan und Cherry Alexander, drei Bilder von Schäden durch Herbstspanner – ©Staffan Karlsson
S. 104–111: alle – ©Bryan und Cherry Alexander
S. 114: Alpiner Tümpel und Wiese – ©Paul Grabhorn, alle anderen – ©Bryan und Cherry Alexander
S. 115: Samischer Hirte und Rentier – ©Bryan und Cherry Alexander, Hafen und Insel – ©Snorri Baldursson
S. 116: alle – ©Bryan und Cherry Alexander
S. 117: beschädigtes Gebäude – ©Vladimir E. Romanovsky, Rentierhirte – ©Bryan und Cherry Alexander
S. 118: Lachsfischer und Luftaufnahme – ©Paul Grabhorn, Landschaft in Alaska und Öltanker – ©Bryan und Cherry Alexander
S. 119: beide – ©Bryan und Cherry Alexander
S. 120: oben – NASA, wanderndes Karibu und Robbe – ©Bryan und Cherry Alexander
S. 121: beide – ©Bryan und Cherry Alexander
S. 122–123: NASA
S. 124–125: alle – ©Bryan und Cherry Alexander
Cover-Rückseite: ©Bryan und Cherry Alexander